AI開發的 機器學習系統設計模式

AI開發的

澁井 雄介 ___著 ・ 許郁文 ___譯

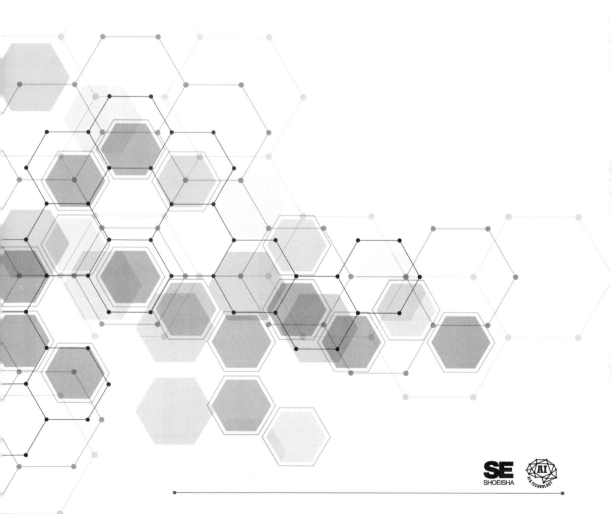

SE
SHOEISHA

AI
AI TECHNOLOGY

AI エンジニアのための機械学習システムデザインパターン

(AI Engineer no Tame no Kikaigakusyu System Design Pattern : 6944-6)

© 2021 Yusuke Shibui

Original Japanese edition published by SHOEISHA Co.,Ltd.

Traditional Chinese Character translation rights arranged with SHOEISHA Co.,Ltd.

through JAPAN UNI AGENCY, INC.

Traditional Chinese Character translation copyright © 2022 by GOTOP INFORMATION INC.

PREFACE 前言

記得我開始對「設計模式」產生興趣是在 2012 年，當時我看了一本以介紹 AWS（Amazon Web Services）為主的《雲端設計模式》。

● **雲端設計模式**

URL　https://www.amazon.co.jp/dp/B0126HZGP8

當時我還是個畢業不久的社會新鮮人，剛進入軟體創投公司服務，負責雲端服務的開發、維護與推廣。當時日本的雲端市場剛起步，所以為了推廣企業或商業用途的 IaaS 而舉辦了相關的活動。當時有使用雲端服務的工程師並不多，就算在 Google 搜尋相關的知識與設計，也找不到太多有用的資訊，所以只好一邊研究與驗證適用於雲端的系統設計，一邊提案給客戶。到現在我都還記得即使已經有三年的開發經驗，我在推動專案的時候，仍然很擔心自己開發的系統能不能正常運作，或是能否正常維護。

我就是在那個時候遇到開頭提到的「雲端設計模式」。也還記得當時為了利用 AWS 建立系統，學了不少架構、重點、應用方式、困難之處，學到腦袋都快爆炸了。如果沒辦法好好駕馭這波新技術的浪潮，是沒辦法應用這項新技術的。「雲端設計模式」截取了雲端這項新技術與商業的優點，也為工程師開拓了一個全新的世界。從那之後，我就一直想要讓自己構思的新系統與設計能夠模式化，以及公開讓全世界的工程師知道這些系統與設計。

想必大家都知道，後來的系統工程市場掀起一股「雲端優先」的風潮，許多工程師也紛紛投入雲端市場，卻也因此發現自己對雲端的了解有限，無法充份於工作之中運用，而這時剛好是利用機器學習推動工作的時間點。當時是 2015 年，第三次 AI 浪潮席捲日本的時間點。身為有雲端經驗的機器學習工程師的我，有機會同時從事系統開發與機器學習的工作。令人驚訝的是，在機器學習的世界裡，不太重視系統開發與維護，就算是利用離線的資料開發機器學習的模型，能將模型移植到 API，實際貢獻商業價值的專案也是少之又少，我也是在那時候發現在系統應用機器學習，以及後續的維護有多麼重要，若從現在的角度來看，就是將「MLOps」當成工作的重點。

我是 2018 年抱著開發機器學習的系統，以及讓這些系統付諸實用的心情進入株式會社 mercari[1]。這股席捲全世界的 AI 浪潮讓每個行業都著手開發機器學習模型，但就印象所及，很少企業在公司業務上使用機器學習，讓機器學習對產品做出貢獻，機器學習的開發與產品的開發之間仍存在著鴻溝，能填平這條鴻溝的工程師仍然不足。一心想開發機器學習系統的我，就在這樣的時代背景下進入 mercari，以 MLOps 與 Edge AI 這兩個團隊的管理員身分，體驗了讓各種機器學習實用化與產品化的過程。當時開發的系統在經過模式化之後，便於 2020 年公開，而這就是本書要介紹的「機器學習系統設計模式」。

● 機器學習系統設計模式

URL https://github.com/mercari/ml-system-design-pattern

這是一本系統設計書籍，書中介紹了許多在系統應用機器學習的祕訣，如果本書能幫助各位工程師在系統或公司業務上應用機器學習的話，那將是筆者無上的榮幸。相較於我在 2012 年遇見的「雲端設計模式」或是四人幫的「軟體設計模式」，本書的內容算是稍嫌稚嫩，但還是一本費盡心思撰寫的設計模式書籍，希望 AI 熱潮不會只有研究與開發，也希望機器學習能有更多不同的用途。在 mercari 開發的機器學習系統不是每一套都成功，有些是功能不足，有些則無法對公司業務產生任何幫助，但我之所以能打造許多對 mercari 專案有貢獻的機器學習系統，全拜當時一起工作的伙伴不眠不休的努力與創意。

我在 2020 年的夏天離開 mercari，現在則是在株式會社 Tier IV[2] 這家新創企業開發自動駕駛的機器學習系統。撰寫本書的案子是於剛進入 Tier IV 的時候進行的。我在離開 mercari 之前的最後一項工作是於 PyCon JP 2020 演講「機器學習系統設計模式」這個主題，翔泳社的宮腰先生在看到這次的演講之後，便邀請我將演講的內容寫成書。

※1   mercari 是一家以經營二手交易平台為主的網路公司。

※2   Tier IV 是一家致力於汽車自動駕駛技術研發的日本新創公司。

● **PyCon JP 2020：利用 Python 開發的機器學習系統模式**

URL https://pycon.jp/2020/timetable/?id=203111

將前一份工作的成果寫成書這件事，讓我覺得有點對不起 Tier IV，不過還是很感謝 Tier IV 仗義相助，也很感謝 mercari 的木村、上野以及 Tier IV 的關谷幫忙校稿。此外，也很感謝我養的兩隻貓，一隻叫威廉（布偶貓），另一隻叫瑪格麗特，謝謝牠們一直讓我拍照，做為本書的測試資料之用（謝禮就是罐罐）。

真的非常感謝大家！

不管是線上商店還是在使用在道路上的自動駕駛系統，都是非常複雜的環境，而要在這個海量資料不斷交換的世界做出合理的判斷，以及對使用者與商業有所貢獻，機器學習絕對是不可或缺的技術。若要透過機器學習增加線上商店的業績，或是偵測馬路上的紅綠燈，除了收集資料以及建立優秀的模型之外，當然也得建立優良的系統以及維護系統的流程。

本書除了說明將機器學習植入系統的祕訣之外，還會說明一些課題、架構與實例。與其說本書的內容是機器學習，不如說是以軟體開發工程與系統開發工程為主。如果本書能讓知道該如何建立機器學習模型，卻不知道該怎麼於商業應用機器學習的資料科學家、機器學習工程師，或是負責將機器學習植入系統的後端工程師與產品負責人，知道該怎麼透過機器學習對社會產生貢獻的話，那將是筆者的榮幸。

2021 年 5 月吉日

澁井 雄介

本書的目標讀者與必要的背景知識

為了有效利用機器學習，必須具備將機器學習植入系統的設計與開發的知識，而本書正是一本介紹機器學習系統各種設計模式的書籍。

本書除了介紹機器學習系統的雲端設計以及利用 Python 開發機器學習系統的實例，還會介紹正式應用機器學習的方法，以及維護與改善機器學習系統的知識。

為了確保程式碼能正常執行，本書使用的平台是 Docker 與 Kubernetes，除了介紹機器學習的學習、評估、QA 與推論器的發佈應用之外，還會介紹各種架構與程式碼（請參考 P.viii 的 ATTENTION）。

 本書的編排方式

本書主要分成三大部分（也可以參考 **Chapter 1** 的 **1.5** 節「本書的編排」）。

Part 1 將簡單地介紹機器學習系統以及機器學習系統所需的一切，與機器學習系統的模式化過程。

Part 2 則會說明機器學習系統的建立方式與架構實例。機器學習系統分成用於學習的系統（學習管線與實驗管理），以及應用機器學習的系統（發佈與推論器）。只要組合這兩套系統，就能開發機器學習作業的 MLOps，打造讓機器學習於系統應用的工作流程。

Part 3 則會介紹機器學習系統的品質、維護，以及改善模型的方法與相關的個案。

本書範例檔的執行環境

本書於 GitHub 公開的範例檔可在 **表1** 的環境下正常執行。

表1 執行環境

Linux/macOS（Catalina 10.15.7）相容	
項目	內容
Ubuntu	18.04.5 LTS Desktop
Python	3.8.0
GNU Make	4.1
Docker	version 19.03.6, build 369ce74a3c
pyenv	1.2.22-59-gbd5274bb
istioctl	1.9.0

Linux	
項目	內容
Android Studio	4.1.1 Build #AI-201.8743.12.41.6953283, built on November 5, 2020Runtime version: 1.8.0_242-release-1644-b3-6222593 amd64
VM	OpenJDK 64-Bit Server VM by JetBrains s.r.o
Linux	5.4.0-65-generic
GC	ParNew, ConcurrentMarkSweep
Memory	1237MB
Cores	8
Registry	ide.new.welcome.screen.force=true, external.system.auto.import.disabled=true
Current Desktop	ubuntu:GNOME

macOS	
項目	內容
Android Studio	4.1.1 Build #AI-201.8743.12.41.6953283, built on November 5, 2020Runtime version 1.8.0_242-release-1644-b3-6915495 x86_64
VM	OpenJDK 64-Bit Server VM by JetBrains s.r.o
macOS	Catalina 10.15.7
GC	ParNew, ConcurrentMarkSweep
Memory	3987M
Cores	16
Registry	ide.new.welcome.screen.force=true, external.system.auto.import.disabled=true, ide.balloon.shadow.size=0
Non-Bundled Plugins	GLSL, Rider UI Theme Pack, com.4lex4.intellij.solarized, com.dubreuia, org.jetbrains.kotlin, com.jetbrains.CyanTheme, com.jetbrains.darkPurpleTheme, com.markskelton.one-dark-theme, com.vecheslav.darculaDarkerTheme, com.chrisrm.idea.MaterialThemeUI, com.google.idea.bazel.aswb, Dart, io.flutter

本書範例檔的執行環境

書上的範例檔與 GitHub 範例檔的差異之處

為了幫助大家了解各種設計模式,以及加速機器學習的實用化,本書準備了非常多的範例程式。而為了讓大家更快透過這些範例程式了解設計模式,這些程式都已力求精簡,**有時也因為版面關係或為了維持易讀性而讓部分程式碼換行,或是拆解與省略某些處理**。雖然是因為版面限制而不得不如此處理,但還是請各位讀者多多見諒。

本書的範例檔

● 隨附資料的介紹

隨附資料(範例檔)已於下列的 GitHub 資源庫公開,在執行各種設計模式的時候,請從資源庫複製範例檔再使用。此外,**要執行程式的時候,請務必從 GitHub 資源庫複製程式碼再執行**。就算直接複製與貼上書中的程式碼,有部分處理會因上述的「書上的範例檔與 GitHub 的範例檔的差異之處」而無法正常執行,還請大家務必注意這點。

- 隨附資料的下載網站:**ml-system-in-actions**
  URL https://github.com/shibuiwilliam/ml-system-in-actions

● 注意事項

隨附資料的相關權利皆為作者與株式會社翔泳社所有,未經許可請勿散佈或於網站公開。

隨附資料有可能未經公告而停止提供,還請各位讀者見諒。

● 免責事項

本書的內容都是根據 2021 年 5 月現行法令撰寫。

本書內文提及的 URL 有可能未經公告變更。

本書的內容雖已力求正確，但作者與出版社皆不為此內容擔保任何責任，請各位讀者自行承擔使用書中內容與範例所造成的結果。

本書提及的公司名稱、產品名稱都屬於各家公司的商標與註冊商標。

● 關於著作權

隨附資料與會員專屬贈禮資料的著作權皆為作者與株式會社翔泳社所有，除個人使用之外，禁止另做他用，未經許可，也禁止於網路散佈。若是個人使用，可自行改寫或使用程式碼。若需商用，請與株式會社翔泳社聯絡。

2021 年 5 月

株式會社翔泳社　編輯部

CONTENTS

Part 1

機器學習與 MLOps

CHAPTER 1 何謂機器學習系統？ **003**

Part 2

建立機器
學習系統

CHAPTER 2 建置模型

031

CONTENTS

CHAPTER 4 建立推論系統   121

CHAPTER 6 維持機器學習系統的品質 〔317〕

CHAPTER 7 **End-to-End 的 MLOps 系統設計** 389

Part 1

機器學習與 MLOps

機器學習可從大量的資料分析出傾向，再進行預測，商業、學術研究、醫療、日常生活以及其他領域的機器學習也已漸漸實用化。要讓機器學習付諸實用以及擴大應用範圍，除了打造高精密度的機器學習模型，還得為了維護系統開發軟體，而這種開發手法就是所謂的 MLOps。MLOps 是讓機器學習付諸實用的開發維護方法論，也是讓機器學習工程師與軟體工程師合作的組織文化。

CHAPTER 1 何謂機器學習系統？

何謂機器學習系統？

機器學習的開發包含資料的前置處理、學習與評估，而要讓機器學習的模型付諸實用，就必須讓模型植入系統，以及讓使用者或其他系統得以應用植入的模型。經過使用者或其他系統使用，與衡量推論結果的成效之後，就能推估機器學習的實用價值。機器學習系統既是具備機器學習能力的系統，同時也是機器學習固有的軟體以及輔助運用的基礎。

1.1　機器學習、MLOps、系統

要將機器學習送到使用者面前，需要能執行推論的系統。系統工程具有開發與維護這兩個方面，而這兩個組成的作業就稱為 DevOps。本書將為大家說明包含機器學習的開發與改善流程的 MLOps。

🔲 1.1.1　前言

深度學習的問世掀起了第三次 AI 熱潮，也有許多人著手開發機器學習與深度學習的模式。機器學習這個字眼不只在科學或軟體工程這些業界出現，也已於商界普及，有許多的企業試著利用機器學習建立全新的商業模式或是改善業務流程。機器學習雖不是一針見血的萬靈藥，但只要資料足夠，就能完成人類無法想像的精準預測。透過資料與機器學習，就能踏入目前的技術未能觸及的領域。比方說，向來仰賴人類直覺與經驗的人工製造業若能利用機器學習的異常偵測與變化偵測找出不良品，整個流程就會變得更有效率與標準化，而這類可透過機器學習改善的流程可說是不勝枚舉。透過機器學習解決這類依賴個人經驗或直覺的工作流程，或是尋找改善方式，是近來機器學習界的最新動向。

此外，機器學習是利用電腦進行計算，以及利用軟體制定動作。由於機器學習本身也是利用軟體建置，所以機器學習可說是軟體工程的一部分。既然是軟體工程的一部分，要讓機器學習付諸實用，就必須製作軟體，將軟體移植到執行軟體的架構，再讓整個架構形成一套系統。機器學習除了需要撰寫程式碼，還因為觸及資料處理與機率計算這類領域，所以需要以有別於傳統軟體的開發方式開發。不過，要使用機器學習，就必須先準備電腦（CPU、記憶體、外部儲存裝置，有必要的話，還得準備網路或感測器這類周邊機器，其中又包含伺服器、電腦、平板電腦、智慧型手機、微電腦），也需要撰寫程式，再於電腦安裝，而這些部分與傳統的軟體沒有不同。若將機器學習視為軟體，就必須具備將機器學習移植到系統的技術與維護相關系統的技術。

近年來，軟體工程隨著雲端與網路技術的發達而進化，系統的開發與維護都能於同一生命週期進行，也能由同一個團隊負責，也因此促成能高速開發與回饋的循環（不斷地從使用者得到產品使用經驗或意見之後，再進行改善的流程），包含各種工具與開發流程的 DevOps（Development 與 Operations 組成的縮寫）也因此誕生與普及。DevOps 可整合開發團體與維護團體，讓所有成員對產品的 End-to-End 負起責任。也能持續整合（CI＝Continuous Integration）與持續發佈（CD＝Continuous Delivery），並且透過回饋循環修正產品。網路與智慧型手機業界為了提供使用者直接使用的應用程式，會根據使用者於應用程式之內的行為模式、回饋與故障快速修正或更新自家公司的產品，而且這些業界的變化非常迅速，所以不再繼續修正或更新的軟體將會無法繼續使用。

將 DevOps 套用在機器學習就是所謂的 MLOps（Machine Learning 與 Operations 的縮寫）。MLOps 除了可建置機器學習的模式，還可以開發學習模式，與負責測試的工作流程與系統。機器學習的產品除了可根據資料學習與建置機器學習的模式之外，還能將機器學習的模型當成推論器，移植到商業流程或軟體，實現高度自動化的目標。雖然開發機器學習模型已是資料科學家與機器學習工程師的工作，但是將推論模型移植到系統卻通常是由軟體工程師負責。此外，開發機器學習模型所需的工作流程以及收集資料的架構也是必要的系統。要讓機器學習付諸使用，就必須開發非機器學習的系統。

下列的 **圖 1.1** 是於論文「Hidden Technical Debt in Machine Learning Systems」介紹的機器學習所需的系統元件。機器學習的核心部分是中央的深色正方形，而輔助這個核心部分的是周邊的系統元件，其中包含必要的基礎建設、資料收集、分析與監控這些部分。或許大家會覺得在這張圖裡，非機器學習的部分有點畫得太大，但是開發系統的現場的確會使用多種非機器學習的技術，而且這些技術也的確很複雜。

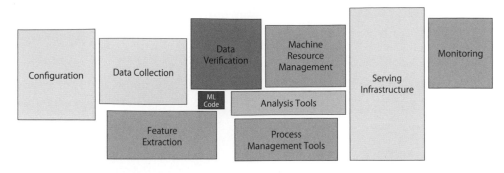

圖 1.1 機器學習所需的系統元件

出處 節錄自『Hidden Technical Debt in Machine Learning Systems』（D. Sculley、Gary Holt、Daniel Golovin、Eugene Davydov、Todd Phillips、Dietmar Ebner、Vinay Chaudhary、Michael Young、Jean-Francois Crespo、Dan Dennison、2015）、Figure 1

URL http://papers.neurips.cc/paper/5656-hidden-technical-debt-in-machine-learning-systems.pdf

要開發與維護機器學習系統，就要定義包含機器學習的系統工作流程（ **圖 1.2** ）。若將焦點放在機器學習，機器學習的流程可分成學習與推論這兩大部分。學習階段的目標在於收集與清洗資料，再根據資料傾向學習模型，建立能精確推論的模型。此時需要實驗或驗證的元素較多，也需要依照目標選用適當的演算法，以及微調各種參數，再於最後的評估階段以測試資料確認機器學習模型的實用度。

進入機器學習的推論階段之後，就會在正式的系統使用於學習階段建置的模型，將這個模型當成推論器使用。也就是將實際的資料輸入模型，再輸出推論結果。推論器需要包含機器學習的技術元素（資料的事前處理以及利用模型進行推論）與軟體工程的元素（讓推論器得以運作的基礎建設、與外部系統連接的網路設計、安全性策略、輸出入介面的定義、撰寫程式碼、各種測試、收集日誌資料、設定監控通知、建置維護機制），如此一來，機器學習的模型才能真的付儲實用與發揮效果。將學習所得的模型當成推論器移植到正式的系統，以及執行推論，才能看出機器學習模型的產品價值，而推論的結果是否具有價值，則可由事件日誌資料與使用者動向評估。根據收集到的日誌資料評估推論的精確度以及衍生的附加價值（業績或異常偵測率）。根據推論器的評估結果以及新收集的資料改善機器學習的模型，藉此開發出更具商業價值的模型。

圖 1.2 系統工作流程

利用 MLOps 建立應用機器學習所需的工作流程，以及持續得到產品或機器學習相關回饋的系統與文化。若只是想將推論模型移植到正式的系統，以及請使用者使用該系統，只需要開發內建推論模型的網路應用程式。但要以 End-to-End 的方式打造 MLOps 的持續整合與持續發佈，就必須建立整個團體負責產品的軟體開發與維護的文化。要於正式的系統持續發佈軟體，就必須建置搭載軟體的基礎架構以及與外部系統溝通的管線（例如網路、授權、輸出入介面）（ **圖 1.3** ）。在日誌資料收集與監控通知方面，可於應用軟體內建收集日誌資料與負責監控的代理器，同時還可以準備專門用來儲存日誌資料的資料庫與儲存裝置，並且開發在輸出的日誌資料發生異常時，能發出警告的監控系統，以及維護監控系統的方式。這些開發與維護的作業不太可能只由一名工程師負責。要開發內建機器學習的系統，以及讓機器學習持續產生價值的機制，就必須讓整個流程自動化，也必須打造維護系統的團隊。

機器學習系統所需的東西

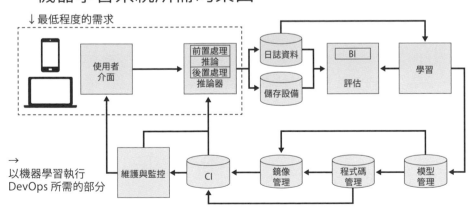

圖 1.3 機器學習系統的全貌

1.1.2 本書的目的

本書將透過各種使用實例與架構，說明將機器學習模型移植到正式系統的方法。此外，本書的目的在於以製作模式分類與整理機器學習系統，加快機器學習實用化的腳步。隨著深度學習的問世，對機器學習的需求也越來越高，而本書的作者也將根據自己的經驗與失敗，說明應用與建置機器學習的方法。

本書是筆者還在 mercari 株式會社服務的時候撰寫，內容主要是已公開的兩項資料與演講內容。

第一項資料是於 mercari 的開源碼專用 GitHub 資源庫公開的「機器學習系統設計模式」。這是將網路上的機器學習系統架構整理成設計模式的文件，其中說明了學習、推論、QA（品質保證）、維護這些層面的開發與維護方法。

● **Machine learning system design pattern**

URL　https://github.com/mercari/ml-system-design-pattern

第二項資料是於 2020 年 PyConJP 這個 Pyhon 論壇發表的「利用 Python 建立機器學習系統模式」。上述的「機器學習系統設計模式」也有一部分是以 Python 撰寫，目前也已經公開。

● **利用 Python 建立機器學習系統模式**

URL　https://pycon.jp/2020/timetable/?id=203111

這兩筆資料都是於系統應用機器學習，再讓使用者使用該機器學習的技術文件。作者深信，機器學習可根據資料實現傳統應用軟體無法完成的高階判斷，也能創造全新的商業價值。本書期許機器學習在付諸實用之後，能讓許多更智慧、更方便的產品問世。

目標是打造方便使用者的機器學習

使用者無法直接使用機器學習的模型與演算法，所以要讓使用者使用機器學習，就必須將機器學習移植到系統以及包裝成產品，換言之，當機器學習包裝成產品，使用者才有辦法使用機器學習。在此為大家介紹將機器學習包裝成產品的方法。

機器學習的價值在於推論的結果。只有當推論的結果於應用程式的使用者或商業流程發揮效果，機器學習才算真的付諸實用。即使是能在學習階段精準預測的機器學習模型，無法付諸實用就毫無意義可言。大部分的機器學習研究都將重點放在模型的評估值、高速的學習方式以及產生的新內容，但是若不包裝成產品，就無法讓使用者體會機器學習的價值。

要讓機器學習成為有意義的產品，就必須將機器學習與手動操作的步驟分開。擬定決策這類只有人類才能做的事情，或是人類覺得有趣的部分，不需要刻意由機器學習取代。比方說，不管將棋的 AI 設計得多麼強悍，也無法取代與人類或電腦下將棋的快樂。反之，人類覺得無聊的作業或是無法處理的龐大資料，都可交由機器學習處理。對人類來說，替智慧型手機的所有照片裡的所有人類貼上姓名標籤是件非常困難的事，但是機器學習卻能三兩下完成這件工作。

長期以來，Google 不斷研究人類與 AI 的互動方式，發表了《PAIR（People + AI Research）》這份指南。這份指南將機器學習提供的價值定義為自動化（Automation）與擴充（Augmentation）。所謂的自動化是由機器學習進行人類做不到的事（例如判斷所有照片裡的人的姓名），以及單純或危險的作業（例如生產線異常偵測）。雖然人類可勉強完成這些作業，但交由電腦處理較有效率，而且也能讓這些作業自動化。所謂的擴充則是讓 AI 輔助人類必須親自參與的活動，例如幫助人類進行有趣的活動（例如輔助喜歡創作的人進行創意發想），或是在人類必須介入的情況（比方說，志工必須是「人類」才有所謂的善意可言）輔助人類，此外，個人活動（例如告白）以及帶有強烈意志的活動（例如開發新產品）也都在此列。簡單來說，就是讓機器學習在人類需要外力輔助的活動發揮強項。

● **PAIR（People + AI Research Guidebook）**

URL https://pair.withgoogle.com/guidebook

那麼到底該在哪些產品應用機器學習呢？機器學習的用途非常多元，而本書將以電子商店以及智慧型手機的圖片上傳應用程式為例，說明機器學習的應用方式。

1.2.1 電子商店範例

圖 1.4 是某個虛構的電子商店首頁。

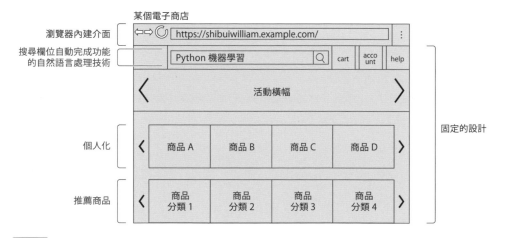

圖 1.4 電子商店的首頁

這個畫面雖然不是 mercari、Amazon、樂天這樣的電子商店，但大部分的電子商店都會採取這種版面。網址列的正下方是搜尋欄位、購物車、帳號、說明這類選單，再底下是活動橫幅與商品欄位。每個電子商店的活動橫幅都有不同的高度，商品欄位的配置方式也不同，但放在首頁的資訊都大同小異。

這類版面通常都採用制式化的設計，所以不太需要利用機器學習最佳化。其他項目則還有透過商業模式或使用者最佳化的空間。大部分的電子商店首頁都會有使用者的個人化設計與推薦商品的設計，也會顯示方便使用者使用或購買的內容。

商品欄位會根據使用者在網站的行為與購買傾向，顯示使用者可能有興趣的商品與商品類型。如果是最近才買了電腦專用桌的使用者，有可能會需要電腦椅或電競椅，買了貓飼料的使用者有可能會需要替貓咪買專用的玩具。

除了商品欄位之外，機器學習也能於搜尋欄位應用。在電子商店的搜尋欄位輸入關鍵字時，有時機器學習會幫忙輸入還沒輸入的商品名稱，而這就是利用機器學習自動化的功能之一。自動完成功能會於使用者輸入商品名稱的時候，取得所有潛在的商品名稱，再根據使用者的購買行為顯示自動輸入有意義的商品名稱。如果是日語這種同音異義字非常多的語言（例如機會、機械、器械、棋界、奇怪這類單字），這種自動輸入後續字串，以及轉換成適當單字的功能可說是非常方便的功能。這類輔助功能也可說是機器學習自動化的最佳範例。

1.2.2 圖片上傳應用程式的範例

許多智慧型手機應用程式都能上傳圖片，但大部分的介面都與 圖1.5 類似。

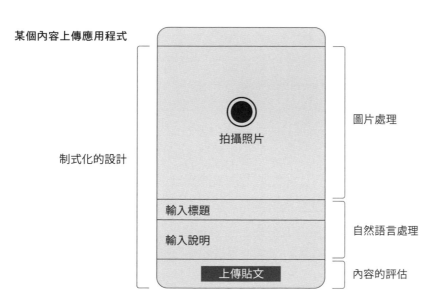

圖 1.5 圖片上傳應用程式的版面範例

拍攝照片的功能位於螢幕上半部（或是整個螢幕），輸入圖片標題或說明的欄位則位於下方，最後則是「上傳貼文」的按鈕。有時候「上傳貼文」的按鈕會位於螢幕右上角，輸入欄位也可選擇分類，版面的設計也會因為圖片應幅式的目的與主旨而有出入，但上傳圖片的介面還是大同小異。大部分的圖片上傳程式都會讓上傳圖片的介面與顯示圖片的介面合而為一。從上傳圖片到公開圖片為止的畫面切換特效、資料轉移方式，都是使用者介面與使用者體驗（UI/UX）非常重要的元素，也是機器學習可以發揮效果的部分。

比方說，可在貼文畫面切換到搜尋畫面，資料進行傳輸時，如 **圖 1.6** 的方式使用機器學習。

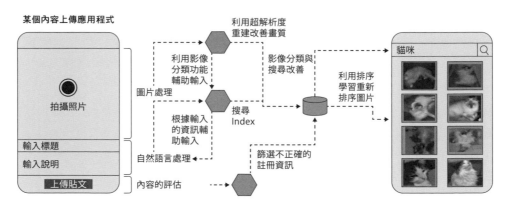

圖 1.6 圖片上傳應用程式的工作流程

● 圖片處理

首先從圖片上傳畫面介紹。圖片上傳畫面可拍攝照片，輸入標題與說明，按下「上傳照片」按鈕之後，照片、標題、說明都會新增至應用程式。這些新增的內容會於內容搜尋畫面公開。上傳的照片會新增至該服務的資料庫，而在這個過程中，可套用超解析度處理或風格轉換處理這類深度學習的照片處理技術。超解析度處理是可改善照片畫面的技術，風格轉換處理是能將照片的風格轉換成葛飾北齋或梵谷這類特定畫風的技術，而這些處理都是透過深度學習完成。

該於何時進行這類影像處理是建置機器學習系統時的重要議題。比方說，想利用超解析度處理改善照片的畫質時，最好在照片公開之前就先完成處理，所以可趁著照片公開之前的幾秒或幾十秒執行影像轉換處理。由於新增照片的處理是由後台負責，所以影像轉換處理最好也於後台執行。至於風格轉換處理方面，使用者應該會想在照片公開之前，確認一下轉換之後的結果，所以風格轉換處理應該要在上傳畫面顯示處理之後的結果，這點也與超解析度處理不同。利用機器學習處理照片的時間點端看用途決定，所以即使是同一套照片上傳應用程式，也可以在不同的時間點利用機器學習處理照片。

執行風格轉換處理時，必須避免使用者等待太久，此時可試著讓風格轉換處理變得更快完成，或是先切換成其他的畫面。假設希望風格轉換處理更快完成，而且是以背景處理的方式執行的話，可試著利用 GPU 讓風格轉換處理更快結束，當然也可以直接在智慧型手機執行相關的處理。Edge AI 這種技術就能在智慧型手機利用深度學習進行推論，如此一來，就能縮短網路通訊時間。唯一要注意的是，智慧型手機的計算資源不如雲端豐富，所以深度學習模型必須設計成較不消耗計算資源的架構。

如果採用的是先切換成其他畫面的方法，可在按下「上傳照片」按鈕之後，先顯示一個確認畫面，再於這個確認畫面顯示風格經過轉換的照片。這個方法可在選擇上傳的圖片以及顯示圖片的過程中，利用輸入標題、說明、切換畫面的步驟爭取更多的處理時間，使用者就不會因為處理的時間太長而不耐煩。

● 輔助輸入處理

輔助輸入處理可於替類似的照片輸入標題與說明的時候使用。先從過去上傳的照片之中找出類似的照片，即可參考這些照片的標題與說明執行輔助輸入處理。假設使用者準備上傳一張貓咪的照片，很有可能會在標題或說明輸入「貓咪」、「可愛」、「在睡覺」、「毛絨絨」、「喵」這類於之前的貓咪照片輸入的單字對吧？從之前的貓咪照片標題或說明篩出這類單字，建立一張常用單字表，就能於輔助輸入處理使用前幾名的常用單字。

輸入標題或說明時，除了可參考之前的照片之外，也可參考過去輸入的資料執行輔助輸入處理，而且這種輔助輸入處理才是主流。這種輔助輸入處理會根據過去上傳的文字資訊顯示常用的文章架構與語法。

輔助輸入處理除了利用機器學習進行推論之外，資料的更新也是重點之一。

使用者經驗的優劣取決於輔助輸入處理顯示的單字以及單字的排序順序。以經營了十年的應用程式為例，如果是從十年份的圖片或文字資料篩選單字，候選的單字有可能會是歷史久遠的單字，而且從這些候選的單字排除已經過時的「流行用語」，才能讓使用者擁有更美好的使用體驗，但這不代表「從最佳的資料篩選出單字就沒問題了」。

如果是春天，大部分的人會使用具有春天氣息的單字，如果是聖誕節，就有可能使用與聖誕節有關的單字，這時候就能從去年同時期的單字庫篩選出適合的單字。此外，也可以利用一些規則篩出之前沒有、但最近很流行的單字（例如 2020 年底最流行的單字就是「鬼滅之刃」、「半澤直樹」、「新冠肺炎」、「AI」）。

● 新增內容處理

最後要介紹的是新增內容處理。新增內容時，可進行各種分析與利用機器學習進行各種處理，其中之一的分析或處理就是規則違反偵測處理與推薦商品處理。

規則違反偵測處理的目的在於偵測非法的內容（例如違反著作權法或成人內容），以及不符合應用程式使用規範的內容（例如在動物圖片上傳應用程式上傳月亮的照片，或是別人的電話號碼），避免這些內容公開。這項處理會將之前偵測到的違規資料，以及遊走於灰色邊緣的公開資料當成訓練資料進行學習，藉此建立能分類正常內容與違規內容的模型。

是否為違規的內容端看應用程式的目的以及商業模式決定，但大部分的流程都是在使用者看到這些內容之前，就先判斷該內容違反規則再隱藏這些內容。

這類處理也需要錯誤檢測這類防呆處理。只要是機器學習，預測的精確度就不可能達到百分之百。違反規則的行為或內容會與時俱進，上傳者與網站的經營者也會不斷地較勁，所以知名的圖片上傳應用程式會不時遇到違反規則的內容與行為（有時候是在不知情的情況下違反規則）。找出新的違規內容，再將這些內容新增至訓練資料通常是人工作業，至於是否要為了這些違規內容建置新的規則違反偵測模型，還是讓模型重新學習這些內容，則端看違規內容的種類以及規則違反偵測系統的架構。

唯一可斷言的是，要處理新的違規內容就必須建置機器學習的模型與系統，為此，必須將預測系統設計成鬆散耦合的微服務（ URL https://microservices.io/patterns/microservices.html），讓預測系統對其他系統造成的影響降至最低。

對於不會上傳違規內容的使用者而言，明明沒有違規卻被告知違規的話，心情一定不會太好。向使用者告知違規的處理也必須多一分體貼。此外，如果明明是違規內容，卻因未能偵測而公開的話，可能會導致使用者的觀感不佳。有些知名的應用程式會在一天之內會收到很多內容，此時就算正確篩選的機率高達 99.9%，也還是會有 0.1% 的內容被誤判。假設是一天收到 100 萬筆內容的應用程式，0.1% 的誤判率就等於 1,000 筆內容被誤判，也代表有許多內容違規，或是明明違規卻被判定為正常的內容。

要以 precision 評估違規偵測處理（被判定為違規的內容之中，實際違規的比例）還是以 recall 評估（於實際違規的內容之中，正確判定為違規的機率），是由經營應用程式的人決定。假設要以 precision 評估，就算只偵測到一筆內容，precision 將會是 1，而且未能正確偵測的內容也會增加。若以 recall 評估，recall 會在將所有內容都判斷為違規時為 1，但此時將等於沒有上傳任何內容。若是不改善錯誤偵測的問題，會導致使用者的使用體驗不佳。經營應用程式的人會希望在誤判為違規內容時公開內容，也希望在誤判為正常內容時隱藏內容。此時不管是以 precision 還是以 recall 評估，都需要人為進行調整，至於該如何調整則沒有正確答案，必須根據想提供的使用者體驗調整違反規則偵測處理。

在推薦系統方面，通常會為了正在瀏覽的使用者調整內容的排序，以及顯示推薦商品的推播通知。假設使用者喜歡某個特定類型的商品，就會優先顯示該類型前幾名的商品。這種手法稱為以內容為基礎的篩選方式（Content Based Filtering），也就是根據使用者喜歡的類型與內容找出類似的內容再予以排序的手法。此外，也可以使用以多位使用者的共同喜好推薦商品的協同篩選手法。協同篩選手法會先找出瀏覽模式或行為模式相近的使用者，再優先顯示這類使用者喜歡的內容。這兩種手法都會排序內容，也會以推播的方式顯示推薦資訊，藉此提供使用者可能感興趣的內容與改善使用體驗，讓使用者願意花更多時間使用應用程式與瀏覽更多內容。

如果再搭配排序學習，替內容進行排序，就能優先顯示較受歡迎或是使用者可能較感興趣的內容。排序學習是利用機器學習進行內容排序學習的手法。根據既有內容受歡迎的程度進行排序學習，就有機會根據學習結果替新增的內容重新排序。

不管是哪種處理，最重要的是不能讓使用者等待推薦結果或搜尋結果顯示。如果需要耗費五秒才能顯示內容，那麼就算真能優先顯示使用者喜歡的內容，恐怕部分使用者會因為不耐久等而關掉應用程式。盡可能不讓使用者等待是唯一的規則，所以要盡快提供內容。不過，當內容或使用者過多，篩選處理與排序學習的計算量就會越變越龐大，此時就必須先行篩出需要的新資料，或是先行儲存之前推論的排序。不管推薦系統有多麼方便好用，無法讓使用者看到推薦內容就毫無意義可言。在使用者等待的時間之內提供資料與利用機器學習精準預測結果可說是同等重要。

到目前為止，已經介紹了讓使用者體驗機器學習的方案，想必大家已經知道機器學習不只是根據資料學習模型與精準預測的系統。不管是電子商店還是智慧型手機應用程式這類使用者會使用的系統，還是工廠生產線與後台的系統，時間、成本、人力這些資源通常極為有限，所以就算想利用機器學習改善業務流程，只要不符合時間成本與經濟效益，最好還是不要採用機器學習。與其提供優異的機器學習，不如改善使用者體驗，減少使用者等待的時間。要將機器學習植入業務流程，讓機器學習輔助人類的工作，就必須打造非機器學習的系統。下一節將為大家介紹機器學習所需的系統。

1.3 機器學習系統所需的東西

截至前一節為止，本書粗略地介紹了讓機器學習付諸實用所需的產品與系統的建置方式。機器學習的系統除了產品之外，還有持續執行機器學習所需的系統。本節將為大家介紹進行機器學習所需的系統。

圖 1.7 的系統概要圖與 圖 1.3 相同。若只想將機器學習移植到產品，只需要準備虛線之中的部分，就能讓使用者使用機器學習的推論功能。但一如本章 1.2 節「目標是打造方便使用者的機器學習」所述，要將機器學習移植到產品時，需要的不只是學習與推論器，還需要根據使用者體驗與商業流程，開發與導入機器學習的工作流程。

機器學習系統所需的東西

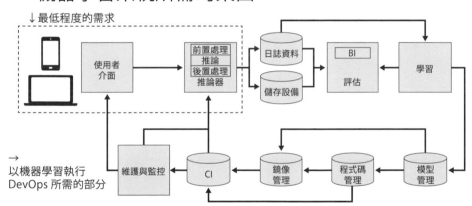

圖 1.7 機器學習系統的全貌

一如機器學習的 DevOps 等於是 MLOps，機器學習的開發與發佈週期也等於是具有資料的 DevOps。推論的精確度是機器學習的核心，資料的品質也會左右推論的精確度。所以才需要根據資料的工作流程打造機器學習的工作流程。進行機器學習的第一步就是先收集資料，所以在建置機器學習的模型之前，必須先定義解決問題需要哪些資料，接著建立收集資料的管線、架構，以及建立搜尋系統，而這些資料管線或架構則統稱為資料倉儲（data warehouse）。從上線的系統與使用者應用程式收集與整理資料之後，再將資料存入 DWH 或儲存設備。這些資料可透過 BI 工具於擬定經營策略使用，也可當成機器學習的訓練資料與評估資料使用。

要使用機器學習就必須先釐清推論的目的。一如 Google 發表的《PAIR》所述，不需要機器學習的工作就不需要利用機器學習代替，機器學習必須對目標使用者有益處才需要使用。確定使用機器學習的目的之後，可定義解決目標課題的目標變數與評估方式，為此，目標變數必須要能評估現有的資料。比方說，明明想要偵測違規的內容，卻不知道哪些內容算是違規的話，就無法正確偵測，所以要先收集違規的內容，或是透過標記處理賦予資料意義。就算執行了標記處理，也不一定就能透過機器學習偵測違規的資料，因為即使是機器學習也無法完全偵測不具規律性的資料。使用沒有收集的說明變數或許可找出資料的規律性，資料也有可能真的呈隨機分佈，所以必須先利用資料進行分析。

要利用機器學習建立模型時，除了得安裝 Python 的開發環境或 Jupyter Notebook，以及利用 GPU 撰寫程式的基礎環境，還必須進行具有再現性的學習過程，以及建立儲存程式碼的程式碼資源庫與資料庫。所謂「具有再現性的學習過程」並非利用相同資料學習就能得到相同模型的意思。要規避機器學習演算法的隨機性是件非常困難的事。追求再現性可讓自己以外的人利用相同的資料（以相同的方式分好訓練資料與評估資料）、相同的學習程式碼、相同的演算法與參數，相同的函式庫與版本進行學習，打造相去不遠的模型。打造學習模型的機器學習工程師不一定能一直參與專案，也不一定能持續使用同一個模型。一如沒有實驗記錄的論文，接手的工程師若無法重現相同的學習結果，就無法改善推論器的問題。

要建立推論器就必須建立學習所需的前置處理、後置處理，與確定資料類型以及陣列的格式。這些資訊都會在學習時先行確定。要在正式環境下，將模型當成推論器使用，就必須記錄學習使用的資料、程式碼、演算法、參數、函式庫，之後的工程師才能根據這些機器學習的步驟重現相同的結果。

於學習階段建立模型之後，可將模型新增至模型管理系統，用於學習的程式碼則可新增至 GitHub 這類資源庫。只要建立上傳一次就等於學習一次的工作流程，就能同時管理程式碼、演算法、參數、函式庫與學習過程。唯一要注意的是，用於學習的資料通常非常龐大，所以最好另外儲存在其他的儲存裝置，不太適合於資源庫儲存。

接著是將模型移植到推論器。推論器的格式雖然是由系統的種類而定，但如果要在 Docker Container（ URL https://www.docker.com/）執行推論器，可試著在 Docker 映像檔建置推論器。

如果是讓模型在智慧型手機或是某些裝置以 Edge AI 的方式進行推論，就必須將模型編譯為邊緣推論的形式。最重要的是，不是呼叫推論模型，而是建置推論器的輸出入介面，以及利用模型推論前的資料前置處理，以及推論之後的後置處理。在只有模型的狀況下，模型是無法進行推論的，必須輸入資料，再於前置階段將資料整理成可用來推論的格式，之後再進行推論，然後整理成外部系統可使用的格式再輸出。建置推論器就是在系統之中建置驅動模式的機制。

推論器建置完畢之後，也不會立刻於正式系統發佈。必須先測試推論器是否能正常運作，也必須與非機器學習的元件一起進行整合測試或系統測試。一般來說，會建立一個與正式環境相近的模擬環境，再於這個模擬環境利用正式環境的資料測試推論器，確認推論結果符合預期。也可在此時進行壓力測試或效能測試。假設在正式環境的負荷為發生每秒 100 次要求，而且每次要求都必須在 100 毫秒之內回應的話，將推論器調整至能承受 2 倍負荷，也就是能在每秒 200 次要求的情況下，於 100 毫秒之內回應每次要求才比較安心。

有些系統會將推論結果放入公司內部流程，有的則需要人力處理，所以最好邀請必須處理推論結果的相關人員或利益相關人士參與測試。以透過 X 光片偵測癌症的機器學習模型為例，必須建立人為監督 [1] 的工作流程，讓專科醫師根據

※1　讓人類在 AI 這類自動化系統中負責部分環節的意思。

X 光片確認患者是否真的罹癌。此時若以重視 recall（召回率，在診斷為癌症的例子之中，的確為癌症的病例）的方式，由醫生確認所有疑似癌症的病例，哪怕罹癌機率只有 0.1%，也有可能會有漏網之魚。由於人力無法像伺服器的資源不斷擴充，所以設計一套人力可及的作業流程。

確認模型可正常運作之後，即可於正式環境發佈模型，不過一開始最好不要讓所有的要求流向推論器。為了確認推論器可在正式環境下正常運作，一開始應該先開發 1% 的要求，之後再慢慢地提高比例，假設途中遇到問題，還可以回推（rollback）至模型發佈之前的狀態，如果沒遇到問題，則可將觀察時間從一天放大至一週，直到能放心 100% 發佈為止。

假設推論器能正常運作的環境下有更新的版本，則可透過 A/B 測試的方式，比較現行模型與新模型的差異。A/B 測試的方法有非常多種，例如將流向現行模型的要求量調降至 90%，並讓剩餘的 10% 流向新模型，就能測試模型的運作情況與效能，完成比較之後，可讓更具商業價值的模型留在正式環境之中。

發佈推論器並非最終目標，而是站上起跑線，之後還需要管理與維護機器學習的品質，例如確認於正式環境下執行的推論模型是否真能對業務或使用者做出貢獻，也必須不斷地維持或改善推論模型的效能。管理與維護品質的作業包含評估推論結果、效果與改善模型。於正式系統進行推論，可取得使用者或系統在使用機器學習之後的變化，若發現某些商業指標（例如業績、成本、利潤、使用者停留時間、客戶留存率）惡化，就有可能得停用推論器，如果有一定的成效，但成效不如預期時，也可能得停用推論器。此時必須進行要因分析以及擬定因應對策，思考是否讓模型重新學習，或是乾脆採取非機器學習的解決方案。利用機器學習改造系統之後，可得到改善業務流程或使用者體驗的線索。

1.4 讓機器學習系統模式化

要讓機器學習的模型進行推論就必須建置系統。機器學習的系統除了軟體系統之外，還必須具備機器學習特有的元素。本書希望讓機器學習系統加速模式化與實用化。

一如前述，要在正式系統使用機器學習，必須執行學習、推論、發佈、品質管理這些步驟。本書的目的在於讓機器學習的工作流程模式化，讓機器學習更容易付諸實用。在這 **Chapter 1** 的尾聲，將說明學習、推論、發佈、品質管理這些步驟的模式化，讓大家了解機器學習的工作流程該如何模式化。

1.4.1 學習

在建立機器學習的模型時，決定於何時利用何種演算法與參數學習是非常重要的部分。演算法可依照課題或資料的類型選擇，比方說，若是分類圖片的課題，可選擇使用 CNN（卷積神經網路），如果是自然語言處理，則可選擇形態素解析器、word2vec、RNN（循環神經網路）或是 Transformer 模型，當然也可以自行開發演算法。

假設使用的資料相同，模型的效能就取決於演算法與參數。大部分的人都會選用既有的演算法（如果要處理的是分類問題，有可能會選擇邏輯回歸、支持向量機、決策樹、神經網路），假設找不到適合的演算法，也可以自行開發演算法，甚至可以讓自行開發演算法的流程自動化，比方說 AutoML 的神經網路結構搜尋（Neural Architecture Search）就能針對特定用途產生最佳化的神經網路。只要時間與成本允許，利用神經網路結構搜尋找出解決特定課題的模型也是可行的方案。此外，也可利用自動化調校超參數方法搜尋超參數，再以最佳的參數進行學習。自動化調校超參數方法有許多種，例如 GridSearch 這種全面檢測所有參數的方法，或是基因演算法這種找出最佳組合的方法，都是其中之一。神經網路結構搜尋與自動化調校超參數方法都是熱門的研究主題。如果能利用這些方法解決特定課題，進而產生商業利益，當然就有一試的價值。

學習模型時，利用既有的模型進行遷移學習或微調（finetuning）也是不錯的學習方式之一。假設已有通用的模型或是已經事先最佳化的模型，就可能利用其他的資料微調模型，縮短學習時間。使用預訓練模型則可減少開發與學習模型的錯誤。

與「該如何學習」同樣重要的是「何時學習」。就算能得到新資料，也不代表可以每天讓模型學習。大部分的機器學習都需要昂貴的資源，每項處理的成本也很高，尤其是利用數 TB 的圖片資料進行深度學習的時候，通常得使用大量的 GPU 以及昂貴的設備。假設資料的傾向每天都大幅變動，每天重新建置模型也能產生利潤的話，那麼當然可以每天讓模型進行學習，可是網路服務或公司內部流程的資料通常不會大幅變動，所以也就不需要每天讓模型進行學習。

至於何時該讓已經上線的推論模型重新學習呢？答案就是要先評估模型的效能再決定。一般來說，在剛完成學習的時候，訓練資料與實際的資料會非常相似，所以模型的效能也最好。換言之，推論模型的效能會隨著時間遞減，假設發現遞減的幅度非常明顯，已降至不敷使用的程度，就有必要讓模型重新學習。

如果是規則違反偵測處理、輔助輸入處理這類無法得知資料傾向何時會改變的處理，就必須不時評估模型，以及在適當的時間點讓模型重新學習。假設是具有季節性的資料，則可讓模型以每個月或每一季的頻率重新學習。此外，若開發了能讓現有模型產生更佳結果的手法，也可以讓模型重新學習與發佈。不論如何，機器學習的重點不只是學習，還得根據基礎設備以及維護的成本決定學習的時間點。

學習模式將會在 Chapter 2「建置模型」進一步說明。

1.4.2 發佈方法

將模型發佈為推論器的方法有很多種。讓推論器執行的平台大致可分成伺服器端（server side）與終端（edge side）這兩種模式。在伺服器端方面，就是將推論器配置在雲端或資料中心的後台系統，再透過網路輸入資料以及取得推論的回應。這種方式的計算資源遠勝於終端模式，所以大部分的機器學習推論步驟都會在伺服器端進行，至於終端模式就是在智慧型手機、裝置或網頁瀏覽器這類使用者終端安裝推論器與進行推論的模式。雖然這種模式的運算資源與能力都不如伺服器端模式，但不需要透過網路輸入資料與取得推論的回應，所以可進行高速推論。

近年來，要以伺服器端模式進行推論的時候，通常會使用 Docker 這類容器執行推論程式。要於容器進行推論時，可選擇預先將模型安裝至容器映像檔，或是在容器啟動時再下載模型，該選擇哪種方式則由推論器的推論過程或系統的維護方式決定。關於在伺服器端發佈與撰寫模型的方法，將在 **Chapter 3**「發佈模型」進一步說明。

若選擇於終端裝置進行推論，發佈模型的方式就顯得相當重要。由於這種方式是在終端裝置安裝模型，所以一旦模型有問題，就很難快速更換模型。在管理模型與應用程式的品質時，也必須管理與更新模型的資產。於終端進行推論的概要將於 **Chapter 4** 的 **4.13** 節「Edge AI 模式」說明。

1.4.3 推論流程

推論器通常是正式系統的一部分，所以推論器也必須在正式系統的工作流程扮演一定的角色，滿足正式系統需要的品質（效能、成本、實用性、安全性），正如本章 **1.2** 節「目標是打造方便使用者的機器學習」所述，效能與成本與機器學習的模型或推論器的架構息息相關。

另一方面，不一定能讓所有的模型高速而穩定地運作。模型的精確度、速度與成本之間具有互相排擠的關係，例如在商業的世界裡，要提升模型的精確度，往往得在速度與成本這部分有所取捨，此時回應所有要求，提供對應的推論結果，成本就可能會大增，而在這種情況下，可試著採取一些替代方案，例如讓推論器以非同步的方式運作，或是利用快取降低推論的計算成本，也可以試著滿足非推論模型的要件。

推論的流程與各種模型的用途將透過 **Chapter 4**「建立推論系統」的實例說明。

1.4.4 品質管理

機器學習的品質管理可分成發佈之前的測試與發佈之後的修補這兩個部分。發佈前，必須確認該模型是否值得在正式系統使用。利用測試資料評估模型固然重要，但是推論結果是否具有商業價值也非常重要。一如本章 **1.3 節**「機器學習系統所需的東西」所述，假設於人為監督流程使用機器學習模型時，必須處理人力無法處理的推論量，就有可能會對業務造成負面影響，因此同時評估模型與執行推論器的環境是否實用這點也非常重要。

推論器的評估必須根據系統的資源進行。要證明推論器符合業務或系統的需求，必須通過綜合測試、系統測試、效能測試、相容性測試，而且不管開發型態是瀑布式開發、增量開發還是敏捷式開發，都需要經過這些測試。推論器能否在系統或工作流程之中正常運作，必須透過測試與品質保證的過程驗證。

假設已經有其他的模型在正式系統運作，可利用 A/B 測試擔保模型與推論器的品質。在進行 A/B 測試的時候，不論推論結果是好是壞，評估時，都必須參考延遲以及使用者對推論的反應，就算新模型產出比舊模型更佳的推論結果，只要使用者的離開率因為推論速度變慢而上升，就不該讓新模型取代舊模式。請大家務必記得，發佈推論器不一定只會對業務造成正面影響。

模型發佈之後仍需持續評估。由於在模型發佈之前，系統還不太穩定，所以只能以固定的方式評估模型。不過，在模型發佈到停用（或是系統本身停用）為止，都必須衡量與評估推論結果。建議大家讓評估模型的基準與方法納為系統的一部分，為此，就必須建立定期評估模型推論結果的系統，以及通知評估結果、警示異常情況的監控系統。為了能一眼了解評估結果或異常情況,建議大家利用儀表板(Dashboard)可視化這些資訊。

模型的品質管理會在模型開發之後持續進行。MLOps 是實踐 ML＝機器學習的 Ops＝維護的方法論,而開發與維護是非常費心費力的作業,但產生商業價值或利益的是維護的階段,而不是開發的階段,要讓機器學習對使用者與企業做出貢獻,就必須不斷地維護與改善機器學習的模型。

本章已為大家說明要在正式系統使用機器學習時,機器學習應該創造何種使用者體驗,也說明了系統應有的架構。接下來的章節則要說明實際將機器學習移植到系統的設計模式。

近年來,MLOps 已成為耳熟能詳的字眼,於系統應用機器學習的例子也越來越多,但是卻很少書籍說明替機器學習量身打造系統的方法。除了機器學習,任何軟體都是在移植到系統之後才能付諸實用。幫助大家打造一個能對使用者做出貢獻的機器學習,以及了解將機器學習移植到系統的方法,正是本書存在的意義。

1.5 本書的編排方式

> 本書的主題是介紹各種讓機器學習模型付諸實用的系統架構。若能透過機器學習進一步解決世上的問題，那是再好不過的事了。

本書的目的在於將機器學習的系統以及維護整理成設計模式再予以說明。

各種模式的每個機器學習階段都分類成 Chapter 2「建置模型」（學習）、Chapter 3「發佈模型」、Chapter 4「建立推論系統」、Chapter 5「維護機器學習系統」、Chapter 6「維持機器學習系統的品質」、Chapter 7「End-to-End 的 MLOps 系統設計」。各模式將以下列的編排方式撰寫。

1.5.1 設計模式

模式名稱

機器學習系統設計的模式名稱。

用例（Use case）

列出該機器學習設計模式付諸實用的情境或課題。

想解決的課題

說明要利用該機器學習系統模式解決的課題與解決方案。

架構

說明機器學習的架構。

何謂機器學習系統？

● 實際建置

說明建置機器學習系統的實例。有些實例會包含模型、資料、程式碼、運作方式與使用方式的說明。

這些建置實例都盡可能以公開的 OSS（開源碼軟體）建置，也就是利用誰都可以使用的軟體建置。部分的基礎架構是於 Kubernetes 這類方便在雲端建置模型的工具，但基本上都是利用 Python 與 Docker 建置。選擇 OSS 的時候，也盡可能避開不易使用的類型，或是盡可能減少使用。

有些機器學習系統（例如機器學習管線）雖然使用 Amazon SageMaker 這類付費服務或 Kubeflow 這類功能豐富、但操作困難的工具會比較容易建置，但本書的選擇是避開這些工具。之所以堅持使用簡單易懂的 OSS，是因為不希望本書淪為特定付費服務或工具的說明書，只要是有一定經驗的後端工程師或機器學習工程師，一定能於自己的開發環境重現書中的實例。

所有的程式碼已於下列的資源庫公開，有興趣的讀者可自行參照，若有任何問題，歡迎在 Pull Request 提出。

● ml-system-in-actions

URL https://github.com/shibuiwilliam/ml-system-in-actions

● 優點

採用該機器學習系統設計模式的優點。

● 檢討事項

採用該機器學習系統設計模式的潛在問題，以及值得討論與改善的部分。

此外，也整理了各機器學習學習階段可能會發生的反面模式。反面模式的內容會以下列的編排方式撰寫。

● 反面模式名稱

說明系統架構成為反面模式的情境。

● 狀況

說明系統配置是反面模式的情況。

● 具體問題

說明反面模式引起的問題。

● 優點

說明反面模式的優點。

● 課題

說明反面模式的課題。

● 規避方法

說明規避反面模式的方法。

Part 2

建立機器學習系統

Part 2 將為大家說明建置機器學習系統的方法與實例。機器學習的系統分成專為機器學習設計的系統（機器學習管線或實驗管理），以及專為使用機器學習設計的系統（發佈或推論器）。在兩種系統的搭配之下，就能實現 MLOps，打造將機器學習移植到正式系統的工作流程。

建置模型

本章的內容是開發機器學習模型的系統。開發機器學習的模型是
機器學習工程師利用專業知識發揮創意的工作，也是機器學習專
案的主幹與核心部分。系統性地管理學習的程式碼與產物，可讓
學習階段不只是一場實驗，而是可以繼續改良的工作流程。

2.1 建置模型

機器學習的起點是學習模型的建置方式，而就這點而言，以機器學習維生的工程師也通常是熱愛學習的人。學習雖然很快樂，但卻很少人討論流程與管理方式，所以本書要說明如何有系統地管理機器學習的學習過程。

2.1.1　建置模型的流程

機器學習的模型通常會以 圖 2.1 的流程開發。

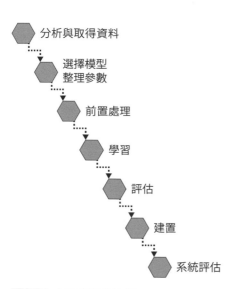

分析與取得資料

選擇模型
整理參數

前置處理

學習

評估

建置

系統評估

圖 2.1　建置模型的流程

2.1.2　分析資料與取得資料

第一步是分析現有的資料與收集學習所需的資料。這個步驟可盡量從公司內外取得資料，釐清資料之間的相關性，判斷課題是否可透過機器學習解決。假設手邊已經有資料，或許會覺得之後再收集資料就好，但其實資料通常分散在不同的系統之中，所以光是收集就很費力，而且這些散落在各種系統的資料通常都已最佳化為所屬系統的格式。

在整理資料之間的關係時，往往會發現欄位名稱相同，但資料的意義不同，或是更新頻率不同的問題，而且就算是同一種資料，也有可能格式不同。就算好不容易整合所有資料，也不代表就能解決業務問題。如果手邊有使用者的行動日誌資料，或許可將這些資料用在推薦系統上，但是在新商品的推薦系統使用既有的使用者資料是否能達到預期的效果，則由新商品受歡迎的程度與使用者資料決定。

這個步驟也會執行資料標記處理。執行標記處理所需的天數與效率會隨著資料量、標記方式與作業人員數變動，而且較專業的領域（例如醫療）或是標記較複雜的情況（例如分割作業），通常很難另聘人力執行標記處理，所以效率也很低。若是只有專家才能進行的資料標記處理，作業效率通常與成本呈反比。如果是以團隊的方式處理大量的資料，有可能會下達錯誤的指令，或是需要重做，而這些都會導致專案的進度延遲。學術研究通常會使用已完成標記處理的資料，所以資料標記的難度比較不那麼明顯，但其實資料標記處理有可能是最耗時間與人力的作業，所以在規劃專案時，一定要特別注意這個部分。

🔹 2.1.3　選擇模型與整理參數

下一個步驟是選擇學習的模型與整理參數。可使用的模型以及前置處理會隨著課題與現有的資料而不同，說得更深入一點，可用的參數也會隨著模型而不同。雖然不進行學習與評估，就找不到最佳的模型與參數，但還是應該盡可能縮減尋找模型與參數的範圍。

這個步驟最常忽略模型是否能移植到正式系統這件事。得到高評價的模型不一定就是能於正式系統使用的模型。就算想在能即時反應使用者操作的使用者互動式應用程式導入機器學習，也不能選擇計算量過於龐大，每推論一次就要耗費 10 秒的模型，而且就算這種模型的精確度有多高，也不能算是實用的模型。

⬡ 2.1.4 前置處理

下個步驟是前置處理。從這部分開始,就能讓開發模式的流程自動化。前置處理包含取得資料(向資料庫下達的 SELECT 指令與下載檔案),篩選資料(如同解壓縮 zip 檔案一樣,將特定格式的資料轉換成程式可使用的狀態),與選擇、合併與轉換資料,有些特定的資料格式會需要特殊的前置處理。以圖片資料為例,通常會需要統一圖片大小,或是調整像素的 RGB 值,如果是文章這類的自然語言處理,就必須進行將文章分割成單字的形態素分析,或是刪除多餘的品詞(助詞或助動詞)。如果是表單格式的資料,則需要填補缺損值或是透過值的標準化、正規化規定範圍。這個步驟將影響下個步驟的學習確準度與學習效率。

⬡ 2.1.5 學習

這個步驟是模型的學習,這應該是每位機器學習工程師最喜歡的步驟了,而且每個人都曾經因為期待微調學習參數之後的結果而忽喜忽憂。在學習模型的這個階段調整資料與參數,可開發出更棒的模型。

要注意的是,一開始不會企圖學習太難的模型。以分類模型為例,一開始最好不要學習成本較高的神經網路或是集成學習,而是先嘗試邏輯迴歸或決策樹與進行評估。

雖然模型的複雜度與精確度呈正比,但計算量通常更為龐大,學習成本也更高,最終也很難移植到正式系統或是維護,所以建議大家選擇容易操作的模型。

⬡ 2.1.6 評估

接著是評估學習所得的模型。這個步驟會利用測試資料評估模型的優劣。分類問題的評估指標可使用 Accuracy、Precision、Recall 或是 Confusion matrix,回歸問題可採用 RMSE(Root Mean Square Error)或是 MAE

（Mean Absolute Error），也可以請第三方評估推論結果。有些使用者導向的服務、人為監督或是機器學習的推論結果會由人類決定運用方式的情況，可試著請使用者評估推論結果，如此一來就能判斷模型是否實用。就算 Accuracy 達到 99.99%，如果大部分的使用者都覺得推論結果不太正常，這個模型就無法付諸實用，如此一來，就必須懷疑是不是在定義問題或分析資料的階段出了問題。從「是否實用」的觀點評估模型是非常重要的概念。

2.1.7　建置

這個步驟會將模型移植到推論系統。推論系統常使用與學習系統完全不同的架構。學習時，可使用大量的 GPU 更有效率地開發模型，但推論系統通常只使用 CPU，就算會使用 GPU，用於學習的 GPU 與用於推論的 GPU 也不一定相同，而且推論系統的重點在於回應速度，所以在建置模型之後，會於推論系統進行效能測試與壓力測試。如果在進行這類測試時，發現模型的速度太慢或是無法穩定運作，就必須重新開發模型或是選擇函式庫。

2.1.8　系統評估

這個步驟會將模型當成推論器評估。評估方式包含穩定性、回應速度、連線測試這類將推論器當成正式系統使用的部分。這些測試屬於讓推論器在正式系統穩定執行的步驟，只有通過這些測試才有可能在正式系統發佈機器學習模型，反過來說，若在此時發現問題，就必須重新開發模型，不能發佈模型。

2.1.9　模型開發不是單行道

想必大家已經知道，機器學習的模型開發不是單行道，每個步驟都必須不斷地驗證，也會有一些妥協與犧牲。在前半段的步驟選擇的資料或技術，在進入後半段的步驟之後才知道無法使用的情況其實很常見。有時候就算得到良好的學習結果，卻無法通過評估與建置的步驟。從資料分析開始重新學習的情況也不罕見。實際的情況通常會是 圖2.2 的流程。

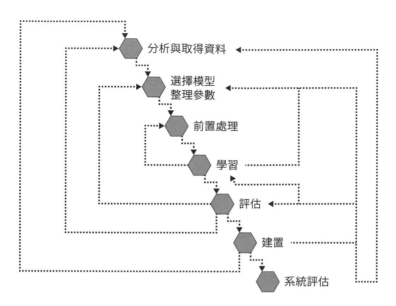

圖 2.2 模型開發的實際流程

開發機器學習的模型時，通常會因為遇到一些問題而不得不回到上一個步驟，而且為了順利發佈模型，通常得評估模型，這也意味著瀑布式開發這種類似單行道的開發型態不適用於開發機器學習的模型。資料分析或模型選擇的步驟是否正確，必須在進入後半段的評估作業之後才知道，而且有時候就算通過評估與正式發佈模型，也必須等到在正式系統使用才會知道機器學習的優劣。要判斷機器學習的優劣只能有效率地開發模型，早一步進行評估與得到回饋，否則有可能會發生耗費半年製作的模型在發佈之後，才發現無法付諸實用的問題。

要將開發的機器學習模型移植到正式系統是件困難的事，但也不能因噎廢食，放棄使用機器學習（最理想的當然是不使用機器學習就能解決問題的情況）。就現況而言，只有機器學習或深度學習能以超越人類的精確度推論大量的資料或不規則的資料，而本書的主題就是幫助大家跨越使用機器學習的門檻。本書也將為大家講解開發模型會遇到哪些困難，介紹一些可行的方案，讓大家能更有效率地正式導入模型。

本章將為大家有系統地整理機器學習的模型開發方式。一開始先介紹容易遇到的反面模式，接著再將學習流程移植到系統。

2.2 反面模式
— Only me 模式 —

開發機器學習的模型時，會進行分析、實驗與寫程式這些步驟，若不撰寫程式，也不在電腦執行程式，就無法開發機器學習的模型。但是，就算開發了很多次模型，這些模型的程式卻無法在其他人的環境下創造相同的效果，這個模型無法正式發佈。

⬡ 2.2.1　狀況

● 機器學習工程師在個人的環境下開發模型，由別人審視程式、資料集、模型與進行評估，或是無法創造相同效果的狀態。

● 機器學習工程師只提供於個人環境開發的模型，不公開模型的程式碼，也不知道模型的執行方式與評估方式的狀態。

⬡ 2.2.2　具體問題

於筆記型電腦的 Jupyter Notebook（ URL https://jupyter.org/ ）開發模型的例子很常見。要將模型移植到正式系統，必須在正式環境建置相同的開發環境，其中包含開發模型使用的程式碼、資料、作業環境（作業系統的版本、程式語言的版本、函式庫的版本），否則就無法在正式環境發揮相同的效能。有些函式庫會因為版本的不同而有相容性的問題，也有可能因為一點點的版本差異而無法使用（或是可以使用，但效能變差）。為了避免這類情況，通常必須與機器學習工程師之外的工程師（建置工程師、應用程式工程師、後端工程師、SRE[※1]）共享模型開發環境。

在 Only me 的模式之下，都是在機器學習工程師的個人環境下開發模型，得到的模型也與個人環境息息相關（ 圖 2.3 ）。要讓這類模型在正式環境下正常

※1　Site Reliability Engineer（網站可靠性工程師）的縮寫。

運作，就必須在正式環境下重新建構機器學習工程師的個人環境。為此，就必須知道機器學習工程師使用的程式設計語言、函式庫以及版本，如果隨意更新開發環境，就有可能無法在正式環境重新建構相同的個人環境。

要讓模型在正式環境運作必須使用程式。應用程式工程師與後端工程師雖然可以開發 UI 或 API 這類程式，但是驅動機器學習模型的程式碼必須由機器學習進行開發或是從旁輔助，才能確保輸入資料、前置處理、後置處理的整合性。開發正式系統時，會在納入模型的階段檢視程式碼，讓工程師彼此了解模型與程式的執行邏輯。

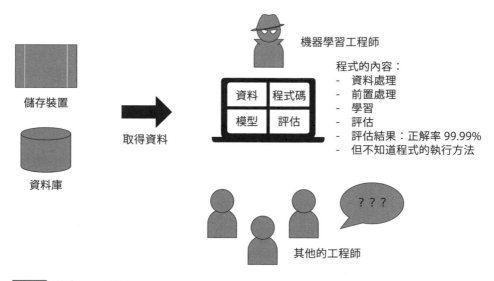

圖 2.3　Only me 模式

2.2.3　優點

● 機器學習工程師可在熟悉的環境下開發。

2.2.4　課題

● 很難讓模型在正式環境下正常運作。

🔷 2.2.5 規避方法

● 在開發模型的階段與正式系統使用相同的作業系統、程式設計語言、相同版本的函式庫進行開發。

● 使用 Docker 或共用平台開發。

● 使用 Pipenv（ URL https://pipenv.pypa.io/en/latest/）或 Poetry（ URL https://python-poetry.org/）這類環境管理工具統一 Python 的版本與函式庫的版本。

● 利用資源庫管理開發程式與檢視程式碼。

2.3　專案、模型與版本管理

> 開發機器學習的模型時，必須管理資料、程式與模型這三個資源，不過資料、程式、模型的內容不一定會同時變更，所以在學習模型時，必須分別記錄與管理這些資源。這節要說明管理方法與模型管理系統。

◈ 2.3.1　專案、模型與版本管理

機器學習的專案需要命名。假設機器學習的專案是開發辨識動物圖片的模型，卻不替這個專案命名，只是一味地辨識動物的圖片，團隊成員之間的溝通可能會發生問題，也無法與利益關係者溝通，而且命名之後，也比較會將該專案當成自己的孩子愛護。建議大家替專案取個「Love animal」或是「Professor A」這類簡單易懂的名稱。

替專案命名之後，接著要決定管理機器學習模型版本的方法。管理機器學習模型的版本是非常重要的步驟。機器學習的學習階段通常會不斷地調整參數與資料的種類（或是不做任何調整）再進行學習，然後評估模型的性能。知道調整了哪些參數可讓哪個模型產生更棒的效果，就能更有效率地選擇參數。管理學習資料可知道哪些資料可讓模型正確的推論，哪些無法正確推論。若不管理資料，有可能會不小心使用已學習過的資料評估模型，進而發佈未經正確評估的模型。管理模型的版本才能正確地完成機器學習的每個步驟。

模型的版本可利用下列的方式命名。

〔管理模型版本的方法〕

```
[ 專案名稱 ]_[git commit 的 short hash]_[ 實驗編號 ]
```

● 專案名稱就是專案本身。

● git commit 的 short hash 會在將專案的學習程式碼提交至 Git 資源庫的時候
自動產生，通常是隨機的 6 個英文字母或數字，這也是獨一無二的 ID。若未使
用資源庫管理學習程式碼，可在替專案命名時自行加上特殊的短 ID，不一定非
得是隨機的英文字母或數字。

● 實驗編號就是以相同的學習程式碼（相同的 git commit 的 short hash）進行
多次學習時，每次學習所使用的編號。建議大家使用連續的編號或是進行學習的
日期與時間，就能一眼看出實驗的順序。

接著可利用實驗編號管理資料與參數。若想簡單方便地管理學習資料時，可先
壓縮學習資料，利用上述的版本名稱替壓縮檔命名，再放入儲存裝置之中。假
設資料容量太大，不太適合放入儲存裝置，或者是資料太不規則，無法以壓縮
的方式管理時，可試著管理取得資料的序列。參數可在加上版本名稱之後，以
JSON 或 YAML 檔案格式與學習資料一併儲存。無論如何，模型的版本名稱
與資料、參數的版本名稱必須一致。

此外，模型的評估結果也可利用相同的版本名稱管理。在資料庫建立一張表單
應該就能輕鬆管理模型的評估結果。就重複進行學習的專案而言，要記住資
料、參數與模型評估結果之間的關聯性是相當困難的，所以先定義這三者之間
的相關性再予以管理，才是更有效率的方式。為此，就必須建立管理模型的資
料庫與記錄學習結果。模型管理資料庫的表單可依照 圖 2.4 的構造設計。

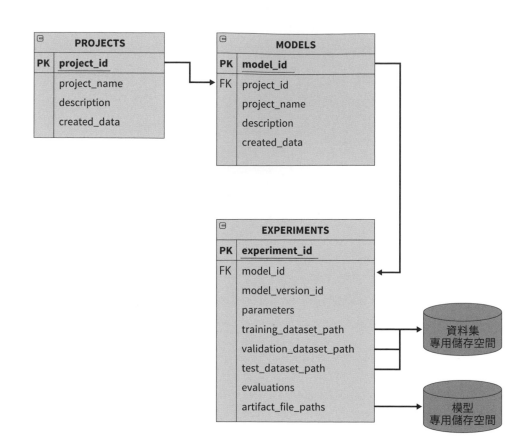

圖 2.4 模型管理資料庫的表單設計

上述的表單雖然是很簡單的架構，卻是專案之中有模型、模型之中有多個實驗資料的格式，也就是利用實驗表單管理參數、資料路徑、評估資料與模型檔案。若以圖片辨識的模型為例，可在每次的學習與評估結束之後，將實驗結果新增至實驗表單，採用的是只執行一次佇列，不斷累積資料的新增方式。評估實驗結果、選擇參數與資料的部分，則是從模型表單取得多筆實驗記錄與比較這些記錄。

此外，在正式系統發佈模型之後，模型的版本名稱就不會再改變，此時就能追蹤以實際資料進行推論的結果。推論結果通常會轉換成正式系統的日誌資料再輸出，而替這些日誌資料加上模型的實驗編號，就能評估模型的效能，也能在開發下一個模型的時候應用這些評估結果。

2.3.2 實際建置

接著開始建立模型管理服務。模型管理服務可從多個專案與開發環境存取，以及新增模型的資訊與實驗結果。利用 REST API 建立端點，以便接受來自外部的資料新增或參照的要求。下列將以 FastAPI（ URL https://fastapi.tiangolo.com/ja/）與 PostgreSQL（ URL https://www.postgresql.org/）說明建構陽春版模型管理 API 伺服器的方法。

由於程式碼非常冗長，在此僅節錄重要的部分。

完整的程式碼儲存在下列的資源庫。

● **ml-system-in-actions/chapter2_training/model_db/**

　URL https://github.com/shibuiwilliam/ml-system-in-actions/tree/main/chapter2_training/model_db

模型管理服務的機制請參考 圖 2.5 。

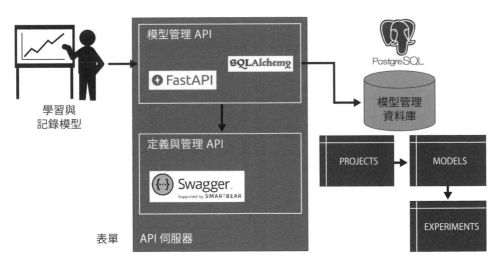

圖 2.5 模型管理服務的機制

先利用 FastAPI 啟動 API 伺服器。透過 FastAPI 使用 SQL Alchemy
（ URL https://www.sqlalchemy.org/）這個 ORM 函式庫（將資料庫的表
單當成類別物件使用的函式庫），藉此存取 PostgreSQL 的表單。

第一步要先定義表單（ 程式碼 2.1 ）。這次會依照上方的表單設計圖新增三個
表單。

程式碼 2.1 src/db/models.py

```python
from sqlalchemy import (
    Column,
    DateTime,
    ForeignKey,
    String,
    Text,
)
from sqlalchemy.sql.functions import current_timestamp
from sqlalchemy.types import JSON
from src.db.database import Base


# PROJECTS 表單
class Project(Base):
    __tablename__ = "projects"

    project_id = Column(
        String(255),
        primary_key=True,
        comment=" 主鍵 ",
    )
    project_name = Column(
        String(255),
        nullable=False,
        unique=True,
        comment=" 專案名稱 ",
    )
    description = Column(
        Text,
        nullable=True,
        comment=" 說明 ",
```

```
    )
    created_datetime = Column(
        DateTime(timezone=True),
        server_default=current_timestamp(),
        nullable=False,
    )


# MODELS 表單
class Model(Base):
    __tablename__ = "models"

    model_id = Column(
        String(255),
        primary_key=True,
        comment=" 主鍵 ",
    )
    project_id = Column(
        String(255),
        ForeignKey("projects.project_id"),
        nullable=False,
        comment=" 外部鍵 ",
    )
    model_name = Column(
        String(255),
        nullable=False,
        comment=" 模型名稱 ",
    )
    description = Column(
        Text,
        nullable=True,
        comment=" 說明 ",
    )
    created_datetime = Column(
        DateTime(timezone=True),
        server_default=current_timestamp(),
        nullable=False,
    )


# EXPERIMENTS 表單
```

```python
class Experiment(Base):
    __tablename__ = "experiments"

    experiment_id = Column(
        String(255),
        primary_key=True,
        comment=" 主鍵 ",
    )
    model_version_id = Column(
        String(255),
        nullable=False,
        comment=" 模型的實驗版本 ID",
    )
    model_id = Column(
        String(255),
        ForeignKey("models.model_id"),
        nullable=False,
        comment=" 外部鍵 ",
    )
    parameters = Column(
        JSON,
        nullable=True,
        comment=" 學習參數 ",
    )
    training_dataset = Column(
        Text,
        nullable=True,
        comment=" 學習資料 ",
    )
    validation_dataset = Column(
        Text,
        nullable=True,
        comment=" 評估資料 ",
    )
    test_dataset = Column(
        Text,
        nullable=True,
        comment=" 測試資料 ",
    )
    evaluations = Column(
        JSON,
```

```
        nullable=True,
        comment=" 評估結果 ",
    )
    artifact_file_paths = Column(
        JSON,
        nullable=True,
        comment=" 模型檔案的路徑 ",
    )
    created_datetime = Column(
        DateTime(timezone=True),
        server_default=current_timestamp(),
        nullable=False,
    )
```

這裡也為大家準備了將資料新增至表單、或是參考表單資料所使用的 SQL 佇列函數。若使用的是 SQL Alchemy，即可如 程式碼 2.2 將 SQL 佇列寫成 Python 的函數。

程式碼 2.2 `src/db/cruds.py`

```
import uuid
from typing import Dict, List, Optional

from sqlalchemy.orm import Session
from src.db import models, schemas


# 省略了部分冗長的函數

# 取得完整的專案
def select_project_all(
    db: Session,
) -> List[schemas.Project]:
    return db.query(models.Project).all()


# 新增專案
def add_project(
    db: Session,
```

```python
        project_name: str,
        description: Optional[str] = None,
        commit: bool = True,
    ) -> schemas.Project:
        exists = select_project_by_name(
            db=db,
            project_name=project_name,
        )
        if exists:
            return exists
        else:
            project_id = str(uuid.uuid4())[:6]
            data = models.Project(
                project_id=project_id,
                project_name=project_name,
                description=description,
            )
            db.add(data)
            if commit:
                db.commit()
                db.refresh(data)
            return data


# 取得所有模型
def select_model_all(db: Session) -> List[schemas.Model]:
    return (
        db.query(models.Model)
        .all()
    )


# 新增模型
def add_model(
    db: Session,
    project_id: str,
    model_name: str,
    description: Optional[str] = None,
    commit: bool = True,
) -> schemas.Model:
    models_in_project = select_model_by_project_id(
```

```
            db=db,
            project_id=project_id,
        )
        for model in models_in_project:
            if model.model_name == model_name:
                return model
        model_id = str(uuid.uuid4())[:6]
        data = models.Model(
            model_id=model_id,
            project_id=project_id,
            model_name=model_name,
            description=description,
        )
        db.add(data)
        if commit:
            db.commit()
            db.refresh(data)
        return data


# 取得所有的實驗記錄
def select_experiment_all(
    db: Session,
) -> List[schemas.Experiment]:
    return (
        db.query(models.Experiment)
        .all()
    )


# 取得所有於模型新增的實驗
def select_experiment_by_model_id(
    db: Session,
    model_id: str,
) -> List[schemas.Experiment]:
    return (
        db.query(models.Experiment)
        .filter(models.Experiment.model_id == model_id)
        .all()
    )
```

```python
# 記錄實驗
def add_experiment(
    db: Session,
    model_version_id: str,
    model_id: str,
    parameters: Optional[Dict] = None,
    training_dataset: Optional[str] = None,
    validation_dataset: Optional[str] = None,
    test_dataset: Optional[str] = None,
    evaluations: Optional[Dict] = None,
    artifact_file_paths: Optional[Dict] = None,
    commit: bool = True,
) -> schemas.Experiment:
    experiment_id = str(uuid.uuid4())[:6]
    data = models.Experiment(
        experiment_id=experiment_id,
        model_version_id=model_version_id,
        model_id=model_id,
        parameters=parameters,
        training_dataset=training_dataset,
        validation_dataset=validation_dataset,
        test_dataset=test_dataset,
        evaluations=evaluations,
        artifact_file_paths=artifact_file_paths,
    )
    db.add(data)
    if commit:
        db.commit()
        db.refresh(data)
    return data
```

由於程式碼太長，所以省略了部分的內容，但列出了專案、模型、實驗資料的 SELECT 與 INSERT。

操作這些資料的 API 是以 FastAPI 撰寫。FastAPI 的端點是以 Python 函數定義的規格。比方說，定義 程式碼 2.3 函數時，FastAPI 公開 http://<url>/projects/all 這種 API 端點。

程式碼 2.3 函數的定義

```
@router.get("/projects/all")
def project_all(db: Session = Depends(get_db)):
    return cruds.select_project_all(db=db)
```

程式碼 2.4 定義了以 FastAPI 存取模型管理表單的端點。

程式碼 2.4 `src/api/routers/api.py`

```
from fastapi import APIRouter, Depends
from sqlalchemy.orm import Session
from src.db import cruds, schemas
from src.db.database import get_db


router = APIRouter()


# 省略了部分冗長的函數

# 取得專案列表
@router.get("/projects/all")
def project_all(db: Session = Depends(get_db)):
    return cruds.select_project_all(db=db)


# 新增專案
@router.post("/projects")
def add_project(
    project: schemas.ProjectCreate,
    db: Session = Depends(get_db),
):
    return cruds.add_project(
        db=db,
        project_name=project.project_name,
        description=project.description,
        commit=True,
    )
```

```python
# 取得模型列表
@router.get("/models/all")
def model_all(db: Session = Depends(get_db)):
    return cruds.select_model_all(db=db)


# 新增模型
@router.post("/models")
def add_model(
    model: schemas.ModelCreate,
    db: Session = Depends(get_db),
):
    return cruds.add_model(
        db=db,
        project_id=model.project_id,
        model_name=model.model_name,
        description=model.description,
        commit=True,
    )


# 取得所有的實驗記錄
@router.get("/experiments/all")
def experiment_all(db: Session = Depends(get_db)):
    return cruds.select_experiment_all(db=db)


# 取得新增於模型的實驗記錄
@router.get("/experiments/model-id/{model_id}")
def experiment_by_model_id(
    model_id: str,
    db: Session = Depends(get_db),
):
    return cruds.select_experiment_by_model_id(
        db=db,
        model_id=model_id,
    )
```

```
# 記錄實驗
@router.post("/experiments")
def add_experiment(
    experiment: schemas.ExperimentCreate,
    db: Session = Depends(get_db),
):
    return cruds.add_experiment(
        db=db,
        model_version_id=experiment.model_version_id,
        model_id=experiment.model_id,
        parameters=experiment.parameters,
        training_dataset=experiment.training_dataset,
        validation_dataset=experiment.validation_dataset,
        test_dataset=experiment.test_dataset,
        evaluations=experiment.evaluations,
        artifact_file_paths=experiment.artifact_file_paths,
        commit=True,
    )
```

如此一來，基本的建置內容就完成了。FastAPI 成為在 Uvicorn（ URL https://www.uvicorn.org/）這個非同步處理框架執行的函式庫。Uvicorn 是提供 ASGI（Asynchronous Server Gateway Interface）這個標準介面的框架，能以非同步單一處理的方式執行。此外，若從 Gunicorn（ URL https://gunicorn.org/）啟動 Uvicorn，就能以多重處理的方式使用。Gunicorn 可提供 WSGI（Web Server Gateway Interface）這種同步的應用程式介面。從 Gunicorn 啟動 Uvicorn，就能同時使用 ASGI 的非同步處理與 WSGI 的多重處理。

以下是從 Gunicorn 啟動 Uvicorn 的命令範例。

〔命令〕

```
HOST=${HOST:-"0.0.0.0"}
PORT=${PORT:-8000}
WORKERS=${WORKERS:-4}
UV_WORKER=${UV_WORKER:-"uvicorn.workers.UvicornWorker"}
BACKLOG=${BACKLOG:-2048}
LIMIT_MAX_REQUESTS=${LIMIT_MAX_REQUESTS:-65536}
MAX_REQUESTS_JITTER=${MAX_REQUESTS_JITTER:-2048}
GRACEFUL_TIMEOUT=${GRACEFUL_TIMEOUT:-10}
APP_NAME=${APP_NAME:-"src.api.app:app"}

gunicorn ${APP_NAME} \
    -b ${HOST}:${PORT} \
    -w ${WORKERS} \
    -k ${UV_WORKER} \
    --backlog ${BACKLOG} \
    --max-requests ${LIMIT_MAX_REQUESTS} \
    --max-requests-jitter ${MAX_REQUESTS_JITTER} \
    --graceful-timeout ${GRACEFUL_TIMEOUT} \
    --reload
```

若要在本地環境確認是否正確啟動，可在 Docker Compose 啟動 FastAPI 與 PostgreSQL，再啟動模型管理服務。在 Docker Compose 啟動的容器是由 程式碼 2.5 的 YAML 檔案定義架構。

為了啟動 PostgreSQL（postgres）與 FastAPI（model_db）而定義了 Docker 映像檔與環境變數。

程式碼 2.5 `docker-compose.yml`

```yaml
version: "3"

services:
  postgres:
    image: postgres:13.1
    container_name: postgres
    ports:
      - 5432:5432
    volumes:
      - ./postgres/init:/docker-entrypoint-initdb.d
    environment:
      - POSTGRES_USER=user
      - POSTGRES_PASSWORD=password
      - POSTGRES_DB=model_db
      - POSTGRES_INITDB_ARGS="--encoding=UTF-8"
    hostname: postgres
    restart: always
    stdin_open: true

  model_db:
    container_name: model_db
    image: shibui/ml-system-in-actions:model_db_0.0.1
    restart: always
    environment:
      - POSTGRES_SERVER=postgres
      - POSTGRES_PORT=5432
      - POSTGRES_USER=user
      - POSTGRES_PASSWORD=password
      - POSTGRES_DB=model_db
    entrypoint: ["./run.sh"]
    ports:
      - "8000:8000"
    depends_on:
      - postgres
```

基本上，FastAPI 會公開 Swagger UI（ URL https://swagger.io/ ）。Swagger UI 會利用網頁瀏覽器參照定義 API 的文件，提供可存取的畫面。以網頁瀏覽器開啟 Swagger UI，就能參照 API 的定義以及傳送要求（ 圖 2.6 ）。

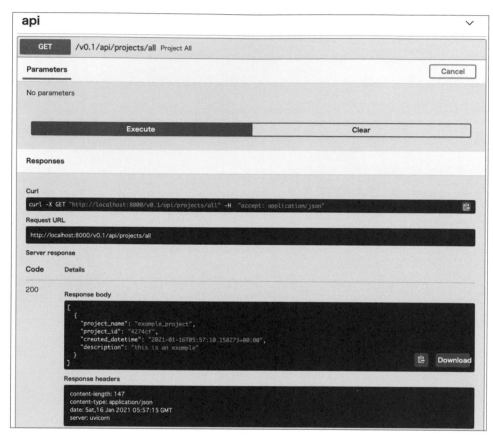

圖 2.6 Swagger UI

如此一來就能在開發模型之後，新增評估結果與學習資料。

接著要說明學習模型的方法。通常會在資料科學家或機器學習工程師的電腦、GPU 伺服器安裝 Jupyter Notebook 學習模型。如果只是要進行實驗性的學習，這樣的方式就足以應付，但如果要管理學習結果或是日後要進行比較與檢討，就必須逐步管理學習結果。接下來要透過管線學習模式與批次學習模式進一步說明學習方式。

2.4　管線學習模式

> 機器學習的學習可分割成不同的階段與多個流程，一般來說，可分割成取得資料、前置處理、學習、評估、建置這些流程，而將這些流程視為各階段任務執行，再於過程記錄學習結果，就能循環利用這些學習結果，也能迅速修正部分的設定。

⬡ 2.4.1　使用時機

● 希望分割管線學習的資源，於每項任務選擇函式庫與沿用函式庫的時候。

● 希望記錄資料於每項任務的狀態與變化，快速重啟作業的時候。

● 希望分別控制各任務的執行過程的時候。

⬡ 2.4.2　想解決的課題

機器學習的學習階段包含取得資料、處理資料、進行學習與評估學習結果。這個工作流程通常被稱為「前置處理」、「學習」、「評估」、「建置」、「系統評估」這些流程，每個流程都會輸出加工過的資料、模型或是評估值，而這些輸出值則會成為下個流程的輸入值。因此，學習的工作流程很像是讓資料往下游流動的資料管線。

管線學習模式會記錄每個步驟的輸出值，讓使用者隨時能從中途重新學習。學習結束後，也可以利用透過學習產生的模型評估結果，以及執行建置的流程。即使是正在學習的階段，也可以輸出學習到一半的模型，之後也能繼續從這個中斷學習的地方重啟學習流程。管線學習模式的優點之一是可分段執行整個流程，也能隨時測試流程。由於流程之間是透過檔案互傳資料，所以每個流程都可獨立開發與進行測試。

2.4.3 架構

將每項任務分割成不同的資源（伺服器、容器、執行序（worker）），就能分別建置任務執行環境，也能隨時執行或中止任務（ 圖2.7 ）。由於管線學習模式的任務會被分割為不同的資源，所以可在任務執行完畢之後，繼續執行下一個相關的任務，而前一個任務的執行結果會傳遞給下一個任務，作為下一個任務的輸入值使用。為了確保穩定性，可將每個任務的資料存入資料倉儲或儲存裝置。

採用管線學習模式的門檻在於每個任務的資源與程式碼非常複雜，不太容易管理這點。每個任務得以分頭進行這點，意味著得討論每個任務的執行條件，也必須替每個任務選擇適當的資源。為了避免管線學習變得過於複雜，一條管線的長度最好不要超過 6 個流程，才會比較容易管理。

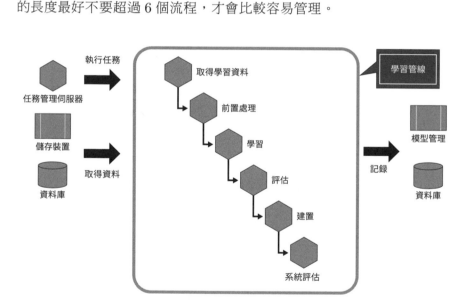

圖 2.7 管線學習模式

2.4.4 實際建置

這節要試著利用 MLflow 打造機器學習管線。MLflow（ URL https://mlflow.org/）是由 Databricks 公司開發的機器學習管線開源碼軟體，可於本地環境輕鬆使用，也支援機器學習常用的函式庫（scikit-learn、TensorFlow、Keras、PyTorch 或是其他的函式庫），也可以記錄學習日誌，再於網頁顯示過程。

除了上述的函式庫之外，還支援 Amazon SageMaker（URL https://docs.
aws.amazon.com/zh_tw/sagemaker/）、Kubeflow（URL https://www.
kubeflow.org/）、Metaflow（URL https://metaflow.org/）這類機器學習
管線框架或函式庫，也內建了各種相關的工具。

這次之所以選用 MLflow，是因為這套開源碼軟體相對容易使用。若要在
雲端或 Kubernetes 進行管線學習，可改用 Amazon SageMaker 或是
Kubeflow。不過，本書的重點不是說明機器學習管線函式庫的使用方式，所
以才選擇採用成本較低的 MLflow。

📝 **MEMO**

Cifar-10

Cifar-10（圖 2.8）是專為圖片辨識設計的圖片資料集，提供了 10 個類別（飛
機、汽車、鳥、貓、鹿、狗、青蛙、馬、船、卡車）的資料。每個類別包含了
5,000 張用於學習的圖片，1,000 張用於測試的圖片，總計共有 60,000 張圖
片。每張圖片的大小都是 32×32 像素，每個像素都是 RGB 色彩，是非常方便
好用的資料庫。

如果使用 PyTorch 學習的話，其實可以直接撰寫利用 Cifar-10 學習的程式碼，
不需要刻意將每個流程打造成機器學習管線的一部分，但這次為了介紹相關的內
容，而特意寫成機器學習管線的格式。

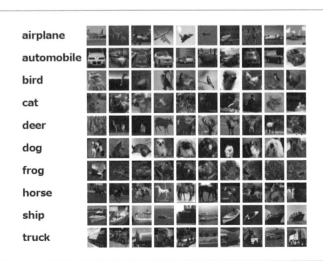

圖 2.8 Cifar-10

這次要試著將透過 PyTorch 學習 Cifar-10（ URL https://www.cs.toronto.edu/~kriz/cifar.html）這個影像分類模型的流程打造成管線學習模式。之所以選擇 Cifar-10 與 PyTorch，也是因為採用成本較低，又很方便重現相同的結果。

機器學習管線是以下列四個步驟撰寫。

步驟 1　取得資料：取得圖片資料，再於本地終端設備儲存。

步驟 2　學習與評估：利用 VGG11 這個深度學習模型學習於步驟 1 取得的圖片。評估完成學習的模型，記錄 Accuracy 與 Loss。

步驟 3　建置：將步驟 2 產生的模型建置為推論所需的 Docker 映像檔。

步驟 4　系統評估：啟動步驟 3 產生的 Docker 映像檔，發出推論要求，測試模型與推論器的連線狀況。

上述的每個步驟會分別在不同的 Docker 容器執行，資料則以 MLflow 的 artifact 傳遞。artifact 是於 MLflow 的每個步驟產生的資料或檔案。後半段的步驟會將前半段的步驟產生的 artifact 當成輸入資料，利用該資料進行學習與評估， 圖2.9 則是整個流程的示意圖。

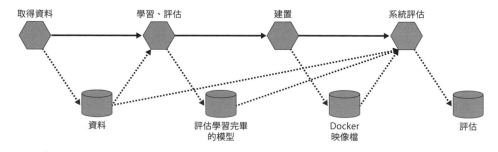

圖2.9 打造機器學習管線的流程

接下來讓我們一起了解相關的程式碼。由於程式碼非常長，在此僅節錄重要的部分。

完整程式碼放在下列的資源庫。

● **ml-system-in-actions/chapter2_training/cifar10/**

URL https://github.com/shibuiwilliam/ml-system-in-actions/tree/main/chapter2_
training/cifar10

機 器 學 習 管 線 是 以 Python 定 義。於 取 得 資 料（preprocess）、 學 習
（train）、建 置（building）、評 估（evaluate）這 些 流 程 執 行 的 程 式 碼 則 分
別 寫 成 Python 程 式。 程式碼 2.6 指 定 了 於 各 任 務 執 行 的 程 式 以 及 執 行 環 境。

程式碼 2.6 main.py

```python
import argparse
import os

import mlflow


# 省略一部分冗長的處理。

def main():

    # argparse 予以省略。

    mlflow_experiment_id = int(
        os.getenv(
            "MLFLOW_EXPERIMENT_ID",
            0,
        )
    )

    with mlflow.start_run() as r:
        # 前置處理
        preprocess_run = mlflow.run(
            uri="./preprocess",
            entry_point="preprocess",
            backend="local",
            parameters={
                "data": args.preprocess_data,
                "downstream": args.preprocess_downstream,
```

```
                "cached_data_id": args.cached_data_id,
            },
        )
        preprocess_run = (
            mlflow.tracking
            .MlflowClient()
            .get_run(preprocess_run.run_id)
        )

        dataset = os.path.join(
            "/tmp/mlruns/",
            str(mlflow_experiment_id),
            preprocess_run.info.run_id,
            "artifacts/downstream_directory",
        )

        # 學習
        train_run = mlflow.run(
            uri="./train",
            entry_point="train",
            backend="local",
            parameters={
                "upstream": dataset,
                "downstream": args.train_downstream,
                "tensorboard": args.train_tensorboard,
                "epochs": args.train_epochs,
                "batch_size": args.train_batch_size,
                "num_workers": args.train_num_workers,
                "learning_rate": args.train_learning_rate,
                "model_type": args.train_model_type,
            },
        )
        train_run = (
            mlflow.tracking
            .MlflowClient()
            .get_run(train_run.run_id)
        )

        docker_registry = "shibui/ml-system-in-actions"
        docker_tag = f"training_pattern_cifar10_ ➡
evaluate_{mlflow_experiment_id}"
```

```python
docker_image = f"{docker_registry}:{docker_tag}"

# 建置
building_run = mlflow.run(
    uri="./building",
    entry_point="building",
    backend="local",
    parameters={
        "dockerfile_path": args.building_dockerfile_path,
        "model_filename": args.building_model_filename,
        "model_directory": os.path.join(
            "mlruns/",
            str(mlflow_experiment_id),
            train_run.info.run_id,
            "artifacts",
        ),
        "entrypoint_path": args.building_entrypoint_path,
        "dockerimage": docker_image,
    },
)
building_run = (
    mlflow.tracking
    .MlflowClient()
    .get_run(building_run.run_id)
)

# 評估
evaluate_run = mlflow.run(
    uri="./evaluate",
    entry_point="evaluate",
    backend="local",
    parameters={
        "upstream": os.path.join(
            "../mlruns/",
            str(mlflow_experiment_id),
            train_run.info.run_id,
            "artifacts",
        ),
        "downstream": args.evaluate_downstream,
        "test_data_directory": os.path.join(
```

```
                "../mlruns/",
                str(mlflow_experiment_id),

                preprocess_run.info.run_id,
                "artifacts/downstream_directory/test",
            ),
            "dockerimage": docker_image,
            "container_name": docker_tag,
        },
    )
    evaluate_run = (
        mlflow.tracking
        .MlflowClient()
        .get_run(evaluate_run.run_id)
    )


if __name__ == "__main__":
    main()
```

接著說明各項任務的內容。取得資料的部分先下載 Cifar-10 的資料，接著轉換成圖片檔案，再儲存為 artifact。程式碼具體內容請參考 程式碼 2.7 。

程式碼 2.7 preprocess/src/preprocess.py

```
import argparse
import json
import os
from distutils.dir_util import copy_tree

import mlflow
import torchvision
from src.configurations import PreprocessConfigurations
from src.extract_data import parse_pickle, unpickle


# 為了便於閱讀，將散落在各個檔案的程式碼
# 在此整理成同一個檔案。
# 也省略了與本書說明無關的處理。
```

```python
def main():
    # argparse 予以省略

    # 類別標籤與類別名稱
    classes = {
        0: "plane",
        1: "car",
        2: "bird",
        3: "cat",
        4: "deer",
        5: "dog",
        6: "frog",
        7: "horse",
        8: "ship",
        9: "truck",
    }

    # 下載學習資料與測試資料
    torchvision.datasets.CIFAR10(
        root=downstream_directory,
        train=True,
        download=True,
    )
    torchvision.datasets.CIFAR10(
        root=downstream_directory,
        train=False,
        download=True,
    )

    # 完成下載後，存放學習資料與測試資料的路徑
    train_files = [
        "data_batch_1",
        "data_batch_2",
        "data_batch_3",
        "data_batch_4",
        "data_batch_5",
    ]
    test_files = ["test_batch"]
```

```python
# 儲存各類別檔案列表的字典
meta_train = {i: [] for i in range(10)}
meta_test = {i: [] for i in range(10)}

# 解壓縮學習資料，取得檔案列表
for f in train_files:
    rawdata = unpickle(
        file=os.path.join(cifar10_directory, f),
    )
    class_to_filename = parse_pickle(
        rawdata=rawdata,
        rootdir=train_output_destination,
    )
    for cf in class_to_filename:
        meta_train[int(cf[0])].append(cf[1])

# 解壓縮測試資料，取得檔案列表
for f in test_files:
    rawdata = unpickle(
        file=os.path.join(cifar10_directory, f),
    )
    class_to_filename = parse_pickle(
        rawdata=rawdata,
        rootdir=test_output_destination,
    )
    for cf in class_to_filename:
        meta_test[int(cf[0])].append(cf[1])

# 儲存類別標籤列表、學習資料列表、測試資料列表
classes_filepath = os.path.join(
    downstream_directory,
    "classes.json",
)
meta_train_filepath = os.path.join(
    downstream_directory,
    "meta_train.json",
)
meta_test_filepath = os.path.join(
    downstream_directory,
    "meta_test.json",
)
```

```
        with open(classes_filepath, "w") as f:
            json.dump(classes, f)
        with open(meta_train_filepath, "w") as f:
            json.dump(meta_train, f)
        with open(meta_test_filepath, "w") as f:
            json.dump(meta_test, f)


        # 於 MLflow 儲存日誌資料
        mlflow.log_artifacts(
            downstream_directory,
            artifact_path="downstream_directory",
        )



if __name__ == "__main__":
    main()
```

在取得資料的階段產生的 artifact，會是下列這種樹狀的資料結構。從資料轉換而來的圖片檔會分別儲存在 train 目錄與 test 目錄。

〔命令〕

```
# 1. 於取得資料階段產生的 artifact
$ tree
mlruns/0/08b61240b59843968b7412bedf994d29/artifacts/downstream_
directory
├── cifar-10-batches-py
│   ├── batches.meta
│   ├── data_batch_1
│   ├── data_batch_2
│   ├── data_batch_3
│   ├── data_batch_4
│   ├── data_batch_5
│   ├── readme.html
│   └── test_batch
├── cifar-10-python.tar.gz
├── classes.json
├── meta_test.json
├── meta_train.json
```

```
├─── test
│    ├─── 0
│    │    ├─── aeroplane_s_000002.png
│    │    ├─── ...
│    ├─── 1
│    ├─── ...
│    └─── 9
└─── train
     ├─── 0
     ├─── ...
     └─── 9
```

接著要在學習階段利用在上個階段取得的圖片檔學習模式。目前已有許多學習 Cifar-10 的分類的深度學習模型，而本書使用的是 VGG11 模型（ URL https://arxiv.org/pdf/1409.1556.pdf），不過這個模型的細節與本書的主題無關，所以不進一步解說（ 程式碼 2.8 ）。

程式碼 2.8 train/src/train.py

```python
import argparse
import os

import mlflow
import mlflow.pytorch
import torch
import torch.nn as nn
import torch.optim as optim
from src.model import (
    VGG11,
    Cifar10Dataset,
    evaluate,
    train,
)
from torch.utils.data import DataLoader
from torch.utils.tensorboard import SummaryWriter
from torchvision import transforms


# 為了顧及易讀性，將散落在各個檔案的程式碼
```

```
# 在此整理成同一個檔案。
# 也省略了與本書說明無關的處理。

# 執行學習
def start_run(
    mlflow_experiment_id: str,
    upstream_directory: str,
    downstream_directory: str,
    tensorboard_directory: str,
    batch_size: int,
    num_workers: int,
    epochs: int,
    learning_rate: float,
):
    # 指定是否使用 GPU
    device = torch.device(
        "cuda:0" if torch.cuda.is_available() else "cpu",
    )

    # 於 TensorBoard 記錄日誌資料
    writer = SummaryWriter(log_dir=tensorboard_directory)

    # 圖片的前置處理
    transform = transforms.Compose(
        [
            transforms.ToTensor(),
            transforms.Normalize(
                (
                    0.4914,
                    0.4822,
                    0.4465,
                ),
                (
                    0.2023,
                    0.1994,
                    0.2010,
                ),
            ),
        ],
    )
```

```python
# 載入於取得資料（preprocess）階段產生的資料
train_dataset = Cifar10Dataset(
    data_directory=os.path.join(
        upstream_directory,
        "train",
    ),
    transform=transform,
)
train_dataloader = DataLoader(
    train_dataset,
    batch_size=batch_size,
    shuffle=True,
    num_workers=num_workers,
)

test_dataset = Cifar10Dataset(
    data_directory=os.path.join(
        upstream_directory,
        "test",
    ),
    transform=transform,
)
test_dataloader = DataLoader(
    test_dataset,
    batch_size=batch_size,
    shuffle=False,
    num_workers=num_workers,
)

# 初始化 VGG11 模型
model = VGG11().to(device)
model.eval()

mlflow.pytorch.log_model(model, "model")

# 定義最佳化函數
criterion = nn.CrossEntropyLoss()
optimizer = optim.Adam(
    model.parameters(),
    lr=learning_rate,
)
```

```python
# 學習
train(
    model=model,
    train_dataloader=train_dataloader,
    test_dataloader=test_dataloader,
    criterion=criterion,
    optimizer=optimizer,
    epochs=epochs,
    writer=writer,
    checkpoints_directory=downstream_directory,
    device=device,
)

# 評估
accuracy, loss = evaluate(
    model=model,
    test_dataloader=test_dataloader,
    criterion=criterion,
    writer=writer,
    epoch=epochs + 1,
    device=device,
)


writer.close()

# 將模型儲存為 .pth 檔案與 .onnx 檔案
model_file_name = os.path.join(
    downstream_directory,
    f"cifar10_{mlflow_experiment_id}.pth",
)
onnx_file_name = os.path.join(
    downstream_directory,
    f"cifar10_{mlflow_experiment_id}.onnx",
)
torch.save(model.state_dict(), model_file_name)
dummy_input = torch.randn(1, 3, 32, 32)
torch.onnx.export(
    model,
    dummy_input,
```

```
        onnx_file_name,
        verbose=True,
        input_names=["input"],
        output_names=["output"],
    )

    # 以 MLflow 將學習結果儲存為 artifact
    mlflow.log_param("optimizer", "Adam")
    mlflow.log_param(
        "preprocess",
        "Normalize((0.4914, 0.4822, 0.4465), (0.2023, 0.1994, ➡
0.2010))",
    )
    mlflow.log_param("epochs", epochs)
    mlflow.log_param("learning_rate", learning_rate)
    mlflow.log_param("batch_size", batch_size)
    mlflow.log_param("num_workers", num_workers)
    mlflow.log_param("device", device)
    mlflow.log_metric("accuracy", accuracy)
    mlflow.log_metric("loss", loss)
    mlflow.log_artifact(model_file_name)
    mlflow.log_artifact(onnx_file_name)
    mlflow.log_artifacts(
        tensorboard_directory,
        artifact_path="tensorboard",
    )


def main():
    # argparse 予以省略。

    mlflow_experiment_id = int(
        os.getenv(
            "MLFLOW_EXPERIMENT_ID",
            0,
        )
    )

    start_run(
        mlflow_experiment_id=mlflow_experiment_id,
        upstream_directory=upstream_directory,
```

```
            downstream_directory=downstream_directory,
            tensorboard_directory=tensorboard_directory,
            batch_size=batch_size,
            num_workers=num_workers,
            epochs=epochs,
            learning_rate=learning_rate,
        )


if __name__ == "__main__":
    main()
```

雖然這次利用 MLflow 打造了機器學習管線，但不管是取得資料還是學習的
處理，都沒什麼特別之處。利用 PyTorch 學習的程式碼也可以直接使用。
MLflow 只在學習結束後，將學習結果儲存為 artifact，以及記錄評估結果的
部分使用，所以就算使用的是其他的機器學習管線函式庫，也能以類似的程式
碼進行相同的處理。

這次的學習結果是 PyTorch 格式（.pth）模型 Checkpoint，以及轉換成
ONNX 格式（.onnx）的推論專用模型檔案。此外，為了記錄學習過程還會輸
出 Tensorboard 的日誌資料。學習結果會儲存為下列的 artifact，並且放在
MLflow 的記錄目錄裡。

〔命令〕

```
$ tree
mlruns/0/43b3c07c316e487b97c194d043e14c49/artifacts
├── cifar10_0.onnx
├── tensorboard
│   ├── events.out.tfevents.1610185254.3699276fad3a.1.0
│   ├── ...
└── model
    ├── MLmodel
    ├── conda.yaml
    └── data
        ├── model.pth
        └── pickle_module_info.txt
```

接下來的階段是建置推論所需的 Docker 映像檔。這次要在推論專用的 Dockerfile 加入剛剛學習所得的 ONNX 檔案（cifar10_0.onnx），再建置 Docker 映像檔。用於建置映像檔的是 Docker 的命令列工具，而不是 Python。

本章雖然來不及說明建置包含模型檔案的 Docker 映像檔，以及啟動這個映像檔的方法，但之後將在 **Chapter 3** 說明。

〔命令〕

```
$ docker build \
    -t ${dockerimage} \
    -f ${dockerfile_path} \
    --build-arg model_filename=${model_filename} \
    --build-arg model_directory=${model_directory} \
    --build-arg entrypoint_path=${entrypoint_path} \
    .
```

最後的系統評估則要評估推論結果的 Accuracy 與延遲。將建置完成的 Docker 映像檔當成推論器啟動之後，即可對推論器發出要求，再測量推論結果與推論所需的時間。用於測試的資料則是於取得資料階段產生的測試資料，其中包含了 10,000 張圖片。

程式碼 2.9 的評估程式碼會對推論器發出推論要求，再讓推論結果與正確解答的標籤比較，以及記錄比較結果，還會測量推論的延遲時間。本章雖然來不及仔細說明向推論器發出要求的方法，但這部分會在 **Chapter 4** 進一步說明。此外，**Chapter 6** 也會詳細說明效能評估與壓力測試的方法。

程式碼 2.9 evaluate/src/evaluate.py

```
import argparse
import json
import os
import time
from typing import Dict

import mlflow
from PIL import Image
```

```python
from sklearn.metrics import accuracy_score


# 為了顧及易讀性，將散落在各個檔案的程式碼
# 在此整理成同一個檔案。
# 也省略了與本書說明無關的處理。


def evaluate(
    test_data_directory: str,
) -> Dict:

    # 推論實體
    classifier = Classifier(
        serving_address="localhost:50051",
        onnx_input_name="input",
        onnx_output_name="output",
    )

    # 測試資料列表
    directory_list = os.listdir(test_data_directory)
    predictions = {}
    predicted = []
    labels = []
    durations = []

    # 依序推論測試資料與評估推論結果
    for c in directory_list:
        c_path = os.path.join(test_data_directory, c)
        c_list = os.listdir(c_path)
        images = {}
        for f in c_list:
            image_path = os.path.join(c_path, f)
            image = Image.open(image_path)
            images[image_path] = image
        for p, i in images.items():
            # 計算推論的所需時間
            start = time.time()
            x = classifier.predict_label(i)
            end = time.time()
            duration = end - start
```

```python
            predicted.append(x)
            labels.append(int(c))
            durations.append(duration)
            predictions[p] = {"label": c, "prediction": x}

    # 彙整結果
    total_time = sum(durations)
    total_tested = len(predicted)
    average_duration = total_time / total_tested
    accuracy = accuracy_score(labels, predicted)

    evaluation = {
        "total_tested": total_tested,
        "accuracy": accuracy,
        "total_time": total_time,
        "average_duration": average_duration,
    }

    return {
        "evaluation": evaluation,
        "predictions": predictions,
    }


def main():
    # argparse 予以省略

    mlflow_experiment_id = int(os.getenv(
        "MLFLOW_EXPERIMENT_ID",
        0,
    ))

    # 執行評估
    result = evaluate(
        test_data_directory=test_data_directory,
    )

    # 記錄評估結果
    log_file = os.path.join(
        downstream_directory,
        f"{mlflow_experiment_id}.json",
```

```
    )
    with open(log_file, "w") as f:
        json.dump(log_file, f)

    # 以 MLflow 記錄評估結果
    mlflow.log_metric(
        "total_tested",
        result["evaluation"]["total_tested"],
    )
    mlflow.log_metric(
        "total_time",
        result["evaluation"]["total_time"],
    )
    mlflow.log_metric(
        "accuracy",
        result["evaluation"]["accuracy"],
    )
    mlflow.log_metric(
        "average_duration_second",
        result["evaluation"]["average_duration_second"],
    )
    mlflow.log_artifact(log_file)


if __name__ == "__main__":
    main()
```

完成上述的步驟之後，定義機器學習管線的步驟就結束了，接下來就是執行機器學習管線。於 MLflow 定義的機器學習管線可透過下列的命令執行。

〔命令〕

```
$ pwd
~/ml-system-in-actions/chapter2_training/cifar10
$ mlflow run .
```

一執行上述的命令，就會依序執行取得資料、學習、建置、評估這些處理。各步驟的執行日誌資料與 artifact 都會於 ./mlruns/ 目錄之中。每執行一次，每個任務都會加上獨一無二的版本名稱。每次的執行記錄則會分別放在 `./mlruns/` 底下的目錄。由於是以不同的目錄以及版本名稱管理，所以不用擔心機器學習管線的結果會被覆寫。

完成上述的步驟之後，就能取得資料，還能利用機器學習進行分類模型的學習，也能將模型當成推論器啟動，最後還能評估推論結果。將機器學習的開發流程打造成管線的型態，就能一口氣執行每個步驟，還能管理每個步驟的記錄。

🔷 2.4.5 優點

- 可靈活選擇任務的資源或函式庫。

- 可從每個任務快速找出錯誤。

- 可根據工作量與資料進行更加靈活的任務管理。

🔷 2.4.6 檢討事項

機器學習，尤其是深度學習需要豐富的計算資源才能完成學習。若採用機器學習管線的模式，就能在前置處理、學習、評估、建置、系統評估這些階段啟動不同的任務，同時確保需要的資源，並在每個任務結束之後，釋放該任務佔用的資源即可，如此一來，就不需要為了學習而讓 GPU 伺服器常態啟動。改善機器學習的模型需要常常執行機器學習管線，此時就必須衡量性能與成本的問題，因為商業模式的預算通常是有限的，也通常是從開發機器學習的預算撥一部分給學習階段使用，有時也會迫於預算而無法使用深度學習（或是只能使用陽春版的模型）。

於機器學習管線使用的 OS 版本、程式設計語言版本、函式庫版本都必須記錄，因為這些版本是後續的推論階段所需的資訊。是於哪個軟體堆層進行哪種學習的資訊最好與學習過程的記錄一併管理，否則就有可能會發生手邊有模型檔案，卻無法移植到推論器的問題。

2.5 批次學習模式

剛剛在介紹管線學習模式時，分割學習流程，也記錄了每個學習流程的結果，接下來要說明批次學習模式的自動學習。學會穩定學習的技術，也能以管線的方式記錄日誌資料與評估結果之後，接下來就可以透過批次任務的方式自動執行學習。

2.5.1 用例

● 想利用定期批次的方式學習模型。

2.5.2 想解決的課題

有時候會希望定期學習機器學習的模型。要將機器學習的模型移植到正式系統，當成推論器使用時，可以將輸入資料與推論結果記錄成日誌資料，以便後續根據這些資料改善模型。利用累積的資料學習模型，就能建置符合最新資料的模型。機器學習模型的推論精確度通常會在學習結束的當下最高，之後便隨著時間慢慢下滑，所以利用最新的資料學習，就能避免精確度下滑。

假設會在特定的季節或時期學習模型與最佳化模型，或是常常需要以最新資料學習模型的重要業務，那麼就不該手動執行學習，否則就太沒效率了。只要不會頻繁地變更模型的演算法，就應該以定期批次的方式學習模型。

2.5.3 架構

若希望定期更新機器學習的模型，可試著使用批次學習模式。將學習定義為任務，再於排程系統（cron）或任務管理伺服器新增啟動任務的條件（日期、資料量、使用量），就能執行任務。如果不是太複雜的批次學習模式，可使用Linux 的 cron，也可以使用軟體供應商提供的任務管理伺服器。

批次學習模式可說是自動學習模型的時候，最為經典的架構（ 圖 2.10 ）。

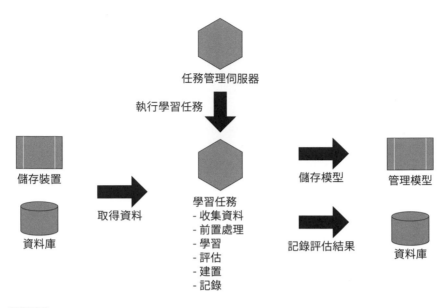

圖 2.10 批次學習模式的架構

2.5.4 實際建置

這次想利用 cron 定期執行前一節的管線學習。學習任務會利用 程式碼 2.10 的 shell script 執行。假設 shell script 的路徑為 /opt/cifar10/run_train.sh。

程式碼 2.10 Shell script

```bash
#!/bin/bash

set -eu

mlflow run .
```

cron 會執行上述的 shell script。如下方的命令所示，這次希望在每天零時自動執行學習。一般來說，cron 會在使用者的主目錄執行，所以上述的 shell script 會先移動到 /opt 目錄再啟動學習任務。

〔命令〕

```
* 0 * * * cd /opt/cifar10; ./run_train.sh
```

如此一來就能定期執行管線學習。執行結果會於模型管理服務儲存，以及儲存為 MLflow 的日誌資料，可在學習結束之後確認執行結果。

2.5.5 優點

● 可定期學習與更新模型。

2.5.6 檢討事項

機器學習的學習管線模式包含下列的任務。

1. 從 DWH（資料倉儲）收集資料
2. 資料的前置處理
3. 學習
4. 評估
5. 建置模型與推論器
6. 記錄模型、推論器與評估

各流程發生錯誤時，能以批次與推論器的服務等級為單位擬定對策。

若是需要讓推論模型隨時保持最新狀態（服務等級較高）的情況，就必須在發生錯誤時重試（retry），或是通報維護人員，若是不需要隨時保持最新狀態，可先通報錯誤，後續再手動重新啟動即可。

發生錯誤時，必須先記錄發生錯誤的部分，以便根據錯誤日誌資料還原系統或是排除問題。以上述的任務流程為例，當流程 1 發生錯誤時，有可能是 DWH 與輸入的資料有問題，此時可確認 DWH 的管理是否妥當，或是診斷資料是否出現異常，以及偵測是否有極端值（例如 Int 值的欄位輸入了 Char 值，或是必須介於 0 ～ 1 的值，出現了 10 這個值）。如果任務是異常的資料而停止執行，就不可能以自動重試的方式解決問題，此時就必須事先撰寫排除極端值的程式，或是手動排除這類極端值。

如果是流程 2 ～ 4 的部分發生錯誤，就有可能是因為模型的性能（評估值）無法滿足需要的服務等級。此時有可能是因為前置處理的方法有問題，或是超參數的設定不符合現有的資料，所以得分析資料以及微調模型。

步驟 5、6 的錯誤有可能是建置錯誤、記錄錯誤這類系統錯誤，此時必須確認用於建置或記錄的系統（伺服器、儲存裝置、資料庫、網路、中介軟體、函式庫）的錯誤報表。

反面模式
── 複雜管線模式 ──

前面說明了讓機器學習的學習以管線模式進行的方法，如果在管線新增多種任務，讓管線變得更加複雜，後續就很難維護，也很難排除問題。在學習模型時，除了會使用管線的程式，也會根據資料進行開發，所以當資料有任何變動，就必須跟著改變管線。一旦管線變得複雜，就沒辦法快速因應資料的變化，所以才必須避免以這種反面模式進行學習。

2.6.1 狀況

● 為了學習一個模型而使用了多種學習管線模式，而且管線還很複雜的狀態。

● 資料來源非常複雜，而且取得的方式未經適度抽象化的狀態。

2.6.2 具體問題

機器學習的管線模式除了學習之外，還包含微調模型、實驗學習、評估學習結果這些步驟。如果要在取得與合併各種資料時，同時微調各種參數以及進行實驗學習，原本的單一管線就變成很多條（　**圖 2.11**　），此時就必須擬定管線發生錯誤，無法繼續執行的解決方案。若是將這種解決方案納入公司內部系統之中，就必須不斷維護機器學習的框架。為了降低維護的壓力，必須限縮發生錯誤的部分，或是讓管線不要那麼複雜。

學習管線會變得複雜的另一個原因是存取資料的方法太多種。用於學習的資料儲存在各種資料儲存空間（RDB、NoSQL、NAS、Web API、雲端、Hadoop 或是其他位置）時，這些位置都有各自的存取方式與認證方式。使用函式庫讓存取資料儲存空間的方法抽象化雖然可行，但是當資料如此分散，資料工程師就得大費周章地整理資料，資料工程師的健康也會亮紅燈，所以事先整理資料（選擇適當的 DWH）是非常重要的一環。

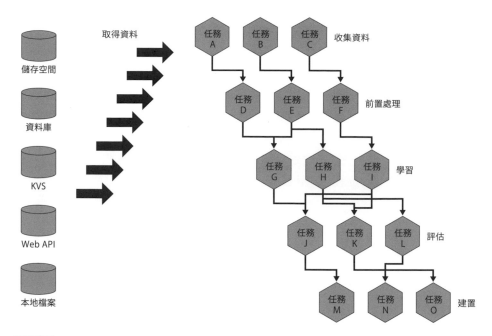

圖 2.11 反面模式（複雜管線模式）的架構

🔹 2.6.3 優點

● 複雜管線模式可進行各種處理。

🔹 2.6.4 課題

● 難以維護。

🔹 2.6.5 規避方法

● 在建構管線時，掌控任務之間的相關性。

● 事先整理資料。

發佈模型

機器學習的模型不是建置完畢就結束了,還必須在正式系統發佈,開放使用者使用。機器學習的模型是由程式與檔案組成。接下來就說明將程式與檔案移植到正式系統,開放使用者使用的方法。

3.1 學習環境與推論環境

建立機器學習模型的學習環境與執行推論的推論環境是完全不一樣的環境。在學習環境之下，是以豐富的計算資源以及學習專用函式庫開發模型，但推論環境的計算資源則非常有限，也只能使用推論專用的函式庫。要發佈機器學習的模型，除了讓學習環境的模型移植到推論環境之外，還必須製作適用於推論環境的程式與函式庫。

3.1.1 前言

機器學習的趣味之一就是使用不同的演算法處理相同的資料，搜尋適當的參數，打造效能更強的模型。在學習模型時，不斷地調整模型的參數與演算法，一步步地透過學習改善模型的評估值，透過一點一點的調整與改造，讓模型的損失值降低，其實與打電動升級的感覺很像，也讓人覺得很開心。機器學習的學習階段的步驟通常具有強烈的實驗與驗證的色彩。為了找出更適合資料與課題的模型，就必須不斷地嘗試各種演算法、調整參數以及不斷地學習模型，還得一再地評估學習結果。若想有效率地度過學習階段，就必須能快速地反覆學習，所以學習環境通常具備 GPU 這類計算資源，也會執行實驗用的程式碼，採用生產力重於品質的開發型態。若從傳統的軟體工程師的角度來看，一堆問題的程式碼會出現易讀性極低、無法進行測試、無法重現相同結果的問題，也會讓人想要重新撰寫程式碼。假設目的是實驗的話，當然會出現上述的問題。

如果要將學習方法與學習結果寫成研究論文，再於學會發表的話，學習過程本身就具有所謂的學術價值，但如果是為了商業行為開發模型，模型就必須足以解決與商業有關的課題。換言之，在正式系統發佈學習所得的模型之後，必須透過該模型產出價值。如果模型在發佈之後，無法在正式環境進行推論，那只是白白浪費實驗成本（除了計算資源之外，還有機器學習工程師的人事費用）。

發佈模型

那麼到底該如何在正式系統發佈模型呢？本章除了要為大家說明這個部分之外，還會說明反面模式，並在後續的 **Chapter 4** 說明將模型建置成推論器的模式。

🔷 3.1.2 學習環境與推論環境

學習環境與推論環境的目的以及成本結構完全不同（ 圖 3.1 ），所以兩者使用的計算資源、程式碼與函式庫也截然不同。

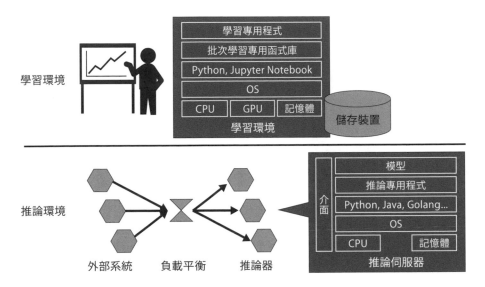

圖 3.1 學習環境與推論環境

發佈模型時，最先遇到的課題就是學習環境與用於學習的程式碼與推論系統之間有著明顯落差這件事。一如前述，在學習模型時，為了更有效率地進行實驗，往往會投入豐富的計算資源，以及執行實驗專用的程式碼。由於學習只是個過渡的階段，所以可在計算資源投入一定的初期費用，而且學習階段也是實驗階段，所以很少會檢視程式碼，也不太會進行單元測試以及重新建構程式碼。說得極端一點，只會執行只有實驗者能理解的程式碼再進行學習。

反觀推論階段就會將模型與推論專用的程式碼移植到正式系統，也會讓正式系統與其他的系統建立互動，有些產品甚至會請使用者直接使用，再將機器學習的模型移植到影響使用者體驗與商業流程的功能。假設機器學習的模型或推論器莫名故障，或是得到錯誤的推論結果，就有可能造成商業利益受損，所以在發生故障或問題的時候，必須找出故障的原因或是排除問題，藉此修復系統。換言之，工程師必須閱讀程式碼，了解系統的運作方式，找出故障的部分，以及修復故障。為了能迅速排除錯誤，系統的程式碼與設計必須要能追蹤系統的運作過程，也不應該是一個人就能處理一切的系統。

此外，只要業務還持續進行，推論環境就必須持續運作，所以推論器也會不斷地消耗成本。假設使用的是雲端環境，就會根據計算資源的規格（CPU 或記憶體）以及使用的時間計價，此時若能以最低的使用量達成目的，就能創造更多的利潤。就算以本地端的伺服器代替雲端環境，伺服器也一樣會產生電費。維護也需要費用，有時候還得為了提升推論速度而配置更多 GPU 與記憶體，不過，若不需要提升推論速度，則可採用比 GPU 便宜的 CPU 以及最低限度的記憶體，採用根據負載動態調整資源的設計是最理想的模式。

學習環境與推論環境使用的函式庫與工具有時也不盡相同（ 圖 3.2 ）。學習環境使用的是 Python（ URL https://www.python.org/）與 Jupyter Notebook（ URL https://jupyter.org/）。假設使用的是深度學習，則通常會使用專為 GPU 設計的函式庫，才能利用 GPU 進行批次學習。就算都是使用 TnesorFlow（ URL https://www.tensorflow.org/），也會因為是 CPU 版與 GPU 而得安裝不同版本的函式庫。

反觀推論環境就很少使用 Jupyter Notebook。要在系統使用 Python 的程式碼時，會以 .py 檔案執行 Python 模組，而不是以 Jupyter Notebook 的 .ipynb 檔案執行。有些系統元件連 Python 都不接受，所以得透過 Java 或 C++ 載入模型。假設計算資源是 CPU，就會使用 CPU 版本的函式庫，不會使用在學習環境使用的 GPU 版本的函式庫。如果是同一個模型，執行邏輯不會因為 CPU 或 GPU 而不同，但每次的推論時間與電腦內部的計算方法都會不一樣。

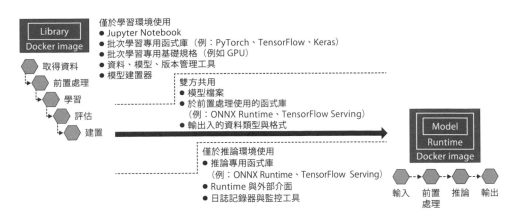

圖 3.2 學習環境與推論環境使用的函式庫與工具有所不同

有些函式庫也是專為推論設計，其中較知名的有 TnesorFlow Serving、ONNX Runtime。將學習所得的模型轉換成推論所需的格式，就能利用這類函式庫驅動推論器。

在學習模型時，通常會逐行執行程式碼，一邊驗證實際結果，一邊進行開發。此時就算發生錯誤，也可以根據標準輸出的錯誤訊息當場修正程式碼，但是推論環境就不行這麼做，因為推論模型在移植到系統之後就會持續運作，測試完畢的程式碼也會持續執行，不會像學習階段的時候，以手動的方式分段執行，而且在發生故障時，必須閱讀日誌資料的錯誤碼，製作修正的批次檔，還要考慮是否會對其他系統造成影響。

想必讀到這裡，大家已經知道學習環境與推論環境是完全不同的系統了，不過，學習環境與推論環境也有共用的元件，比方說，模型檔案就可於學習環境與推論環境共用。就算機器學習的函式庫不同，前置處理的函式庫與建置方式也有可能是一樣的。更重要的共通之處則是輸出 / 入的資料類型（例如 Float16 或 Int8）與格式（例如三維陣列或陣列的長度），因為學習環境與推論環境使用的輸出 / 入資料是一樣的，而且也必須一樣。機器學習會根據輸入資料輸出學習結果，但內部的演算與其他的電腦程式一樣，都是將那些在記憶體定義類型的資料匯入 CPU 再進行計算，所以輸入資料的格式的 Float16 與 Float32 會被當成不同的資料處理，計算結果當然也完全不同。由於 Python

是動態型別的程式設計語言，不需要理會變數的類型就能開發，所以輸出／入資料的類型通常會自動設定，但是要將學習環境移植到推論器的時候，就必須統一在這兩個環境下使用的變數的資料類型。

就筆者的經驗而言，將機器學習的模型移植到正式系統之後，常會遇到程式看似正常執行，卻因資料類型不同而得到預期之外的推論結果。如果學習環境與推論環境都是利用 Python 進行開發，在開發時，很可能不會刻意指定資料的類型，所以若準備開始學習模型，建議大家在資料輸入與輸出模型的時候，指定變數的資料類型。

以上就是學習環境與推論環境在計算資源與程式上的差異。消化這類差異，有效率地採用適當的資源是本章的目標。本章將為大家說明發佈模型的步驟與方法，也將說明反面模式。機器學習的終點不是完成學習，而是對商業或產品做出貢獻。

3.2 反面模式 ― 版本不一致模式 ―

在正式系統發佈機器學習的模型時，最常發生的問題就是學習環境與推論環境使用的 OS、函式庫或程式不一致，尤其是要求函式庫的版本一致的模型更是會因為版本有出入而無法善用資源。

在此先從發佈機器學習模型的反面模式說明。一如 **Chapter 3** 的 **3.1.2** 節「學習環境與推論環境」所述，將機器學習的模型發佈為推論器的時候，最大的問題在於學習環境與推論環境的規格有明顯的落差。身為 MLOps 工程師的筆者到目前為止，看過不少專案因為不了解上述的落差而在發佈模型的時候受挫，所以本節將為大家說明學習環境與推論環境的函式庫必須一致的理由與重要性。

3.2.1 狀況

● 明明學習環境與推論環境使用了相同的函式庫，但是函式庫的版本卻不一致。

● 無法將模型載入推論器。

● 推論器的推論結果與學習環境產生的推論結果不一致。

3.2.2 具體問題

要將學習環境建置的模型移植到推論器時，最重要的就是讓學習環境與推論環境使用相同版本的程式設計語言與函式庫。比方說，是以 Python 2.7 學習模型，卻在推論器這邊使用 Python 3.9 的話，會發生問題應該是很正常的事情。除了程式設計語言的版本之外，函式庫的版本也必須一致。

最顯著的例子就是 scikit-learn（ URL https://scikit-learn.org/stable/）的版本不一致。scikit-learn 是非常簡潔好用的機器學習函式庫，只要是機器學習工程師,就一定使用過這個函式庫,就算不是從頭到尾都使用 scikit-learn 開發模型,也有可能只在前置處理的時候使用 scikit-learn。

要將 scikit-learn 開發的模型移植到推論器的時候（ 圖3.3),通常會利用 Python 的 pickle 將模型輸出成 .pkl 檔案,再利用這個 .pkl 檔案將模式載入推論器。pickle 會儲存 scikit-learn 建立的模型（其實是具有機器學習參數的類別物件）的實體變數。載入 .pkl 檔案之後,以 pickle 儲存的物件的類別就會實體化,所以當 pickle 與推論器的函式庫是不同的版本,就會發生類別相同,但變數與函數的內容不一致的問題,也就無法成功載入 .pkl 檔案。如果在 pickle 與推論器使用不同的類別（即使是相同的函式庫或類別名稱）,當然無法載入 .pkl 檔案,但真正的問題在於無法單從 .pkl 檔案判斷 .pkl 檔案是以哪種函式庫的哪個版本產生。

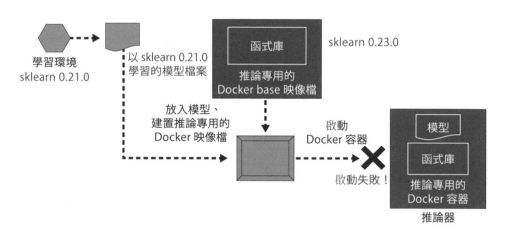

圖3.3 學習環境與推論環境使用了不同版本的 scikit-learn 的情況

除了 scikit-learn 之外,所有的軟體都會發生這個問題。比方說,TensorFlow 從 1.x 更新至 2.x 的時候,做了大幅度的修訂,所以就算是同一個類別,其中的規格也大不相同（例如 tensorflow.keras）,而且 TensorFlow 1.x 的某些功能也無法在 TensorFlow 2.x 使用（tensorflow.lite.TFLiteConverter 不支援部分的操作）。新版的 PyTorch 也不一定與舊版完全相容,有時版本一更新,PyTorch Tensor 的預設格式以及預設常數就會不同。這類相容性問題會於各種函式庫發生,使用者也必須想辦法解決。

要避免版本不一致造成的相容性問題，方法之一就是使用 ONNX（ URL https://onnx.ai/）。ONNX 可將利用各種函式庫學習的模型轉換成相容的 ONNX 格式，之後就能以 ONNX Runtime 這種相容的推論器驅動模式。只要將模型轉換成 ONNX 格式，就不需要以 pickle 儲存 scikit-learn 的模型，也就不會出現 scikit-learn 版本不一致的問題。唯一要注意的是，ONNX 未支援所有的機器學習函式庫，就算是支援的函式庫，也不一定支援該函式庫的所有版本。以 scikit-learn 為例，ONNX 就不支援自訂的轉換器（2021 年 2 月的情況）。雖然 ONNX 也無法保證所有版本相容，但至少已公開哪些版本相容，所以有助模型的維護。

我們將話題拉回機器學習。在學習環境與推論環境共用的函式庫最好建立一個連同版本一併顯示的機制。若想要取得包含版本的函式庫清單，可在學習環境執行 pip list -r requirements.txt，就能將函式庫與版本這類資訊儲存為 requirements.txt。由於這個檔案也會包含只在學習階段使用的函式庫，所以必須手動排除這些多餘的函式庫，但至少可能避免發生版本不一致的問題。在模型從學習環境的 TensorFlow 移植到推論環境的 TensorFlow Serving 時，雖然不會使用學習環境的 Python 函式庫，但於學習環境使用的 TensorFlow 還是應該將版本輸出成中繼資料檔案，藉此管理版本。

中繼資料的格式可依照學習要件與推論環境調整。 程式碼 3.1 就是其中一例。

```
metadata:
  train:
    docker_image: my-docker-image:latest
    python_version: 3.8.1
    platform: gpu
  inference:
    inference_type: classification
    input_data_type: jpg
    output_data_type: float16
    output_data_shape: [1, 1000]
    platform: cpu
    preprocess:
      docker_image: python:3.8-slim
      python_version: 3.8.1
      library:
        - joblib>=0.15.1
        - numpy>=1.18.5
        - onnxruntime>=1.4.0
        - Pillow==7.2.0
        - pydantic>=1.5.1
        - PyYAML>=5.3.1
        - scikit-learn==0.23.1
        - skl2onnx>=1.7.0
        - typing>=3.7.4.1
        - requests>=2.25.1
        - torch>=1.7.0
        - torchvision>=0.8.1
        - click>=7.1.2
      code_path: ./src/preprocess
      input_shape: [1, 3, 199, 199]
      input_type: float16
    predict:
      docker_image: mcr.microsoft.com/onnxruntime/server:v1.5.2
      model_path: ./models/model.onnx
```

中繼資料的樣式雖然可依照系統要件修正，但中繼資料與函式庫版本的檔案最好與輸出模型的時候一併輸出。此時的重點在於從學習環境輸出必需的函式庫，才不會在開發推論器的時候，不知道該使用哪種函式庫，以及使用哪個版本的函式庫。

3.2.3 優點

● 可驗證不同版本的函式庫的相容性。

3.2.4 課題

● 無法載入模型。

● 可載入模型，但是推論結果與學習模式時的推論結果不一致。

3.2.5 規避方法

● 打造一個輸出學習階段的函式庫與版本，再於開發推論器時共享的機制或工作流程。

3.3　模型的發行與推論器的運作

要在正式系統使用機器學習，必須將模型移植到推論器。推論器就是以一般的基礎設備、軟體、模型檔案組成的機器學習推論執行環境。由於模型是檔案，因此可以事先移植到推論器，也可透過網路發行。

◉ 3.3.1　發佈模型的過程

之前說明反面模式時，說明了機器學習的模型與函式庫之間的關係。要在推論環境載入與驅動模型，必須選擇適用於推論環境的函式庫的版本，而且也要思考發行模型的方法。學習所得的模型會以 .pkl、SavedModel、.pth、.onnx的檔案格式儲存，但是將模型檔案移植到推論器的方法必須設計成一套系統。發行模型檔案的困難之處如下。

> 1. 模型檔案的大小都在數 MB 以上。
> 2. 與發行位置的推論器的相容性。
> 3. 資產管理。

● 1. 模型檔案的大小都在數 MB 以上

第一個困難之處在於模型檔案的大小。機器學習的模型是眾多參數的集合體，以深度學習為例，模型檔案的大小介於數 MB ～數十 MB 也是常有的事。要透過網路發行與更換移植到推論器的模型，通常得耗費數十秒的時間，所以模型若是已在正式系統使用，就必須研擬系統不會因為模型的發行或更新而停止運作的方案（或是能快速更新，不至於停止太久的方案）。如果系統不能停止運作，可試著採用「金絲雀發佈」的方式，讓現有的推論器與新的推論器同時運作，再花時間慢慢地將舊的推論器換成新的推論器。

● 2. 與發行位置的推論器的相容性

第二個困難之處在於與發行位置的推論器的相容性，這部分已在前一節的反面模式提過。當推論器的函式庫版本與模型不一致，推論器就有可能無法正常運作。假設推論器已經上線運作，就必須管理正在使用的函式庫的版本。

● 3. 資產管理

為了解決第二個困難，就必須重視第三個困難，也就是資產管理的部分，必須統一管理推論器的作業系統、函式庫、版本、正在運作的模型、模型的輸入資料的格式、模型的目的（分類、迴歸、叢集）。少了管理資產這個部分當然還是能驅動推論器。如果模型只有一個，推論器或許可以在半年之內正常運作，但時間一久，原先負責管理推論器的工程師離職之後，接手的工程師可能就無法了解該推論器是從何時開始運作的。為了避免推論器成為沒人管的孤兒，最好還是試著管理推論器的資產。

3.3.2 選擇學習環境與推論環境的函式庫與版本

推論器的開發要以機能要件與非機能要件選擇技術。詳情會於本章以及Chapter 4 說明，而這節要針對選擇函式庫這點說明。

雖然推論器使用的函式庫是驅動學習模型的函式庫，但不需要依照學習模型選擇函式庫或版本。將學習模型當成推論器驅動時，應該避免使用不再更新的函式庫或是有安全漏洞的函式庫。學習環境通常會使用公司內部的設備進行實驗，所以整個環境不會曝露在網路之中，安全性也非常高，但是網路系統的推論器卻不是這樣，因為網路系統的推論器必須在網路公開端點，才能接收來自使用者的要求。再者，學習環境不需要考慮推論速度與延遲。但是推論系統需要考慮這些事，因為哪怕是多了 0.1 秒的延遲，都會造成使用者體驗的滿意度或商業利潤降低。

我們當然可以在推論器的前段配置防火牆、代理伺服器、認證步驟來提升安全性，也可以透過效能調校以及擴展性策略減少延遲，但也不能因為採用了這些方案而忽略推論器使用的函式庫有哪些問題，也不能因此怠忽函式庫的更新。

假設推論器使用的函式庫有問題，可試著升級學習環境的函式庫或是代替的函式庫。其他的非機能要件若是能透過更新函式庫的方式解決問題，就只需要更新。在學習模型時，我們很常將重點放在函式庫的功能有多強悍（可建置哪些模型或是支援哪些演算法），但是開始進行推論之後，機能要件與非機能要件（安全性、延遲、成本）就必須是能在正式驅動運作的強度。

尤其當學習環境與推論環境使用相同的函式庫時（大部分都會使用 scikit-learn、OpenCV（ URL https://opencv.org/ ）、MeCab（ URL https://taku910.github.io/mecab/ ）這類函式庫），通常會由開發推論器的團隊嚴選函式庫。之所以會由開發推論器的團隊選擇，因為推論器最終要移植到正式系統，所以安全性、延遲這類非機能要件都必須符合發佈條件。就算不更新函式庫的版本也不會發生機能性問題，但還是盡可能讓非機能要件符合發佈條件，否則日後可能會發生問題，也有可能讓使用者體驗的滿意度下降。選擇函式庫與版本時，除了要根據學習環境的需求，也必須根據推論器的需求。

若想進一步了解函式庫的穩定性可於 CVE（ URL https://cve.mitre.org/index.html ）或 JVN（ URL https://jvndb.jvn.jp/ ）的資料庫搜尋相關資料。

3.3.3 將推論器移植到模型

要將模型放入伺服器,當成推論器執行時,需要下列這些元件。

● 基礎設備:伺服器、CPU、記憶體、儲存裝置、網路。

● OS:Linux、Windows 或其他。

● 執行所需的函式庫:載入與驅動機器學習模型的函式庫。推論專用的函式庫包含 ONNX Runtime 或 TensorFlow Serving,學習與推論共用的函式庫則有 scikit-learn 或其他。

● 模型檔案:學習完畢的模型檔案。

● 程式:針對推論要求執行前置處理、推論、後置處理再進行回應的程式。

基礎設備、OS、執行所需的函式庫都常會使用現有的東西,很少會從零開始製作,模型檔案則可在學習過程中產生,而學習所得的模型有時會二進位化,或是轉換成推論所需的模型。程式就是非得自己撰寫的元件。輸出 / 入的資料則會視情況進行適當的處理,比方說,準備建置推論器時,就會在接收資料之後開發程式,以便替資料進行前置處理、推論以及回應結果的後置處理。推論器的製作方法與程式碼會於 **Chapter 4** 說明,本章只說明模型檔案發行方法的各種模式。

每次學習模型都會產生模型檔案,而機器學習的價值也是以模型的精確度評估,所以如果產出非常精確的模型,就能輕鬆地發佈模型,這也是最理想的狀態。換言之,模型的發佈週期與 OS、函式庫、程式的發佈週期不會一致,有時候,模型會經常發佈,所以必須更有效率地發佈模型,還要讓發佈的模型能夠正常運作。

發佈模型的方法(圖 3.4)主要分成兩大類。其中之一是讓模型與伺服器一起建置的模式,另一種模式則是從外部將模型載入已設定完成的伺服器。下一節將為大家說明這兩種模式。

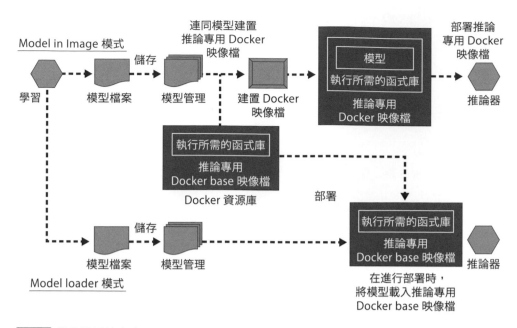

圖 3.4 發佈模型的方法

3.4 Model in Image 模式

Model in Image 模式是將模型檔案放入推論器映像檔再建置的方式。連同模型一併建置，就能產生該模型專用的推論器映像檔。

🔲 3.4.1 用例

● 希望伺服器映像檔與推論模型的版本一致的時候。

● 想替推論模型準備不同的伺服器映像檔的時候。

🔲 3.4.2 想解決的課題

要驅動推論器的時候，必須先將模型載入伺服器才能開始推論，不過，有時候會因安裝的函式庫或版本的問題，導致推論器無法正常運作（無法載入模型）。這些問題必須在模型發佈之前就先發現與解決。

如果能在模型發佈之前驅動與測試推論器，就能確認推論器能否正常運作。推論器的伺服器與模式有可能是在不同的階段開發的，而且當伺服器與模型的數量增加，兩者之間的組合種類就會呈倍數增加，也就不太可能驗證這些伺服器與模型的所有組合。

Model in Image 模式是模型與伺服器一起建置的方式，所以會在該伺服器運作的只有一起建置的模型，伺服器與模型的版本也會因此一致，也就能確定推論器能在哪台伺服器正常執行。

🔲 3.4.3 架構

隨著雲端環境或容器的發展，現在已能利用事先建置的伺服器映像檔驅動伺服器。就機器學習系統的維護而言，管理伺服器映像檔與推論模型檔案的方法，以及管理版本的方法，都是非常重要的課題。若採用的是 Model in Image 模式，可將學習完畢的模型放入推論伺服器的映像檔，如此一來，就能將學習模型與建置伺服器映像檔的步驟打造成一條完整的工作流程。由於伺服器映像檔與模型檔案的版本會一致，所以就不需要根據推論器的函式庫版本挑選可運作的模型。

Model in Image 模式（ 圖 3.5 ）會在學習模型之後，連同該模型一併建置推論專用的伺服器映像檔。在部署推論器的時候，會對映像檔下達 Pull 指令，藉此下載映像檔，接著啟動推論器，讓推論器開始運作。

採用這種模式的困難之處在於推論專用的伺服器映像檔需要較長的時間才能建置完成，而且映像檔的檔案容量也會增加。由於是在模型學習完畢之後建置伺服器映像檔，所以必須打造一個能完成所有步驟的管線。此外，當映像檔的檔案容量增加，透過 Pull 指令下載映像檔，以及讓伺服器正式運作的時間也會跟著拉長。

此外，Model in Image 模式雖然會連同模型檔案一併建置伺服器映像檔，但還是建議大家分開儲存原始的模型檔案與伺服器映像檔，以免在伺服器映像檔建置失敗時，必須從頭製作模型檔案。

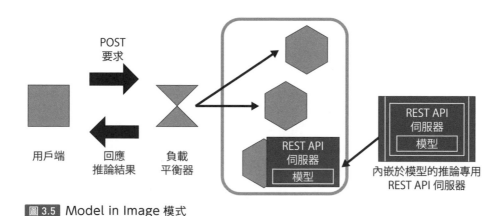

圖 3.5 Model in Image 模式

3.4.4 實際建置

Model in Image 會將模型檔案放入推論使用的伺服器映像檔再建置，如此一來，只需要啟動伺服器，就能讓推論器跟著啟動。

這次為了與後續的 Model loader 模式比較，使用了 Kubernetes 這個容器做為推論器的執行平台，如此一來，推論器便可當成 Web API 驅動，也能利用 GET/POST 要求存取。這次使用的軟體如下。

● Docker
● Kubernetes
● 程式設計語言：Python 3.8
● Web 框架：Gunicorn + FastAPI
● 機器學習函式庫：scikit-learn
● 機器學習推論框架：ONNX Runtime

Web API 的架構將於 **Chapter 4** 的各種推論模式說明，在此先行跳過。具體說明請參考 **4.2 節**「Web Single 模式」的內容。

完整程式碼放在下列的資源庫。

● **ml-system-in-actions/chapter3_release_patterns/model_in_image_pattern/**

URL　https://github.com/shibuiwilliam/ml-system-in-actions/tree/main/chapter3_release_patterns/model_in_image_pattern

這次準備的是以 scikit-learn 的支持向量機學習鳶尾花資料集所產生的分類模型。這個模型是以 ONNX 格式輸出，之後會以推論器的 ONNX Runtime 呼叫。

學習完畢的模型會放入 Docker 映像檔。移植到模型檔案的 Dockerfile 的內容請參考 程式碼 3.2 。

程式碼 3.2 　Dockerfile

```
FROM python:3.8-slim

ENV PROJECT_DIR model_in_image_pattern
WORKDIR /${PROJECT_DIR}
ADD ./requirements.txt /${PROJECT_DIR}/
RUN apt-get -y update && \
```

```
    apt-get -y install apt-utils gcc curl && \
    pip install --no-cache-dir -r requirements.txt

COPY ./src/ /${PROJECT_DIR}/src/
COPY ./models/ /${PROJECT_DIR}/models/

ENV MODEL_FILEPATH /${PROJECT_DIR}/models/iris_svc.onnx
ENV LABEL_FILEPATH /${PROJECT_DIR}/models/label.json
ENV LOG_LEVEL DEBUG
ENV LOG_FORMAT TEXT

COPY ./run.sh /${PROJECT_DIR}/run.sh
RUN chmod +x /${PROJECT_DIR}/run.sh
CMD [ "./run.sh" ]
```

建置完成的 Docker 映像檔已 Push 到 Docker Hub（ URL https://hub.
docker.com/）的 shibui/ml-system-in-actions 資源庫，名稱為 shibui/
ml-system-in-actions:model_in_image_pattern_0.0.1。

Kubernetes 會在 YAML 格式的檔案定義使用的資源。這次使用的資源包含
要驅動的 Docker 映像檔以及網路定義。這個定義檔案稱為 Manifest。本書雖
不會進一步說明 Kubernetes Manifest 或資源，但用於驅動 Web API 的
Kubernetes Manifest 可寫成 程式碼 3.3 的內容。

程式碼 3.3 manifests/deployment.yml

```
# 省略不需要說明的資源定義。

apiVersion: apps/v1
kind: Deployment
metadata:
  # 推論器的名稱
  name: model-in-image
  # 驅動推論器的環境名稱
  namespace: model-in-image
  labels:
    app: model-in-image
spec:
  replicas: 3 # 於三台運作
```

```
    selector:
      matchLabels:
        app: model-in-image
    template:
      metadata:
        labels:
          app: model-in-image
      spec:
        containers:
          - name: model-in-image # 推論器 Pod 的名稱
            # 使用的 Docker 映像檔
            image: shibui/ml-system-in-actions: ➡
                model_in_ image_pattern_0.0.1
            imagePullPolicy: Always
            ports:
              - containerPort: 8000 # 以連接埠編號 8000 公開


---
apiVersion: v1
kind: Service
metadata:
  name: model-in-image
  namespace: model-in-image
  labels:
    app: model-in-image
spec:
  ports:
    - name: rest
      port: 8000 # 以連接埠編號 8000 公開
      protocol: TCP
  selector:
    app: model-in-image
```

這是以連接埠編號 8000 在內部網路公開推論器的架構。作為推論器驅動的 Docker 映像檔會因 imagePullPolicy: Always 的定義在每次啟動時 Pull，所以就算模型有所更新，也能利用相同的映像檔名稱取得映像檔，再啟動映像檔。

我們試著以 Kubernetes Manifest 將 Web API 部署在 Kubernetes 叢集，以及發送推論要求。

```
# Web API 的部署
$ kubectl apply -f manifests/namespace.yml

# 輸出
namespace/model-in-image created
kubectl apply -f manifests/deployment.yml
deployment.apps/model-in-image created
service/model-in-image created

# 確認完成部署的 Web API
# 從所有的 STATUS 都是 Running 就可以知道運作正常。
$ kubectl -n model-in-image get pods,deploy,svc
# 輸出
NAME                                       READY    STATUS
pod/model-in-image-5c64988c5d-7v5dh        1/1      Running
pod/model-in-image-5c64988c5d-d99k9        1/1      Running
pod/model-in-image-5c64988c5d-hbdjk        1/1      Running

NAME                                 READY    UP-TO-DATE
AVAILABLE
deployment.apps/model-in-image       3/3      3                  3

NAME                             TYPE        CLUSTER-IP    PORT(S)
service/model-in-image          ClusterIP   10.4.7.26     8000/TCP

# 對 Kubernetes 集部的內部端點
# 轉發、以 POST 要求發送測試資料。
$ kubectl \
  -n model-in-image port-forward \
  deployment.apps/model-in-image \
  8000:8000 &
$ curl \
    -X POST \
    -H "Content-Type: application/json" \
    -d '{"data": [[1.0, 2.0, 3.0, 4.0]]}' \
    localhost:8000/predict
# 輸出
{
```

```
  "prediction":[
    0.9709315896034241,
    0.015583082102239132,
    0.013485366478562355
  ]
}
```

如此一來就能透過 Model in Image 模式部署推論器以及正常地進行推論。

3.4.5 優點

● 可將確認能正常運作的伺服器與模型放在同一個推論專用伺服器映像檔管理。

● 伺服器與模型之間是一對一的關係,所以比較容易維護。

3.4.6 檢討事項

Model in Image 模式必須在完成學習之後,建置包含模型的伺服器映像檔。假設使用的是 Docker 映像檔,就必須將模型放入 Docker 檔案,就算是使用虛擬機器,也必須在建置時取得模型檔案。

若採用 Model in Image 模式,學習完畢的模型越多個,伺服器映像檔的數量就會跟著變多,也就需要更大的儲存空間才能儲存學習完畢的模型與伺服器映像檔。若不刪除多餘的伺服器映像檔,儲存成本就會不斷上升,所以最好定期刪除多餘的映像檔。

Model in Image 採用的是包含模型檔案的伺服器映像檔,所以伺服器映像檔的檔案容量非常大,要驅動推論器的話,就得耗費更多時間下載映像檔。要以 Docker 映像檔的方式驅動推論器,就必須以 Pull 指令將 Docker 映像檔下載至執行 Docker 容器的主機實體,否則就得另外下載 Docker 映像檔,此時耗費的時間就是啟動推論器與水平擴充(Scale Out)的時間。若想縮短下載

Docker 映像檔的時間，可事先下載伺服器的基礎映像檔（Base Image）。如此一來，就能將下載 Docker 的資料層限定為追加模型檔案之後的資料層。

不管如何，Model in Image 模式的課題在於伺服器映像檔變大之後所衍生的儲存成本以及水平擴充引起的延遲。

3.5 Model Loader 模式

在介紹 Model in Image 模式的時候，說明了將模型放入伺服器映像檔的方法。這節將介紹 Model Loader 模式不將模型放入伺服器映像檔建置，只在推論器啟動時下載與移植到模型的方法。

● 3.5.1 用例

- ● 希望推論模型的版本比伺服器映像檔的版本更常更新的時候。

- ● 希望以同一個伺服器映像檔驅動多種推論模型的時候。

● 3.5.2 想解決的課題

前一節介紹的 Model in Image 模式的優點在於伺服器映像檔與模型的版本一致，但缺點則是會需要不斷地建置伺服器映像檔，伺服器映像檔的檔案容量也會變大。如果是一個模型搭配一個伺服器映像檔這種專為某個模型建置推論器的用途，Model in Image 模式會是比較合理的選擇。

不過，若是同一個基礎映像檔裡的模型會不斷更新版本的話，就不太適合選用 Model in Image 模式，否則會花很多時間維護。就算是以相同的前置處理以及決策樹進行學習，只要用於學習資料集不同，每次學習都得建置伺服器映像檔，而這當然不是合理的方式。如果選擇的是通用的學習參數，有時只會頻繁地更新資料集，藉此建置新模型。若要以這種工作流程開發模型，那麼 Model Loader 模式將是發行模型的最佳方式。

● 3.5.3 架構

將伺服器映像檔與模型分開來管理，可讓建置伺服器映像檔的步驟（或是管理函式庫版本的步驟）與學習模型的步驟分開來。假設採取的是 Model loader

模式，將會分別執行建置推論伺服器映像檔的步驟與儲存模型的步驟，如此一來，伺服器映像檔的檔案容量就會變小許多（圖3.6）。而且還能提升伺服器映像檔的通用性，能以同一個伺服器映像檔驅動多個推論模型。假設想讓單一的伺服器映像檔擁有多項用途，就可以採用 Model loader 模式。

若是採用 Model loader 模式，會在部署推論器的時候，先以 Pull 下載伺服器映像檔，接著再啟動推論器，然後取得模型檔案，再讓推論器正式運作。利用環境變數調整模型載入的位置，就能隨時變更在推論伺服器運作的模型。

這種模式的問題在於模型是以特定的函式庫的版本建置時，就必須分頭管理伺服器映像檔的版本與模型檔案的版本（管理支援的函式庫的版本），此時會需要製作伺服器映像檔與模型的支援表，而且伺服器映像檔與模型一旦增加，版本就會越來越難管理，維護的成本也會大增。

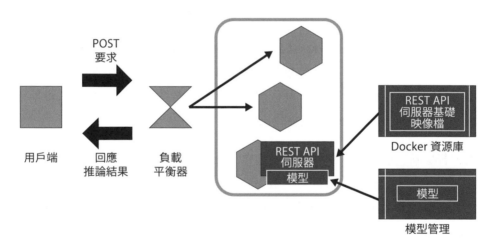

圖3.6 Model loader 模式

3.5.4 實際建置

接著要建立 Model loader 模式。與 Model in Image 模式不同的是，Model loader 模式不會將模型檔案放入 Docker 映像檔，而是在 Docker 容器啟動時下載模型。模型檔案可先放在 AWS S3（AWS 的物件儲存服務）或 GCP

Storage（GCP 的物件儲存服務）這類儲存空間儲存，等到有需要的時候再下載即可。本書是在 Google Kubernetes Engine 這個 GCP 的 Kubernetes 服務建置 Kubernetes 叢集，所以採用將模型檔案放在 GCP Storage，等到容器啟動再下載模型檔案的架構。

完整程式碼放在下列的資源庫。

● **ml-system-in-actions/chapter3_release_patterns/model_load_pattern/**

URL https://github.com/shibuiwilliam/ml-system-in-actions/tree/main/chapter3_
release_patterns/model_load_pattern

這次會使用 Kubernetes 的 init container 功能下載模型檔案。init container 可在啟動容器之前，先執行必要的初始化處理。接下來要利用 init container 下載模型檔案，再將該模型檔案傳遞給作為主體的推論器。

這次是利用 程式碼 3.4 的 Python 指令檔下載模型檔案。

程式碼 3.4 model_loader/main.py

```python
import os
import click
from google.cloud import storage


@click.command(name="model loader")
@click.option(
    "--gcs_bucket",
    type=str,
    required=True,
    help="GCS bucket name",
)
@click.option(
    "--gcs_model_blob",
    type=str,
    required=True,
    help="GCS model blob path",
)
@click.option(
    "--model_filepath",
```

```
        type=str,
        required=True,
        help="Local model file path",
    )
    def main(
        gcs_bucket: str,
        gcs_model_blob: str,
        model_filepath: str,
    ):
        # 先建立存放模型檔案的目錄
        dirname = os.path.dirname(model_filepath)
        os.makedirs(dirname, exist_ok=True)

        # GCP Storage 用戶端
        # 由於可從網路存取範例模型、
        # 所以使用了 GCS 的 anonymous_client、
        # 但本來的做法是使用 GCS client，程式碼也會寫成下列的內容。
        # client = storage.Client()
        # bucket = client.get_bucket(gcs_bucket)
        client = storage.Client.create_anonymous_client()
        bucket = client.bucket(gcs_bucket)
        blob = bucket.blob(gcs_model_blob)

        # 從 GCP Storage 下載模型
        blob.download_to_filename(model_filepath)


    if __name__ == "__main__":
        main()
```

可供下載的 Docker 映像檔已透過 Push 放在 Docker 官方的 DockerHub
（ URL https://hub.docker.com/），名稱為 shibui/ml-system-in-
actions:model_load_pattern_loader_0.0.1。

此時推論器沒有模型檔案。接著要利用執行模型的程式碼建置 Docker 映像
檔。Dockerfile 的內容請參考 程式碼 3.5 。

程式碼 3.5 Dockerfile

```
FROM python:3.8-slim

ENV PROJECT_DIR model_load_pattern
WORKDIR /${PROJECT_DIR}
ADD ./requirements.txt /${PROJECT_DIR}/
RUN apt-get -y update && \
    apt-get -y install apt-utils gcc && \
    apt-get clean && \
    rm -rf /var/lib/apt/lists/* && \
    pip install --no-cache-dir -r requirements.txt

COPY ./src/ /${PROJECT_DIR}/src/
COPY ./models/label.json /${PROJECT_DIR}/models/label.json

ENV MODEL_FILEPATH /${PROJECT_DIR}/models/iris_svc.onnx
ENV LABEL_FILEPATH /${PROJECT_DIR}/models/label.json
ENV LOG_LEVEL DEBUG
ENV LOG_FORMAT TEXT

COPY ./run.sh /${PROJECT_DIR}/run.sh
RUN chmod +x /${PROJECT_DIR}/run.sh
CMD [ "./run.sh" ]
```

建置完成的 Docker 映像檔已 Push 為 `shibui/ml-system-in-actions:model_load_pattern_api_0.0.1`。

利用下載的 Docker 映像檔與推論 API 的 Docker 映像檔在 Kubernetes 叢集部署 Web API。在 Kubernetes 指定 `init Containers` 就能啟動初始化的容器,而 Kubernetes Manifest(在 Kubernetes 定義建置資源的 YAML 檔案)的內容可參考 **程式碼 3.6** 。

```yaml
# 省略了不需要說明的資源定義。

apiVersion: apps/v1
kind: Deployment
metadata:
  name: model-load # 推論器的名稱
  namespace: model-load # 推論器的環境名稱
  labels:
    app: model-load
spec:
  replicas: 4
  selector:
    matchLabels:
      app: model-load
  template:
    metadata:
      labels:
        app: model-load
    spec:
      containers:
        - name: model-load # 推論器 Pod 的名稱
          # 於推論使用的 Docker 映像檔
          image: shibui/ml-system-in-actions: ➡
          model_load_pattern_api_0.0.1
          ports:
            - containerPort: 8000 # 以連接埠編號 8000 公開
          resources:
            limits:
              cpu: 500m
              memory: "300Mi"
            requests:
              cpu: 500m
              memory: "300Mi"
          volumeMounts:
            - name: workdir
              mountPath: /workdir
          env:
            - name: MODEL_FILEPATH
              value: "/workdir/iris_svc.onnx"
```

發佈模型

```yaml
    initContainers: # 於啟動時下載模型檔案
      - name: model-loader
        # 下載模型檔案的 Docker 映像檔
        image: shibui/ml-system-in-actions: ➡
        model_load_pattern_loader_0.0.1
        imagePullPolicy: Always
        command:
          - python
          - "-m"
          - "src.main"
          - "--gcs_bucket"
          # GCS 值區名稱
          - "ml_system_model_repository"
          - "--gcs_model_blob"
          - "iris_svc.onnx"
          # 模型檔案名稱
          - "--model_filepath"
          - "/workdir/iris_svc.onnx"
        volumeMounts:
          - name: workdir
            mountPath: /workdir
    volumes:
      - name: workdir
        emptyDir: {}


---
apiVersion: v1
kind: Service
metadata:
  name: model-load
  namespace: model-load
  labels:
    app: model-load
spec:
  ports:
    - name: rest
      port: 8000 # 以連接埠 8000 公開
      protocol: TCP
  selector:
    app: model-load
```

這就是利用 initContainers 下載模型檔案，再以 iris_svc.onnx 這個推論器使用的容器載入模型檔案的機制。與 Model in Image 模式不同的是，推論器容器不會指定 imagePullPolicy: Always。如果 Docker 映像檔位於節點的話，就不需要每次都 Pull，直接使用現有的映像檔就好。這也是利用 initContainers 更新模型的機制。

我們試著建構映像檔與發出推論要求。

〔命令〕

```
# Web API 的部署
$ kubectl apply -f manifests/namespace.yml

# 輸出
namespace/model-load created

$ kubectl apply -f manifests/deployment.yml

# 輸出
deployment.apps/model-load created
service/model-load created

# 確認完成部署的 Web API。
# 從所有的 STATUS 都是 Running 就可以知道運作正常。
$ kubectl -n model-load get pods,deploy,svc
# 輸出
NAME                                  READY    STATUS
pod/model-load-6b4bb6f96c-6ch2c       1/1      Running
pod/model-load-6b4bb6f96c-72v6n       1/1      Running
pod/model-load-6b4bb6f96c-bwmd2       1/1      Running

NAME                            READY    AVAILABLE
deployment.apps/model-load      3/3      3

NAME                   TYPE        CLUSTER-IP   PORT(S)
service/model-load     ClusterIP   10.4.11.91   8000/TCP
```

```
# 從 init container 的日誌資料可以知道
# 順利下載了模型檔案。
$ kubectl \
  -n model-load \
  logs deployment.apps/model-load
# 輸出
2021-01-01 10:28:36 INFO  ➡
downloaded  ➡
from gs://ml_system_model_repository/iris_svc.onnx ➡
to /workdir/iris_svc.onnx

# 轉發至 Kubernetes 叢集內部的端點，
# 以 POST 要求測試檔案。

$ kubectl \
  -n model-load \
  port-forward deployment.apps/model-load \
  8000:8000 &
$ curl \
    -X POST \
    -H "Content-Type: application/json" \
    -d '{"data": [[1.0, 2.0, 3.0, 4.0]]}' \
    localhost:8000/predict
# 輸出
{
  "prediction":[
    0.9709315896034241,
    0.015583082102239132,
    0.013485366478562355
  ]
}
```

如此一來，Model Loader 模式就建置完成了。雖然這次與 Model in Image 模式一樣使用了 Kubernetes，但是將推論器導入正式系統時，請依照推論器的執行環境改用其他方法取得模型。

🔶 3.5.5 優點

● 伺服器映像檔的版本與模型檔案的版本各自獨立。

● 伺服器映像檔的應用範圍擴大。

● 伺服器映像檔的檔案容量變小。

🔶 3.5.6 檢討事項

Model Loader 模式的缺點在於需要解決伺服器映像檔與模型的版本不一致的問題。如果只是替換用於學習的資料集，不會發生版本不一致的問題，還是能以同一個伺服器映像檔使用不同的模型，但是當用於學習的函式庫升級，推論器這邊的函式庫也得跟著更新版本。此外，若發現推論器這邊的函式庫有穩定性的問題，用於學習的函式庫也必須更新，此時就得重新建置通用的推論伺服器映像檔。

伺服器映像檔更新之後，模型也要跟著更新（學習環境更新的話，自然也要更新驅動模型的環境），但是當模型有問題的時候，就得考慮是否降版使用。降版時，的確可以部署足以驅動模型的伺服器映像檔就好，但如果這個版本的伺服器映像檔有致命性的缺陷時，就有可能出現安全性風險，模型也無法繼續運作。該先找出模型的問題，還是伺服器映像檔的缺陷，雖然沒有標準答案，但可試著以商業利益評估相關的風險。

不論如何，在更新伺服器映像檔或模型之後，還是得建立一個能隨時還原系統的狀態（明確的還原基準）。

3.6 模型的發行與水平擴充

本章已說明了發行模型，讓模型在正式環境發佈的方法。最後要說明發行模型的模式與推論器的水平擴充有什麼關係。於正式環境運作的推論器會隨著負載的變動而進行水平擴充，但是水平擴充的步驟會隨著發行模型的方法而改變。

Model in Image 模式與 Model Loader 模式的差異在於伺服器映像檔是否包含模型這點（ 圖 3.7 ），而這項差異不僅會影響推論器的發佈方式，也會影響推論器的水平擴充。這年來，許多伺服器都是於 Docker 容器建置與運作，所以將 Kubernetes 當成容器管理系統的例子會越來越多，使用 Amazon ECS 這種雲端的容器管理服務的情況也不斷增加。

在 Docker 容器驅動推論器的時候，必須先將 Docker 映像檔下載到主機實體。由於 Model in Image 模式的 Docker 映像檔包含了模型，所以 Docker 映像檔的檔案容量較大，這也導致在初次發佈或是更新時需要耗費更多時間才能啟動推論器。反觀 Model Loader 模式就不一樣，因為在這個模式之下，Docker 映像檔是共用的，所以不需要下載 Docker 映像檔，只需要下載模型就能啟動推論器。

所以 Model Loader 模式就一定能快速啟動推論器嗎？其實並非如此，因為在這個模式之下啟動推論器都需要下載模型檔案，所以也得考慮前置時間的長短。反觀 Model in Image 只需要下載一次 Docker 映像檔，就能使用該映像檔啟動推論器。由此可知，若只看第一次啟動的話，Model Loader 模式的確比 Model in Image 模式來得更快，但如果會進行水平擴充的話，Model in Image 模式反而比較有效率。

如果採用了雲端服務，就比較不需要顧慮網路頻寬的問題，但如果是在網路頻寬受限的本地環境建置，下載 Docker 映像檔與模型檔案的速度就會是維護系統時，必須進一步考慮的指標。

若希望讓 Model in Image 模式的 Docker 映像檔能更快下載完畢，就需要讓 Docker 映像檔的檔案容量變小，此時可試著排除 Docker 映像檔之中多餘的函式庫與資源，或是不要讓 Docker 映像檔的資料層增加。

如果希望讓 Model Loader 模式的推論器更快驅動完畢，就必須想辦法更快完成模型的下載。此時可將模型檔案放在推論器附近，或是使用 CDN（Contents Delivery Network）作為發行模型檔案的來源。

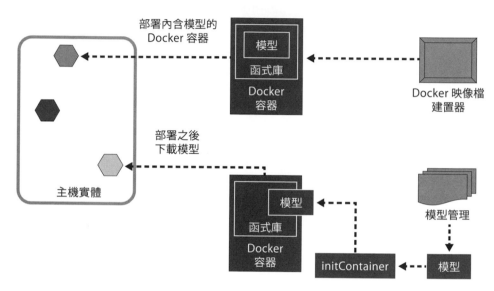

圖 3.7 Model in Image 模式與 Model Loader 模式

要讓推論器在正式系統運作，除了驅動模型之外，在系統方面，還得準備滿足業務要求的功能以及不屬於功能的部分，所以推論器的架構必須滿足務業需求。

Chapter 3 以在推論器發佈模型為軸，介紹了學習環境與推論環境的差異，也說明了 Model in Image 與 Model Loader 這兩種發佈模式。接著要在 **Chapter 4** 說明讓模型實際在正式系統運作時，建置推論器的各種模式。

建立推論系統

直到前一章為止，本書為大家介紹了學習機器學習模型與發佈
機器學習模型的方法。本章則要介紹各種利用機器學習建立系
統的模式。雖然這些模式都是以在網路系統應用機器學習為前
提，但其實這套方法也可在網路系統之外的系統應用。除了說
明建立系統的各種模式之外，還會說明這些模式的應用方式以
及檢討事項，希望藉此促進機器學習更快付諸實用。

4.1 為什麼要建立系統

要於產品或服務應用機器學習，就必須將機器學習移植到系統。不過，機器學習的模型若只是在本地端電腦進行推論，是無法做出任何貢獻的，必須建立一個模型能與其他軟體搭配，或是從其他軟體呼叫模型的系統。

4.1.1 前言

到目前為止，說明了學習與管理機器學習模型的方法。要建置一個機器學習的模型，需要使用各種資料、演算法與參數，而這些資料、演算法與參數會影響模型的效能，也會讓人無法從模型了解這個模型是利用哪些資料或參數學習。要想活用機器學習，就必須管理用於模型學習的設定以及模型的版本。

更重要的是，要將機器學習的模型移植到正式系統，讓機器學習得以付諸實用。只有當機器學習的模型開始於公司業務應用才算真的有價值。不管模型的效能有多好，無法於正式系統應用就毫無意義。本章除了說明將機器學習模型移植到正式系統的各種模式，還要介紹建置這些模式的方法以及優缺點。

4.1.2 讓機器學習付諸實用

要讓機器學習的模型付諸實用，就必須讓模型扮演推論器的角色，進而與外部系統建立互動（ 圖 4.1 ）。將學習所得的模型檔案載入推論器之後，驅動推論器，再根據正式的資料輸出推論結果。重點在於，將推論結果提供給公司內外的終端使用者，讓系統變得更方便好用。

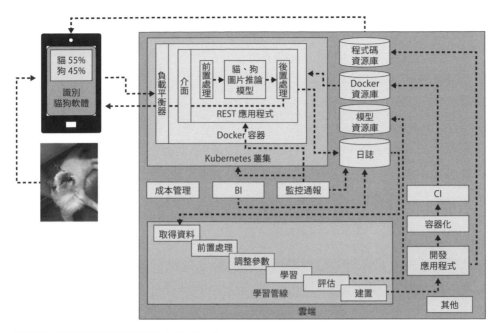

圖 4.1 讓機器學習模型付諸實用的流程

要將學習完畢的模型當成推論器移植到正式系統的方法非常多,但要選擇哪種方法得根據系統的用途與模型的效能決定。比方說,在接收要求時,要立刻回應推論結果的話,最好同步建置推論器。此外,如果推論器是由多個模型組成,就必須將這些模型部署成獨立的微服務模型。如果想在晚上根據累積的大筆資料進行推論,則可以開發成批次系統。

以下是本章要說明的各種推論器模式,以及各種模式的簡易說明。

● Web Single 模式:以一個推論器同步推論一個小模型。

● 同步推論模式:對要求進行同步推論。

● 非同步推論模式:對要求進行非同步推論。

● 批次推論模式:利用批次處理進行推論。

● 前置處理推論模式:以前置處理與推論分割伺服器。

● 微服務串聯模式：依序進行互相連動的推論。

● 微服務並聯模式：利用多個推論器對單一的要求進行推論。

● 時間差推論模式：以同步推論與非同步推論進行時間差推論。

● 推論快取模式：將推論結果存在快取記憶體，藉此改善推論效能。

● 資料快取模式：將推論前的資料放進快取記憶體，藉此改善推論效能。

● 推論器範本模式：將推論模式轉換成範本，藉此改善開發效率。

● Edge AI 模式：在智慧型手機、汽車這類用戶端裝置進行推論。

這些模式都是為了解決特定課題而發明的，接下來會說明這些模式有待解決的課題與解決方案，還會說明各自的建置方式以及優缺點。

4.2 Web Single 模式

Web Single 模式是將機器學習的推論模型移植到一台 WebAPI 服務。將資料與要求一併傳送至 API，就能取得推論結果，而這也是最簡單、最基礎的推論系統架構。

◉ 4.2.1 用例

● 希望以最簡單的架構早一步發佈推論器，驗證模型的效能。

◉ 4.2.2 想解決的課題

機器學習的模型在完成學習之後，盡快以實際的資料測試模型的效能是至關重要的部分。用於學習的資料，尤其是於網路服務使用的資料每天都在改變，這也意謂著訓練模型的資料越來越不符合時代的需求，所以模型在剛學習完畢的時候，最能反映正式資料的真實情況（≒商業現況），機器學習模型的正確解答率也是在學習完畢的當下達到顛峰。以具有淡季、旺季的服務為例，以兩個月前的資料進行學習的模型，很可能無法滿足當季的需求，所以要盡可能使用一個月之內的資料學習，以及趁著資料還夠新鮮的時候，讓模型移植到正式系統，才能產生預期的價值。換言之，在商業應用的世界裡，儘早發佈模型是非常重要的一環。

◉ 4.2.3 架構

那麼該怎麼做才能儘速發佈模型呢？

為此，要快速開發與建置推論器。要想加快開發的腳步，最簡單的方法就是不要多做無謂的東西。比方說，伺服器只開發最低需求的功能，外部介面也使用能與大部分系統相容的 REST API（當然也可以使用 gRPC）。推論器則利用 Python 的網路框架（**Flask** URL https://flask.palletsprojects.com/）

或 **FastAPI**（ URL https://fastapi.tiangolo.com/）建置，然後將模型載入 Python 再進行推論，就能省去許多麻煩。

Web Single 模式是將網路應用程式伺服器與模型綁定的模式（ 圖 4.2 ）。在同一台伺服器安裝 REST 介面、前置處理、學習完畢的模型，就能建置架構相對單純的推論器。在多數的情況下，機器學習的推論都可以是無狀態（Stateless），所以不需要建立永續儲存 DB 或儲存裝置的資料的持久層，一切只需要一台網路伺服器就能完成。如果為了兼顧可用性而於多台網路伺服器推論，可利用負載平衡器分散負載。將模型移植到推論器的方法請參考 **3.4 節**「Model in Image 模式」或 **3.5 節**「Model Loader 模式」。

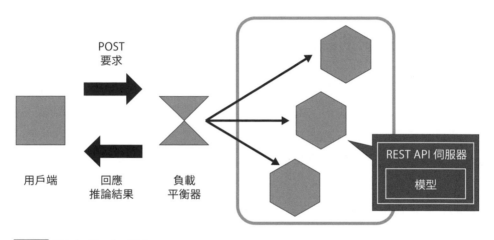

POST
要求

用戶端　　回應　　　負載　　　　　　　　　　　REST API 伺服器
　　　　推論結果　　平衡器　　　　　　　　　　　模型

圖 4.2 Web Single 模式

🔷 4.2.4 實際建置

接著為大家說明建置 Web Single 模式的實例。推論模型使用的是以 scikit-learn 的鳶尾花資料集（**Iris dataset** URL https://scikit-learn.org/stable/auto_examples/datasets/plot_iris_dataset.html）學習的支持向量機分類模型。

推論器的部分，則使用 FastAPI 撰寫 scikit-learn 的 SVM 分類模型在 ONNXRuntime 運作的程式碼。

完整程式碼放在下列的資源庫。

● **ml-system-in-actions/chapter4_serving_patterns/web_single_pattern/**

URL https://github.com/shibuiwilliam/ml-system-in-actions/tree/main/chapter4_
serving_patterns/web_single_pattern

本書透過實例介紹建置推論器的方法時，將使用下列的軟體堆層。

● Docker

Docker： URL https://www.docker.com/

● （需要多個容器的時候）Docker Compose 或是 Kubernetes

Docker Compose： URL https://docs.docker.jp/compose/toc.html

Kubernetes： URL https://kubernetes.io/ja/

● 程式設計語言：Python 3.8

Python 3.8： URL https://www.python.org/downloads/

● Web 框架：Gunicorn+ FastAPI

Gunicorn： URL https://gunicorn.org/

FastAPI： URL https://fastapi.tiangolo.com/

● 機器學習函式庫：scikit-learn、TensorFlow、PyTorch

scikit-learn： URL https://scikit-learn.org/stable/

TensorFlow： URL https://www.tensorflow.org/

PyTorch： URL https://pytorch.org/

● 機器學習推論引擎：TensorFlow Serving、ONNX Runtime

TensorFlow Serving： URL https://www.tensorflow.org/tfx/guide/
serving

ONNX Runtime： URL https://www.onnxruntime.ai/

● 資料層：MySQL、Redis

MySQL： URL https://www.mysql.com/jp/

Redis： URL https://redis.io/

基礎架構、程式設計語言、Web 框架、資料庫都還有其他選擇，讀者在自己的
系統建置推論器時，可考慮其他的系統以及選擇適當的技術。

Web Single 模式的軟體之間存在著 圖 4.3 所示的相關性。

圖 4.3 Web Single 模式的軟體之間的相關性

FastAPI 是以 Python 為基礎的 Web 框架，支援 Uvicorn（ URL https://
www.uvicorn.org/） 的 非 同 步 處 理 以 及 Pydantic（ URL https://
pydanticdocs.helpmanual.io/）的結構資料定義。

Uvicorn 是能提供 ASGI（Asynchronous Server Gateway Interface）這
種標準介面的框架，能以非同步單一處理的方式執行。若從 Gunicorn（ URL
https://gunicorn.org/）啟動 Uvicorn，還能改以多重處理的方式使用
（ 圖 4.4 ）。Gunicorn 可提供 WSGI（Web Server Gateway Interface）這
種同步應用程式介面。從 Gunicorn 啟動 Uvicorn，就能同時使用 ASGI 的非
同步處理與 WSGI 的多重處理。Pydantic 是使用 Python 型別註記管理資料
的函式庫，可在 Runtime 層級強制執行型別提示。

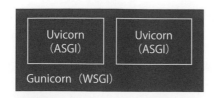

圖 4.4 以多重處理的方式啟動 Uvicorn

接著要建立推論器端點的 src/app/app.py（ 程式碼 4.1 ）。FastAPI 的實體將
新增 src/app/routers/routers.py 底下的 API 端點。

程式碼 4.1 `src/app/app.py`

```python
import os
from fastapi import FastAPI

from src.app.routers import routers
from logging import getLogger

# 為了顧及易讀性,將散落在各個檔案的程式碼
# 在此整理成同一個檔案。
# 也省略了與本書說明無關的處理。


logger = getLogger(__name__)

app = FastAPI(
    title="ServingPattern",
    description="web single pattern",
    version="0.1",
)

app.include_router(routers.router, prefix="", tags=[""])
```

`src/app/app.py` 執行的 API 為 **程式碼 4.2**。對 `src/app/routers/routers.py` 的 `/predict/test` 發出 GET 要求,再利用內建於推論器的範例資料進行推論,然後傳回推論結果。這個推論結果預測會在發佈前後的整合測試使用。就實用而言,對 `/predict` 或 `/predict/label` 發出 POST 要求,藉此從外部傳送資料,再傳回與這些資料對應的推論結果。`/predict` 端點會回應與輸入資料對應的每個標籤的機率。`/predict/label` 端點則會回應機率最高的標籤名稱。

`/predict*` 端點會對每個要求發行 id,這也是為了根據日誌資料鎖定各要求。

此外,為了方便使用準備了下列的端點。

● `/health`:健康狀態檢查端點。

● `/metadata`:中繼資料端點。

● `/label`:輸出推論標籤清單的端點。

```python
from fastapi import APIRouter
from typing import Dict, List, Any
import uuid
from logging import getLogger
from src.ml.prediction import classifier, Data


logger = getLogger(__name__)
router = APIRouter()


# 健康狀態檢查端點
@router.get("/health")
def health() -> Dict[str, str]:
    return {"health": "ok"}


# 提供中繼資料的端點
@router.get("/metadata")
def metadata() -> Dict[str, Any]:
    return {
        "data_type": "float32",
        "data_structure": "(1,4)",
        "data_sample": Data().data,
        "prediction_type": "float32",
        "prediction_structure": "(1,3)",
        "prediction_sample": [0.97093159, 0.01558308, 0.01348537],
    }


# 提供推論標籤的端點
@router.get("/label")
def label() -> Dict[int, str]:
    return classifier.label


# 利用測試資料推論的端點
@router.get("/predict/test")
def predict_test() -> Dict[str, List[float]]:
```

```
    job_id = str(uuid.uuid4())
    prediction = classifier.predict(data=Data().data)
    prediction_list = list(prediction)
    logger.info(f"test {job_id}: {prediction_list}")
    return {"prediction": prediction_list}


# 利用標籤名稱回應
# 測試資料的推論結果的端點
@router.get("/predict/test/label")
def predict_test_label() -> Dict[str, str]:
    job_id = str(uuid.uuid4())
    prediction = (
        classifier.predict_label(data=Data()
        .data)
    )
    logger.info(f"test {job_id}: {prediction}")
    return {"prediction": prediction}


# 推論端點
@router.post("/predict")
def predict(data: Data) -> Dict[str, List[float]]:
    job_id = str(uuid.uuid4())
    prediction = classifier.predict(data.data)
    prediction_list = list(prediction)
    logger.info(f"{job_id}: {prediction_list}")
    return {"prediction": prediction_list}


# 利用標籤名稱回應推論結果的端點
@router.post("/predict/label")
def predict_label(data: Data) -> Dict[str, str]:
    job_id = str(uuid.uuid4())
    prediction = classifier.predict_label(data.data)
    logger.info(f"test {job_id}: {prediction}")
    return {"prediction": prediction}
```

最後介紹的是載入模型與進行推論的 Classifier 類別（ 程式碼 4.3 ）。這個類別會利用 load_model 函數載入模型。

模型的檔案路徑是以環境變數指定。模型的部分可仿照範例資料的做法，也就是以預設的方式移植到範例模型就好。假設在更新模型的時候，遇到因為某些故障而無法順利載入模型的問題，這個預設啟動的範例模型就能幫助我們忽略故障。

模型以 ONNX Runtime（載入以 ONNX 這個機器學習推論模型相容格式輸出的模型檔案進行推論的 Runtime）啟動之後，利用 predict 函數輸出各標籤的機率，再利用 predict_label 函數輸出機率最高的標籤。要使用哪個函數端看模型的用途。

程式碼 4.3 src/ml/prediction.py

```python
import os
import json
from logging import getLogger
from typing import Dict, List

import numpy as np
import onnxruntime as rt
from pydantic import BaseModel

logger = getLogger(__name__)


# 省略不需要說明的處理。

class Data(BaseModel):
    data: List[List[float]] = [[5.1, 3.5, 1.4, 0.2]]


class Classifier(object):
    def __init__(
        self,
        model_filepath: str,
        label_filepath: str,
```

```
):
    # 模型的檔案路徑
    self.model_filepath: str = model_filepath
    # 標籤的檔案路徑
    self.label_filepath: str = label_filepath
    # 分類器
    self.classifier = None
    # 標籤的 Dict（字典）
    self.label: Dict[str, str] = {}
    # 輸入值名稱
    self.input_name: str = ""
    # 輸出值名稱
    self.output_name: str = ""

    self.load_model()
    self.load_label()

# 載入模型
def load_model(self):
    logger.info(
        f"load model in {self.model_filepath}",
    )
    self.classifier = rt.InferenceSession(
        self.model_filepath,
    )
    self.input_name = (
        self.classifier
        .get_inputs()[0]
        .name
    )
    self.output_name = (
        self.classifier
        .get_outputs()[0]
        .name
    )
    logger.info(f"initialized model")

# 載入標籤
def load_label(self):
    logger.info(
        f"load label in {self.label_filepath}",
```

```
        )
        with open(self.label_filepath, "r") as f:
            self.label = json.load(f)
        logger.info(f"label: {self.label}")

    # 推論
    def predict(
        self,
        data: List[List[int]],
    ) -> np.ndarray:
        np_data = np.array(data).astype(np.float32)
        prediction = self.classifier.run(
            None,
            {self.input_name: np_data},
        )
        output = np.array(
            list(prediction[1][0].values()),
        )
        logger.info(f"predict proba {output}")
        return output

    # 將推論結果轉換成標籤名稱
    def predict_label(
        self,
        data: List[List[int]],
    ) -> str:
        prediction = self.predict(data=data)
        argmax = int(np.argmax(np.array(prediction)))
        return self.label[str(argmax)]
```

這次是使用 Gunicorn 執行推論伺服器（ 程式碼 4.4 ）。由於採用的是
FastAPI，所以也能使用 Uvicorn，但為了能使用更豐富的伺服器功能，以及
活用 WSGI 與 ASGI 的優點，所以才從 Gunicorn 呼叫 Uvicorn。

程式碼 4.4 `run.sh`

```bash
#!/bin/bash

set -eu

HOST=${HOST:-"0.0.0.0"}
PORT=${PORT:-8000}
WORKERS=${WORKERS:-4}
UV_WORKER=${UV_WORKER:-"uvicorn.workers.UvicornWorker"}
LOGLEVEL=${LOGLEVEL:-"debug"}
LOGCONFIG=${LOGCONFIG:-"./src/utils/logging.conf"}
BACKLOG=${BACKLOG:-2048}
LIMIT_MAX_REQUESTS=${LIMIT_MAX_REQUESTS:-65536}
MAX_REQUESTS_JITTER=${MAX_REQUESTS_JITTER:-2048}
GRACEFUL_TIMEOUT=${GRACEFUL_TIMEOUT:-10}
APP_NAME=${APP_NAME:-"src.app.app:app"}

gunicorn ${APP_NAME} \
    -b ${HOST}:${PORT} \
    -w ${WORKERS} \
    -k ${UV_WORKER} \
    --log-level ${LOGLEVEL} \
    --log-config ${LOGCONFIG} \
    --backlog ${BACKLOG} \
    --max-requests ${LIMIT_MAX_REQUESTS} \
    --max-requests-jitter ${MAX_REQUESTS_JITTER} \
    --graceful-timeout ${GRACEFUL_TIMEOUT} \
    --reload
```

這次建置的是只有介面與推論器的 REST API。如果只是要利用陽春版的模型進行推論，這種 REST API 就足以應付了。

試著啟動推論器。可在 Docker 啟動與進行推論。

〔命令〕

```
# 建置 Docker 映像檔。
$ docker build \
    -t shibui/ml-system-in-actions: ➥
    web_single_pattern_0.0.1 \
    -f Dockerfile \
    .

# 以連接埠 8000 啟動 Docker 容器。
# localhost:8000/ 設定為可存取。
$ docker run \
    -d \
    --name web_single_pattern \
    -p 8000:8000 \
    shibui/ml-system-in-actions:web_single_pattern_0.0.1

# 推論要求。
$ curl \
    -X POST \
    -H "Content-Type: application/json" \
    -d '{"data": [[1.0, 2.0, 3.0, 4.0]]}' \
    localhost:8000/predict
{
    "prediction": [
        0.9709315896034241,
        0.015583082102239132,
        0.013485366478562355
    ]
}

# 利用標籤名稱取得推論要求。
$ curl \
    -X POST \
    -H "Content-Type: application/json" \
    -d '{"data": [[1.0, 2.0, 3.0, 4.0]]}' \
    localhost:8000/predict/label
{"prediction":"setosa"}
```

以上就是 Web Single 模式的實例。如果是陽春版的推論器，只需要上述這些程式碼就足以建置。以 Web API 建置推論器的模式都可利用相同的構造（Docker、Gunicorn、FastAPI）這個架構建置。

4.2.5 優點

Web Single 模式的優點在於能快速驅動推論器。由於是只以 API 與推論器建置的通用架構，所以可驅動的平台也很多，不需要特殊的設定或設計。

這種簡單的架構也能快速排除障礙與還原。由於會故障的部分不多，所以很少會發生複雜的故障，也不需要耗費大量時間還原系統。如果是只以 scikit-learn 進行學習的陽春版模型，可試著以 Web Single 模式發佈，測試模型的實用性。

4.2.6 檢討事項

Web Single 模型的維護壓力較低，也沒有什麼明顯的缺點，就算真的有，也只是網路系統的問題，諸如水平擴充或日誌資料設計這類問題，但這些也是其他模式的共通課題，所以會在介紹這些模式的章節分別介紹。

若問 Web Single 模式的缺點是什麼，那就是未準備進行複雜的處理這點。如果機器學習的模型會不斷增加，也想利用多個模型以及複雜的工作流程創造最大的價值，就不太適合以 Web Single 模式建置機器學習的系統。

接下來將為大家說明足以建置更複雜的機器學習系統的模式。

4.3 同步推論模式

當外部用戶端向 Web API 發出推論要求時，通常會以兩種方式因應，分別是同步處理與非同步處理。本節將透過 TensorFlow Serving 為大家說明建置同步處理的方法。

🔷 4.3.1 用例

- 希望打造推論結果產生之前，不進入下個階段的系統工作流程的時候。

- 希望工作流程隨著推論結果進行的時候。

🔷 4.3.2 想解決的課題

當推論器接收到來自外部用戶端的要求時，通常會以兩種方式傳回推論結果。

1. 接收到要求的時候，以同步的方式傳回推論結果。

2. 接收到要求的時候，不以同步的方式傳回推論結果。

1. 稱為同步推論模式，2. 稱為非同步推論模式。本節要先為大家介紹同步推論模式。

用戶端的應用程式常會根據推論結果而執行不同的處理。比方說，偵測工廠生產線劣質產品的系統通常會以攝影機偵測產品是否有問題，如果產品正常，就讓產品流往出貨端的生產線，如果產品有問題，就讓產品流往人工檢查的生產線。這時候會對生產線的產品進行異常偵測（判斷正常或不正常），再依照推論結果決定後續要進行哪些處理，也必須不斷地回應每個產品的狀態。

同步推論模式就是對每個推論要求進行推論。由於是一接收到要求就立刻進行推論，所以才稱為同步推論模式。

1
2
3
4
5
6
7
建立推論系統

🔷 4.3.3 架構

同步推論模式會同步進行機器學習的推論（ **圖 4.5** ）。用戶端在發出推論要求之後，在收到回應之前不會進行任何處理。以 REST API 或 gRPC 建置機器學習的推論伺服器時，通常會採用同步推論模式。

採用同步推論模式可逐步建立推論的工作流程，藉此讓工作流程保持單純。這種模式屬於方便建置與維護，而且應用範圍廣泛的架構。

同步推論模式的機器學習推論流程也是同步進行。機器學習的推論流程是由資料輸入、前置處理、推論、後置處理、輸出的順序建置，所以只要其中的某個部分延遲，就會讓用戶端枯等，此時若不希望用戶端因為等太久，有損使用體驗的話，就得讓推論流程加速，或是改採非同步推論模式。

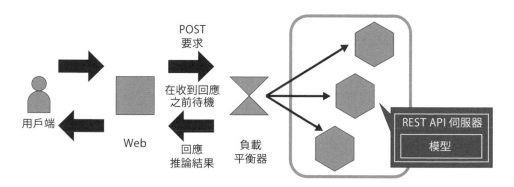

圖 4.5 同步推論模式

🔷 4.3.4 實際建置

接下來要說明同步推論模式的建置實例。同步推論模式雖然能以近似 Web Single 模式的架構建置，但這裡要換個口味，試著利用 TensorFlow Serving 啟動深度學習的影像分類模型。

除了可以使用既有的 Web 框架將機器學習的模型當成推論器啟動，也可以使用 TensorFlow Serving 或 ONNX Runtime Server 驅動。 如果以

TensorFlow Serving 驅動由 TensorFlow 或 Keras 開發的模型，更能獲得豐富的資源，也能更穩定地運作。

TensorFlow Serving 會以 TensorFlow 的 SavedModel（二進位制）載入輸出的檔案集，再啟動推論 API。API 則預設提供 gRPC 與 REST API 的端點。

這次的同步推論模式建置實例會將前置處理、推論、後置處理放在 Keras 模型，再以 SavedModel 的格式匯出，並於 Docker 容器啟動 TensorFlow Serving。

完整程式碼放在下列的資源庫。

● **ml-system-in-actions/chapter4_serving_patterns/synchronous_pattern/**
URL https://github.com/shibuiwilliam/ml-system-in-actions/tree/main/chapter4_
serving_patterns/synchronous_pattern

第一步要先建立 Keras 模型，再將前置處理、推論、後置處理整理成一個 SavedModel。模型使用的是 TensorFlow Hub（公開訓練完畢的 TensorFlow 模型的服務）提供的 InceptionV3（以 ImageNet 資料訓練完畢的影像分類模型）。本章的目的不是學習模型，所以才使用訓練完畢的模型。

程式碼 4.5 的 InceptionV3Model 類別會使用 TensorFlow 的 operation 進行下列的處理。

● 前置處理：圖片資料的解碼、轉換成 float32 的格式，重新採樣為（299,299,3）。
● 推論：使用訓練完畢的 InceptionV3 模型。
● 後置處理：根據推論結果取得機率最高的類別，再根據標籤列表輸出標籤名稱。

程式碼 4.5 imagenet_inception_v3/extract_inception_v3.py

```python
import json
from typing import List

import tensorflow as tf
```

```python
import tensorflow_hub as hub


# 從檔案載入所有標籤
def get_label(
    json_path: str = "./image_net_labels.json",
) -> List[str]:
    with open(json_path, "r") as f:
        labels = json.load(f)
    return labels


# 從 TensorFlow Hub 取得模型
def load_hub_model() -> tf.keras.Model:
    url = "https://tfhub.dev/google/imagenet/➡
inception_v3/classification/4"
    model = tf.keras.Sequential(
        [hub.KerasLayer(url)],
    )
    model.build([None, 299, 299, 3])
    return model


# InceptionV3 模型的推論專用類別
class InceptionV3Model(tf.keras.Model):
    def __init__(
        self,
        model: tf.keras.Model,
        labels: List[str],
    ):
        super().__init__(self)
        self.model = model
        self.labels = labels

    @tf.function(
        input_signature=[
            tf.TensorSpec(
                shape=[None],
                dtype=tf.string,
                name="image",
            )
```

```
        ]
    )
    def serving_fn(
        self,
        input_img: str,
    ) -> tf.Tensor:
        def _base64_to_array(img):
            # base64 的解碼
            img = tf.io.decode_base64(img)
            # jpeg 格式的解碼
            img = tf.io.decode_jpeg(img)
            # 轉換成 float32
            img = tf.image.convert_image_dtype(
                img,
                tf.float32,
            )
            # 將圖片大小轉換成 299x299
            img = tf.image.resize(img, (299, 299))
            # 將圖片維度轉換成 (299,299,3)
            img = tf.reshape(img, (299, 299, 3))
            return img

        # 推論
        img = tf.map_fn(
            _base64_to_array,
            input_img,
            dtype=tf.float32,
        )
        predictions = self.model(img)

        def _convert_to_label(predictions):
            # 根據 Softmax 的結果取得機率最高的類別
            max_prob = tf.math.reduce_max(predictions)
            # 取得類別的索引
            idx = tf.where(
                tf.equal(predictions, max_prob),
            )
            # 從標籤列表取得標籤
            label = tf.squeeze(
                tf.gather(self.labels, idx),
            )
```

```
                return label

        return tf.map_fn(
            _convert_to_label,
            predictions,
            dtype=tf.string,
        )

    def save(
        self,
        export_path="./saved_model/inception_v3/",
    ):
        signatures = {
            "serving_default": self.serving_fn,
        }
        tf.keras.backend.set_learning_phase(0)
        tf.saved_model.save(
            self,
            export_path,
            signatures=signatures,
        )


def main():
    labels = get_label(
        json_path="./image_net_labels.json",
    )
    inception_v3_hub_model = load_hub_model()
    inception_v3_model = InceptionV3Model(
        model=inception_v3_hub_model,
        labels=labels,
    )
    version = 0
    inception_v3_model.save(
        export_path=f"./saved_model/inception_v3/ ➡
{version}",
    )


if __name__ == "__main__":
    main()
```

這就是利用 TensorFlow 的 operation 撰寫所有步驟的程式碼，其中包含資料輸入之後的前置處理、推論與後置處理。將推論的所有步驟寫成 TensorFlow 模型可減少伺服器之間的資料傳輸次數，更有效率地進行推論。

所有步驟會輸出為 SavedModel。SavedModel 可透過 Docker 的 TensorFlow Serving 映像檔載入，當成 TensorFlow Serving 的推論器驅動。 程式碼 4.6 就是載入 SavedModel 的 TensorFlow Serving 的 Dockerfile。

程式碼 4.6 imagenet_inception_v3/Dockerfile

```
# 為了方便閱讀，省略了部分冗長的處理。

FROM tensorflow/serving:2.4.0

ARG SERVER_DIR=imagenet_inception_v3
ENV PROJECT_DIR synchronous_pattern
ENV MODEL_BASE_PATH /${PROJECT_DIR}/saved_model/inception_v3
ENV MODEL_NAME inception_v3

COPY /saved_model/inception_v3 ${MODEL_BASE_PATH}
EXPOSE 8500
EXPOSE 8501

COPY ./${SERVER_DIR}/tf_serving_entrypoint.sh /usr/➡
bin/tf_serving_entrypoint.sh
RUN chmod +x /usr/bin/tf_serving_entrypoint.sh
ENTRYPOINT ["/usr/bin/tf_serving_entrypoint.sh"]
```

TensorFlow Serving 的 Docker 容器可利用下列的命令啟動。

〔命令〕

```
$ docker run \
    -d \
    --name imagenet_inception_v3 \
    -p 8500:8500 \
    -p 8501:8501 \
    shibui/ml-system-in-actions:➡
    synchronous_pattern_imagenet_inception_v3_0.0.1
```

TensorFlow Serving 預設會公開 gRPC 與 REST API 這兩個端點 。gRPC
的連接埠編號為 8500，REST API 的連接埠編號為 8501。

程式碼 4.7 是利用 Python 向 gRPC 與 REST API 傳送推論要求的例子。

程式碼 4.7 `client/request_inception_v3.py`

```python
import click
import base64
import json
import numpy as np

import requests
import grpc
import tensorflow as tf
from tensorflow_serving.apis import predict_pb2
from tensorflow_serving.apis import prediction_service_➡
pb2_grpc


# 載入圖片
def read_image(image_file: str = "./cat.jpg") -> bytes:
    with open(image_file, "rb") as f:
        raw_image = f.read()
    return raw_image


# 以 GRPC 接收要求
def request_grpc(
    image: bytes,
    model_spec_name: str = "inception_v3",
    signature_name: str = "serving_default",
    address: str = "localhost",
    port: int = 8500,
    timeout_second: int = 5,
) -> str:
    serving_address = f"{address}:{port}"
    channel = grpc.insecure_channel(serving_address)
    stub = (
        prediction_service_pb2_grpc
```

```
        .PredictionServiceStub(channel)
    )
    base64_image = base64.urlsafe_b64encode(image)

    request = predict_pb2.PredictRequest()
    request.model_spec.name = model_spec_name
    request.model_spec.signature_name = signature_name
    request.inputs["image"].CopyFrom(
        tf.make_tensor_proto([base64_image]),
    )
    response = stub.Predict(request, timeout_second)

    prediction = (
        response.outputs["output_0"]
        .string_val[0]
        .decode("utf-8" )
    )
    return prediction


# 以 REST 接收要求
def request_rest(
    image: bytes,
    model_spec_name: str = "inception_v3",
    signature_name: str = "serving_default",
    address: str = "localhost",
    port: int = 8501,
    timeout_second: int = 5,
):
    serving_address = f"http://{address}:{port}/v1/ ➡
models/{model_spec_name}:predict"
    headers = {"Content-Type": "application/json"}
    base64_image = (
        base64.urlsafe_b64encode(image)
        .decode("ascii" )
    )
    request_dict = {"inputs": {"image": [base64_image]}}
    response = requests.post(
        serving_address,
        json.dumps(request_dict),
        headers=headers,
```

```
    )
    return dict(response.json())["outputs"][0]


@click.command(name="inception v3 image classification")
@click.option(
    "--format",
    "-f",
    default="GRPC",
    type=str,
    help="GRPC or REST request",
)
@click.option(
    "--image_file",
    "-i",
    default="./cat.jpg",
    type=str,
    help="input image file path",
)
@click.option(
    "--target",
    "-t",
    default="localhost",
    type=str,
    help="target address",
)
@click.option(
    "--timeout_second",
    "-s",
    default=5,
    type=int,
    help="timeout in second",
)
@click.option(
    "--model_spec_name",
    "-m",
    default="inception_v3",
    type=str,
    help="model spec name",
)
@click.option(
```

```
    "--signature_name",
    "-n",
    default="serving_default",
    type=str,
    help="model signature name",
)
def main(
    format: str,
    image_file: str,
    target: str,
    timeout_second: int,
    model_spec_name: str,
    signature_name: str,
):

    raw_image = read_image(image_file=image_file)

    if format.upper() == "GRPC":
        prediction = request_grpc(
            image=raw_image,
            model_spec_name=model_spec_name,
            signature_name=signature_name,
            address=target,
            port=8500,
            timeout_second=timeout_second,
        )
    elif format.upper() == "REST":
        prediction = request_rest(
            image=raw_image,
            model_spec_name=model_spec_name,
            address=target,
            port=8501,
        )
    else:
        raise ValueError("Undefined format; should be ➡
GRPC or REST")
    print(prediction)

if __name__ == "__main__":
    main()
```

使用方法如下。這次在本地端儲存了貓咪圖片的檔案（ 圖 4.6 ）。會在接收到
要求之後，以這個圖片檔案進行推論。

圖 4.6 貓咪的圖片檔案

〔命令〕

```
# 向 GRPC 發出要求
$ python -m client.request_inception_v3 -f GRPC -i cat.jpg
Siamese cat

# 向 REST API 發出要求
$ python -m client.request_inception_v3 -f REST -i cat.jpg
Siamese cat
```

以上就是同步推論模式的實例。這個模式與 Web Single 模式一樣，都會建
置與驅動 Web API，但想必大家已經知道，這兩種模式的建置方式大不相
同。Web Single 模式是利用 FastAPI 獨立建置 Web API，但是同步推論模
式卻是利用 TensorFlow Serving 這種 Tensorflow 的標準函式庫建置 Web

API。一如用於開發模型的函式庫非常多種，驅動推論器的方法也如模型的種類一樣豐富。

如果是利用 scikit-learn 函式庫學習的模型，可利用 pickle 輸出模型，再於推論器之中使用 scikit-learn，如果是以 ONNX 格式輸出，還能以 ONNX Runtime 驅動。假設是以 TensorFlow 或 Keras 建置的模型，TensorFlow Serving 當然是最佳選擇。如果是 PyTorch 的話，可選用 ONNX Runtime 或是 Torch Serve。

由於推論器的建置方式會隨著模型的函式庫改變，所以要於正式系統導入機器學習的時候，必須在選擇模型的函式庫時，就先思考要以何種方法建置推論器。

4.3.5 優點

● 構造簡單，容易開發與維護。

● 在推論結束之前，用戶端都不會進行下個處理，所以可建立依序執行各項處理的工作流程。

4.3.6 檢討事項

同步推論模式的缺點在於用戶端會一直等待，直到推論器有所回應為止。這種情況若是發生在智慧型手機的應用程式就會讓使用者覺得不耐煩，因為使用者會直接操作智慧型手機的應用程式，只要 1、2 秒的延遲，都會讓使用體驗變糟。此外，推論器也是系統，所以會因為突如其來的高負載或故障導致性能下滑，也因此無法即時回應。如果有可能會讓用戶端等待太久，就必須在用戶端或代理伺服器設定連線逾時的規則，以便在超過設定的逾時時間之後，不等待推論的結果，直接進行下個步驟。

4.4 非同步推論模式

有些系統的用戶端只發出推論的要求，不使用推論結果。非同步推論模式不會對推論的要求傳回推論結果。推論結果是於其他的流程取得，而不是在發出要求的流程取得。採用非同步推論模式可利用機器學習打造各式各樣的系統。

4.4.1 用例

● 不希望用戶端應用程式在發出推論要求之後的處理與推論結果綁定的工作流程。

● 希望發出要求的用戶端與接收推論結果的部分分離。

● 不希望用戶端因為推論拖太久而等待的情況。

4.4.2 想解決的課題

隨著這幾年的技術不斷創新，深度學習與多種特徵值組合而成的多模態機器學習也能透過機器學習推論複雜的資料。這些模型的計算量有時非常龐大，也需要更多時間推論，若要在同步的系統使用這類機器學習模型，往往會因推論耗費太多時間而無法繼續執行後續的處理，導致系統的效能下滑。

不過也有不需要同步進行處理的工作流程。比方說，讓我們思考一下將照片上傳至雲端，再利用深度學習的超解析度處理改善畫質，再將改善畫質之後的圖片提供給使用者的流程（ **圖 4.7** ）。以這種應用程式為例，按下「上傳」按鈕之後，不一定非得同步處理檔案，可以先在智慧型手機的螢幕顯示「照片上傳完畢，在改善畫質處理完成之前，請稍候」的訊息，在用戶端的操作不需要停止之下，爭取改善畫質的時間。等到超解析度處理完成之後，再顯示「改善畫質處理結束」的訊息，然後將已經處理過的照片新增至檔案列表畫面，就不會讓使用者覺得這個應用程式很難使用。

許多系統都可以利用一些方式讓用戶端的要求與推論的工作流程分割，尤其是需要耗費大量時間才能完成推論的機器學習模型，更是建議利用非同步工作流程維持系統的效能。

照片上傳應用程式

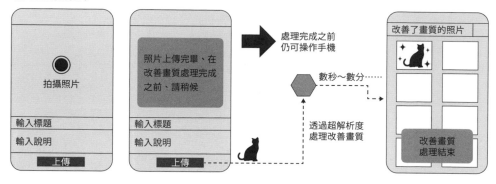

圖 4.7 利用深度學習的超解析度處理改善圖片的畫質，再將該圖片提供給使用者的智慧型手機應用程式

🔳 4.4.3 架構

非同步推論模式會在要求與推論器之間配置佇列（ **圖 4.8** ）或快取（**Apache Kafka** URL https://kafka.apache.org/、**RabbitMQ** URL https://www.rabbitmq.com/、**Redis Cache** URL https://redis.io/ 或其他）（ **圖 4.9** ），讓推論要求與取得推論結果的處理以非同步的方式進行。如此一來，用戶端就不需要等到推論結果傳來之後才進行後續的處理，若需要取得推論結果，則必須定期存取輸出推論結果的推論器。

非同步推論模式可依照輸出推論結果的推論器類型，以多種架構建置。推論結果可放在佇列或快取，也可以輸出至其他的系統。輸出端可根據系統的工作流程建置。推論結果當然也可以直接傳遞給用戶端，但此時推論器端必須與用戶端連線，系統也會因此變得複雜，所以不太建議這麼做。

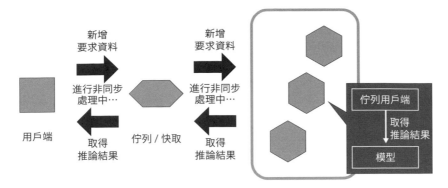

圖 4.8 非同步推論模式 ①

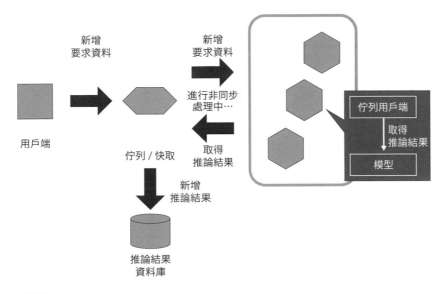

圖 4.9 非同步推論模式 ②

4.4.4 實際建置

接著說明非同步推論模式的實例。這次的非同步推論模式會應用於同步推論模式使用的 TensorFlow Serving。推論器的 InceptionV3 模型會包含前置處理與後置處理的部分,而且會以 TensorFlow Serving 啟動。要注意的是,接收用戶端推論要求的端點會以 FastAPI 作為代理伺服器。代理伺服器在接收到推論要求之後,會回應任務 ID,再以背景處理的方式,將要求資料新增至 Redis,接著 TensorFlow Serving 會批次推論於 Redis 新增的要求資料,再將推論結果存回 Redis。當用戶端利用任務 ID 存取代理伺服器，此時推論也已完成的話，用戶端就能取得推論結果（ 圖 4.10 ）。

圖 4.10 非同步推論模式

這是在用戶端與推論器主體（TensorFlow Serving）之間配置 FastAPI、Redis、批次伺服器的架構。由於是非同步推論模式，所以用戶端在推論開始與結束的這段期間，都不需要停止任何處理，不過，若要取得推論結果，就必須定期存取代理伺服器（輪詢）。

非同步推論模式的系統是由代理伺服器、Redis、批次伺服器、TensorFlow Serving 這些資源建置而成，每個資源也都放在不同的容器，然後在 Docker Compose 運作。

完整程式碼放在下列的資源庫。

● **ml-system-in-actions/chapter4_serving_patterns/asynchronous_pattern/**
 URL https://github.com/shibuiwilliam/ml-system-in-actions/tree/main/chapter4_
 serving_patterns/asynchronous_pattern

啟動 TensorFlow Serving 的方法與同步推論模式的實例一樣，所以在此割愛不談。

代理伺服器則與 Web Single 模式一樣，利用 Gunicorn 與 FastAPI 建置（ 程式碼 4.8 ）。端點除了 /predict/test、/predict 之外，還有 /job/{job_id}。/predict/test 在利用內部資料進行測試的時候使用，/predict 則會在用戶端發來要求的時候使用，用戶端要求推論結果所使用的端點則是 /job/{job_id}。

程式碼 4.8 src/app/routers/routers.py

```
import os
import base64
```

```
import io
import uuid
from logging import getLogger
from typing import Dict
import requests
from fastapi import APIRouter, BackgroundTasks
from PIL import Image

from src.app.backend import (
    background_job,
    store_data_job,
)
from src.app.backend.data import Data

# 為了顧及易讀性，將散落在各個檔案的程式碼
# 在此整理成同一個檔案。
# 也省略了與本書說明無關的處理。

logger = getLogger(__name__)
router = APIRouter()


# 載入圖片
def read_image(
    image_file: str = "./data/cat.jpg",
) -> bytes:
    return Image.open(image_file)


# 範例圖片
sample_image_path = os.getenv(
    "SAMPLE_IMAGE_PATH",
    "./data/cat.jpg",
)
sample_image = read_image(
    image_file=sample_image_path,
)


# 利用範例圖片推論
@router.get("/predict/test")
def predict_test(
```

```
    background_tasks: BackgroundTasks,
) -> Dict[str, str]:
    job_id = str(uuid.uuid4())[:6]
    data = Data()
    data.image_data = sample_image
    background_job.save_data_job(
        data.image_data,
        job_id,
        background_tasks,
        True,
    )
    return {"job_id": job_id}


# 推論
@router.post("/predict")
def predict(
    data: Data,
    background_tasks: BackgroundTasks,
) -> Dict[str, str]:
    image = base64.b64decode(str(data.image_data))
    io_bytes = io.BytesIO(image)
    data.image_data = Image.open(io_bytes)
    job_id = str(uuid.uuid4())[:6]
    background_job.save_data_job(
        data=data.image_data,
        job_id=job_id,
        background_tasks=background_tasks,
        enqueue=True,
    )
    return {"job_id": job_id}


# 取得推論結果
@router.get("/job/{job_id}")
def prediction_result(
    job_id: str,
) -> Dict[str, Dict[str, str]]:
    result = {job_id: {"prediction": ""}}
    data = store_data_job.get_data_redis(job_id)
    result[job_id]["prediction"] = data
    return result
```

在 /predict 要求的後台處理部分會將佇列新增至 Redis。佇列的部分則會將任務 ID 當成鍵與新增要求的圖片。利用 FastAPI 的 BackgroundTasks 執行背景處理，就能在回應要求之後，再執行上述的處理。**程式碼 4.9** 是以 BackgroundTasks 將佇列新增 Redis 的程式碼。

程式碼 4.9 src/app/backend/background_job.py 與其他檔案 [※1]

```python
import os
import logging
from typing import Any, Dict
import base64
import io
from fastapi import BackgroundTasks
from PIL import Image
from pydantic import BaseModel

from src.app.backend.redis_client import redis_client


# 為了顧及易讀性，將散落在各個檔案的程式碼
# 在此整理成同一個檔案。
# 也省略了與本書說明無關的處理。

logger = logging.getLogger(__name__)


# 建立要於佇列新增的鍵
def make_image_key(key: str) -> str:
    return f"{key}_image"


# 新增佇列
def left_push_queue(
    queue_name: str,
```

※1　在此列出 src/app/backend/ 底下的多個檔案的內容。之後若要同時列出多個檔案的內容，將以「（檔案名稱）與其他檔案」的方式標記。

　URL　https://github.com/shibuiwilliam/ml-system-in-actions/tree/main/chapter4_serving_patterns/asynchronous_pattern/src/app/backend

```
        key: str,
) -> bool:
    try:
        redis_client.lpush(queue_name, key)
        return True
    except Exception:
        return False


# 取得佇列
def right_pop_queue(queue_name: str) -> Any:
    if redis_client.llen(queue_name) > 0:
        return redis_client.rpop(queue_name)
    else:
        return None


# 將資料新增至 Redis
def set_data_redis(key: str, value: str) -> bool:
    redis_client.set(key, value)
    return True


# 從 Redis 取得資料
def get_data_redis(key: str) -> Any:
    data = redis_client.get(key)
    return data


# 將圖片資料新增至 Redis
def set_image_redis(
    key: str,
    image: Image.Image,
) -> str:
    bytes_io = io.BytesIO()
    image.save(bytes_io, format=image.format)
    image_key = make_image_key(key)
    encoded = base64.b64encode(bytes_io.getvalue())
    redis_client.set(image_key, encoded)
    return image_key
```

```python
# 從 Redis 取得圖片資料
def get_image_redis(key: str) -> Image.Image:
    redis_data = get_data_redis(key)
    decoded = base64.b64decode(redis_data)
    io_bytes = io.BytesIO(decoded)
    image = Image.open(io_bytes)
    return image



# 在 Redis 新增資料與任務 ID
def save_image_redis_job(
    job_id: str,
    image: Image.Image,
) -> bool:
    set_image_redis(job_id, image)
    redis_client.set(job_id, "")
    return True



# 在 Redis 新增資料的任務類別
class SaveDataRedisJob(BaseModel):
    job_id: str
    data: Any
    queue_name: str = "redis_queue"
    is_completed: bool = False
    enqueue: bool = False

    def __call__(self):
        save_data_jobs[self.job_id] = self
        logger.info(f"registered job: {self.job_id} in ➡
{self.__class__.__name__}")
        self.is_completed = save_image_redis_job(
            job_id=self.job_id,
            image=self.data,
        )
        if self.enqueue:
            self.is_completed = left_push_queue(
                self.queue_name,
                self.job_id,
            )
```

```
            logger.info(f"completed save data: ➡
            {self.job_id}")

# 預約任務
def save_data_job(
    data: Image.Image,
    job_id: str,
    background_tasks: BackgroundTasks,
    enqueue: bool = False,
) -> str:
    task = SaveDataRedisJob(
        job_id=job_id,
        data=data,
        queue_name=os.getenv("QUEUE_NAME", "queue"),
        enqueue=enqueue,
    )
    background_tasks.add_task(task)
    return job_id


save_data_jobs: Dict[str, SaveDataRedisJob] = {}
```

Redis 會以 { 任務 ID}_image 這個鍵新增轉換成二進位格式的圖片資料。批次伺服器會定期取得佇列，再推論於 Redis 新增的資料。推論結果則會存回 Redis，並以任務 ID 為鍵。批次伺服器的程式碼請參考 **程式碼 4.10** 。

程式碼 4.10 src/app/backend/prediction_batch.py

```
import asyncio
import base64
import io
import os
from concurrent.futures import ProcessPoolExecutor
from time import sleep
from tensorflow_serving.apis import (
    prediction_service_pb2_grpc,
)
import grpc
```

建立推論系統

```python
from src.app.backend import (
    request_inception_v3,
    store_data_job,
)


# 為了顧及易讀性，將散落在各個檔案的程式碼
# 在此整理成同一個檔案。
# 也省略了與本書說明無關的處理。


# 如果有佇列就執行推論
def _trigger_prediction_if_queue(
    stub: prediction_service_pb2_grpc. ➜
PredictionServiceStub,
):
    job_id = store_data_job.right_pop_queue(
        os.getenv("QUEUE_NAME", "queue"),
    )
    if job_id is not None:
        data = store_data_job.get_data_redis(job_id)
        if data != "":
            return True
        image_key = (
            store_data_job
            .make_image_key(job_id)
        )
        image_data = (
            store_data_job
            .get_data_redis(image_key)
        )
        decoded = base64.b64decode(image_data)
        io_bytes = io.BytesIO(decoded)
        prediction = request_inception_v3.request_grpc(
            stub=stub,
            image=io_bytes.read(),
            model_spec_name=os.getenv(
                "MODEL_SPEC_NAME",
                "inception_v3",
            ),
            signature_name=os.getenv(
                "SIGNATURE_NAME",
                "serving_default",
```

```
            ),
            timeout_second=5,
        )
        if prediction is not None:
            store_data_job.set_data_redis(
                job_id,
                prediction,
            )
        else:
            store_data_job.left_push_queue(
                os.getenv("QUEUE_NAME", "queue"),
                job_id,
            )


# 定期確認佇列存在再推論
def _loop():
    address = os.getenv("API_ADDRESS", "localhost")
    port = int(os.getenv("GRPC_PORT", 8500))
    serving_address = f"{address}:{port}"
    channel = grpc.insecure_channel(serving_address)
    stub = (
        prediction_service_pb2_grpc
        .PredictionServiceStub(channel)
    )

    while True:
        sleep(1)
        _trigger_prediction_if_queue(stub=stub)


# 以多重處理的方式啟動
def prediction_loop(num_procs: int = 2):
    executor = ProcessPoolExecutor(num_procs)
    loop = asyncio.get_event_loop()

    for _ in range(num_procs):
        asyncio.ensure_future(
            loop.run_in_executor(executor, _loop),
        )

    loop.run_forever()
```

```
def main():
    NUM_PROCS = int(os.getenv("NUM_PROCS", 2))
    prediction_loop(NUM_PROCS)



if __name__ == "__main__":
    main()
```

以 `concurrent.futures.ProcessPoolExecutor` 啟動工作流程，再以 1 秒輪詢一次 Redis 的頻率確認有沒有等待推論的佇列，如果有，就從佇列取出資料，以及向 TensorFlow Serving 發出推論的要求。

透過上述的程式碼建置代理伺服器、Redis、批次伺服器、TensorFlow Serving 之後，便可透過 Docker Compose 啟動上述這些資源。Docker Compose 的架構定義檔案請參考 **程式碼 4.11** ，從中可以發現資源之間是以 Redis 用戶端或 gRPC 存取。

程式碼 4.11 `docker-compose.yml`

```
version: "3"

services:
  # 代理伺服器
  asynchronous_proxy:
    container_name: asynchronous_proxy
    image: shibui/ml-system-in-actions: ➡
asynchronous_pattern_asynchronous_proxy_0.0.1
    restart: always
    environment:
      - QUEUE_NAME=tfs_queue
      - API_ADDRESS=imagenet_inception_v3
    ports:
      - "8000:8000"
    command: ./run.sh
    depends_on:
      - redis
      - imagenet_inception_v3
```

```
      - asynchronous_backend

  # 推論器
  imagenet_inception_v3:
    container_name: imagenet_inception_v3
    image: shibui/ml-system-in-actions: ➡
asynchronous_pattern_imagenet_inception_v3_0.0.1
    restart: always
    environment:
      - PORT=8500
      - REST_API_PORT=8501
    ports:
      - "8500:8500"
      - "8501:8501"
    entrypoint: ["/usr/bin/tf_serving_entrypoint.sh"]

  # 批次伺服器
  asynchronous_backend:
    container_name: asynchronous_backend
    image: shibui/ml-system-in-actions: ➡
asynchronous_pattern_asynchronous_backend_0.0.1
    restart: always
    environment:
      - QUEUE_NAME=tfs_queue
      - API_ADDRESS=imagenet_inception_v3
    entrypoint:
    - "python"
    - "-m"
    - "src.app.backend.prediction_batch"
    depends_on:
      - redis

  # 佇列
  redis:
    container_name: asynchronous_redis
    image: "redis:latest"
    ports:
      - "6379:6379"
```

試著啟動 Docker Compose 與發出要求。

〔命令〕

```
# 啟動 Docker Compose
$ docker-compose \
    -f ./docker-compose.yml \
    up -d
Creating network "asynchronous_pattern_default" with ➡
the default driver
Creating asynchronous_redis    ... done
Creating imagenet_inception_v3 ... done
Creating asynchronous_backend  ... done
Creating asynchronous_proxy    ... done

# 以 curl 對代理伺服器發出取得圖片檔的 POST 要求。收到的回應會是任務 ID
$ (echo \
    -n '{"image_data": "'; \
    base64 imagenet_inception_v3/data/cat.jpg; \
    echo '"}') | \
    curl \
    -X POST \
    -H "Content-Type: application/json" \
    -d @- \
    localhost:8000/predict
# 輸出
{
  "job_id":"942c3b"
}

# 對代理伺服器發出任務 ID 的要求
$ curl localhost:8000/job/942c3b
# 輸出
{
  "942c3b": {
    "prediction": "Siamese cat"
  }
}
```

雖然架構有些複雜,但以上就是非同步推論模式的實例。

🔲 4.4.5 優點

- 可讓用戶端的工作流程與推論呈鬆散耦合的狀態。

- 就算推論處理耗費太多時間，也不會對用戶端造成不良影響。

🔲 4.4.6 檢討事項

若採用非同步推論模式，可根據執行推論的時間點選擇適當的架構。

假設要以先入先出的方式處理要求與進行推論，可在用戶端與推論器之間配置佇列。用戶端可將要求資料放入佇列（enqueue），推論器則可從佇列取得資料（dequeue）。假設採用的是佇列方式，當伺服器出問題，導致無法成功推論資料時，必須將取得的資料放回佇列才能重新進行推論，但有些伺服器的問題會導致資料無法放回佇列，所以採用佇列方式就會是「不一定能」推論所有資料的服務等級。

如果不需在意推論的順序，則能以快取代替佇列。在用戶端與推論器之間配置快取伺服器，再由用戶端將要求資料新增至快取伺服器。推論器會先取得未經推論的快取資料再推論，也會將推論結果新增至快取伺服器。這是在最後才推論未經推論的資料的工作流程。如果採用的是這種方法，就能在伺服器發生問題，無法成功推論時隨時重新推論。

若要在發生錯誤時重新進行推論，最好利用重試所需的 TTL 或次數限制重試的次數。有時候會因為資料不夠齊全而無法成功推論，所以這時候就必須在接收到要求之後的五分鐘之內或是重試了三次都無法成功推論的時候，移除該推論的要求。

此外，非同步推論模式未嚴格規劃執行處理的順序，所以重視推論順序與時間順序的推論系統就不該採用非同步推論模式，而是該選擇同步推論模式。

批次推論模式

有時會遇到需要一口氣推論大量資料的情況，此時就輪到批次推論模式出場。在這個模式之下，前置處理與推論處理都會當成任務執行，也會儲存推論結果。

4.5.1 用例

● 不需要以即時或接近即時的方式進行推論的情況。

● 希望一口氣推論累積的資料的情況。

● 希望以每晚、每個小時、每個月的頻率，定義推論累積的資料的情況。

4.5.2 想解決的課題

機器學習不只即時推論取得的資料，還會批次推論累積的資料，從資料之中找出意義。

比方說，要以適用於用戶端的網路服務找出新的違規行為時，可建立一個能即時偵測該違規行為的機器學習模型，但有時候會讓機器學習批次推論過去累積的資料，以便以古鑑今，偵測新的違規行為。此外，若要根據過去三個月的資料規劃下個月的人力配置方式時，通常會在月底進行批次推論。不需要即時推論資料或是想一口氣推論累積的資料時，可採用這種批次推論模式，安排進行批次推論的行程。

4.5.3 架構

批次推論模式會以每晚、每日、每月這種頻率定期推論累積的資料再儲存推論結果（ 圖 4.11 ）。除了每晚進行推論之外，當然也可以視情況以每小時、每個月的頻率進行推論。批次推論模式需要建置啟動批次推論任務的任務管理伺服器。任務管理伺服器會依照預設的規則（時間或其他條件）啟動批次推論任務。推論器只會在批次推論任務啟動之後運作。若使用雲端服務或 Kubernetes 作為平台，就能隨時停用或啟動伺服器，進而降低營運成本。

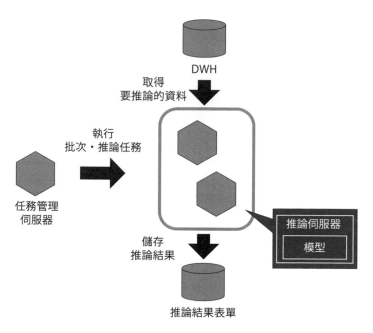

圖 4.11 批次推論模式

🔷 4.5.4 實際建置

接著說明批次推論模式的實例。批次推論模式的批次伺服器負責定期執行批次推論任務，換言之，會定期從資料庫取得要批次推論的資料，再將推論結果新增至資料庫，所以這次的實例也建立了批次伺服器與資料庫伺服器這兩種資源。使用的資料庫是較為輕便的 MySQL，主要會讓批次伺服器透過 SQL Alchemy（ URL https://www.sqlalchemy.org/）這個 Python 的 ORM 函式庫存取資料。

推論模型採用的是於 Web Single 模式使用的支持向量機（SVM）分類模型，這個模型已利用鳶尾花資料集完成學習。

完整程式碼放在下列的資源庫。

● **ml-system-in-actions/chapter4_serving_patterns/batch_pattern/**

URL https://github.com/shibuiwilliam/ml-system-in-actions/tree/main/chapter4_
serving_patterns/batch_pattern

第一步要先定義資料庫。這次要使用的是 SQL Alchemy 與 Pydantic（ URL
https://pydantic-docs.helpmanual.io/），如此一來就能利用 Python 定
義表單的 schema 以及 CRUD（Create/Read/Update/Delete）的部分
（ 程式碼 4.12 ）。

這次會建立 表4.1 列出的表單。

表4.1 表單

欄位	類型	附註
ID	Interger	主鍵
VALUES	JSON	要推論的資料
PREDICTION	JSON	推論結果
CREATED_DATETIME	TIMESTAMP	新增資料時的時間戳記
UPDATED_DATETIME	TIMESTAMP	更新資料時的時間戳記

程式碼 4.12 `src/db/models.py`

```python
from logging import getLogger

from sqlalchemy import Column, Integer
from sqlalchemy.dialects.mysql import TIMESTAMP
from sqlalchemy.sql.expression import text
from sqlalchemy.sql.functions import current_timestamp
from sqlalchemy.types import JSON

logger = getLogger(__name__)

from src.db.database import Base
```

```
# 省略不需要說明的處理。

# ITEMS 表單
class Item(Base):
    __tablename__ = "items"

    id = Column(
        Integer,
        primary_key=True,
        autoincrement=True,
        comment="primary key",
    )
    values = Column(
        JSON,
        nullable=False,
        comment="data",
    )
    prediction = Column(
        JSON,
        nullable=True,
        comment="prediction",
    )
    created_datetime = Column(
        TIMESTAMP,
        server_default=current_timestamp(),
        nullable=False,
        comment="data registered date",
    )
    updated_datetime = Column(
        TIMESTAMP,
        server_default=text("CURRENT_TIMESTAMP ON ➡
UPDATE CURRENT_TIMESTAMP"),
        nullable=False,
        comment="data updated_date",
    )
```

透過 SQL Alchemy 存取表單的資料定義請參考 程式碼 4.13 。

程式碼 4.13　src/db/schemas.py

```python
from typing import List, Optional, Dict, Any
import datetime

from pydantic import BaseModel


# ITEM 資料的定義
class ItemBase(BaseModel):
    values: List[float]


class ItemCreate(ItemBase):
    pass


class Item(ItemBase):
    id: int
    prediction: Optional[Dict[str, float]]
    created_datetime: datetime.datetime
    updated_datetime: datetime.datetime

    class Config:
        orm_mode = True
```

接著是 CRUD 部分的程式碼。 程式碼 4.14 定義了取得、新增、更新資料的函數。

程式碼 4.14　src/db/cruds.py

```python
from typing import Dict, List

from sqlalchemy.orm import Session
from src.db import models, schemas


# 取得所有資料
def select_all_items(
    db: Session,
) -> List[schemas.Item]:
```

```
    return db.query(models.Item).all()


# 取得準備推論的資料
def select_without_prediction(
    db: Session,
) -> List[schemas.Item]:
    return (
        db
        .query(models.Item)
        .filter(models.Item.prediction == None)
        .all()
    )


# 取得完成推論的資料
def select_with_prediction(
    db: Session,
) -> List[schemas.Item]:
    return (
        db
        .query(models.Item)
        .filter(models.Item.prediction != None)
        .all()
    )


# 利用 ID 搜尋
def select_by_id(
    db: Session,
    id: int,
) -> schemas.Item:
    return (
        db
        .query(models.Item)
        .filter(models.Item.id == id)
        .first()
    )
```

```
# 新增資料
def register_item(
    db: Session,
    item: schemas.ItemBase,
    commit: bool = True,
):
    _item = models.Item(values=item.values)
    db.add(_item)
    if commit:
        db.commit()
        db.refresh(_item)


# 新增多筆資料
def register_items(
    db: Session,
    items: List[schemas.ItemBase],
    commit: bool = True,
):
    for item in items:
        register_item(db=db, item=item, commit=commit)


# 新增推論結果
def register_predictions(
    db: Session,
    predictions: Dict[int, Dict[str, float]],
    commit: bool = True,
):
    for id, prediction in predictions.items():
        item = select_by_id(db=db, id=id)
        item.prediction = prediction
        if commit:
            db.commit()
            db.refresh(item)
```

批次伺服器會定期呼叫上述的程式，再將推論結果新增至表單的 PREDICTION
欄位。批次推論任務的內容請參考 程式碼 4.15 。

```python
import time
from concurrent.futures import ThreadPoolExecutor
from typing import Tuple

import numpy as np
from src.db import cruds, schemas
from src.db.database import get_context_db
from src.ml.prediction import classifier


# 省略不需要說明的處理。

# 推論
def predict(
    item: schemas.Item,
) -> Tuple[int, np.ndarray]:
    prediction = classifier.predict(
        data=[item.values],
    )
    return item.id, prediction


def main():
    time.sleep(60)
    with get_context_db() as db:
        data = cruds.select_without_prediction(db=db)
        predictions = {}
        with ThreadPoolExecutor(4) as executor:
            # 進行推論與取得推論結果
            results = executor.map(predict, data)
        for result in results:
            predictions[result[0]] = list(result[1])
        # 將推論結果新增至資料庫
        cruds.register_predictions(
            db=db,
            predictions=predictions,
            commit=True,
        )
```

```
if __name__ == "__main__":
    main()
```

上述的程式碼會取得所有未推論的資料，並在完成推論之後，將推論結果新增至表單。定期執行這個任務就能將表單裡的資料全部新增為推論結果。

批次系統通常會使用任務管理伺服器定期執行任務以及管理任務的成敗。不過，這次為了簡化批次系統才在 Kubernetes 叢集部署資料庫與任務伺服器，接著利用 Kubernetes 的 CronJobs（ URL https://kubernetes.io/ja/docs/concepts/workloads/controllers/cron-jobs/）定期執行任務。

要注意的是，後續的實例雖然會在 Kubernetes 叢集將 MySQL 建置為 Pods（於 Kubernetes 啟動容器的資源名稱。 URL https://kubernetes.io/ja/docs/concepts/workloads/pods/pod-overview/），但這充其量只是為了方便說明的架構，在正式環境建構時，需要重新調整架構，也必須修改使用者名稱與密碼。

Kubernetes 的 Manifest 請參考 程式碼 4.16 。

程式碼 4.16 manifests/mysql.yml 與其他檔案

```
# 為了顧及易讀性，將散落在各個檔案的程式碼
# 在此整理成同一個檔案。
# 也省略了與本書說明無關的處理。

# MySQL 的 Pod
apiVersion: v1
kind: Pod
metadata:
  name: mysql
  namespace: batch
  labels:
    app: mysql
spec:
  containers:
```

```
      - name: mysql
        image: mysql:5.7
        ports:
          - containerPort: 3306
        env:
          - name: MYSQL_ROOT_PASSWORD
            value: password
          - name: MYSQL_DATABASE
            value: sample_db
          - name: MYSQL_USER
            value: user
          - name: MYSQL_PASSWORD
            value: password

---
# MySQL 的服務
apiVersion: v1
kind: Service
metadata:
  namespace: batch
  labels:
    app: mysql
spec:
  ports:
    - port: 3306
  selector:
    app: mysql

---
# 定期執行批次推論任務
apiVersion: batch/v1beta1
kind: CronJob
metadata:
  name: batch-job
  namespace: batch
spec:
  schedule: "0 * * * *"
  jobTemplate:
    spec:
      template:
        spec:
```

```
        containers:
          - name: batch-job
            image: shibui/ml-system-in-actions: ➜
batch_pattern_batch_0.0.1
            env:
              - name: MYSQL_DATABASE
                value: sample_db
              - name: MYSQL_USER
                value: user
              - name: MYSQL_PASSWORD
                value: password
              - name: MYSQL_PORT
                value: "3306"
              - name: MYSQL_SERVER
                value: mysql.batch.svc.cluster.local
            command:
              - python
              - -m
              - src.task.job
```

程式碼 4.16 會啟動 Kubernetes 的 CronJobs，以每小時一次的頻率進行推論。

🔷 4.5.5 優點

● 可靈活管理伺服器的資源，降低營運成本。

● 若排程較為鬆散，就能在伺服器發生莫名問題、無法順利完成推論時重新進
行推論。

🔷 4.5.6 檢討事項

必須定義批次推論任務的推論資料範圍。由於資料量與推論所需時間呈正比，
所以得調整資料量或執行批次推論任務的頻率，才能在預設的期間之內完成推
論與取得推論結果。

此外，也必須事先擬定批次推論任務失敗時的解決方案。解決方案大致可分成下列三種模式。

1. 全面重試：任務失敗時，重新推論所有資料。如果資料之間的相關性會影響整體推論結果的品質（換言之，一部分的推論失敗，會影響其他成功的推論）時，就必須重新推論所有品質。

2. 部分重試：只針對推論失敗的資料重新推論。

3. 忽略：失敗也不重新推論，等到下次的批次推論任務再推論所有資料，或是乾脆放棄失敗的資料。如果是經過一段時間就不需要重新推論的情況，就可以放棄推論失敗的資料。

有時批次推論的頻率很低，可能一個月或一年才推論一次，但即使是這種情況，也建議定期執行批次推論。因為在資料的傾向會定期改變的情況下，機器學習的模型會失準，得不到正確的推論結果。若是在雲端環境這種會定期更新的系統建置推論器，系統有可能因為久久才執行批次推論一次而無法啟動。所以就算要多花費一些成本，也建議以少量的資料定期執行批次推論，才能避免因為一年執行批次推論一次，而得耗費大量成本除錯的情況，系統也才得以穩定運作。

4.6 前置處理推論模式

在開發機器學習的模型時，資料的前置處理與學習通常會同時進行，但這兩個階段也常使用不同的函式庫，導致模型檔案只有推論使用的模型，前置處理的部分只剩下程式。推論器的前置處理與推論是於不同的伺服器進行，所以伺服器也比較方便分頭維護。

 ## 4.6.1 用例

● 機器學習的前置處理與推論使用了差異極大的函式庫、基準程式碼、中介軟體與必要的資源。

● 利用內容標籤分割前置處理與推論，藉此快速找出故障以及提及可用性與維護性。

4.6.2 想解決的課題

機器學習的前置處理與推論的部分有時會使用不同的函式庫撰寫，尤其是深度學習的前置處理通常使用 scikit-learn 或 OpenCV（ URL https://opencv.org/）撰寫，模型則使用 TensorFlow 或 PyTorch 撰寫。前置處理會依照資料的種類進行各種轉換。

● 數值資料：標準化或正規化

● 類別資料：one-hot encoding 或缺失值補遺

● 自然言語處理：形態素解析、Bag of words、Ngram

● 圖片：重新採用、像素正規化

這些處理可透過專用的函式庫（scikit-learn、OpenCV、MeCab 或其他）執行。在學習模型的階段時，前置處理與學習模型的部分可使用相同的 Python 函式庫開發，但在進入學習完成與輸出結果的階段之後，前置處理與模型不

一定會放在同一個檔案裡。如果前置處理與模型的部分都是以 scikit-learn 開發，那麼可利用 pickle 將這兩個部分 dump 成 scikit-learn pipeline（ URL https://scikit-learn.org/stable/modules/generated/sklearn.pipeline. Pipeline.html），但如果是深度學習那種沒有包含前置處理的函式庫，前置處理的程式碼（或檔案）與模型檔案（包含演算法、權重這類參數的二進位制檔案）有時會儲存成兩個檔案[※2]。

要以深度學習的模型進行推論時，資料必須以學習階段的方法進行前置處理，所以要一起製作前置處理的程式碼與模型檔案，再發佈成推論器。當然也有像 TensorFlow Serving 或 ONNX Runtime Server 這種能將深度學習的函式庫當成獨立的推論器驅動的方法。此時就必須準備前置處理的伺服器與推論器的伺服器，再透過網路以緊密耦合方式驅動推論器。

🔷 4.6.3 架構

前置處理推論模式的用戶端會向前置處理伺服器發出要求，接著利用前置處理轉換資料，再向推論器發出要求與取得推論結果，然後再回應用戶端（ 圖 4.12 ）。前置處理與推論器會分別以 REST API 伺服器或 gRPC 伺服器建置，前置處理的伺服器會安裝向推論器發出要求的用戶端功能。由於前置處理與推論器是不同的伺服器，所以必須在兩者之間配置負載平衡器。

由於前置處理與推論器的伺服器不同，所以得分別進行資源調校、建置可互相交換資料的網路以及管理版本。雖然這種模式比 Web Single 模式複雜，卻能更有效率地使用資源，也能分別進行開發，更能快速釐清故障問題。

也可以如 圖 4.13 所示，在前半段的部分配置代理伺服器，再將前置處理與推論的部分打造成微服務，如此一來就會透過代理伺服器取得資料，以及讓前置處理與推論分成兩個部分。在這種架構下，取得資料的伺服器、前置處理伺服器、推

※2　也有像 TensorFlow 這種利用相同的函式庫建置前置處理與神經網路的情況。

論伺服器使用的函式庫、基準程式碼與資源都可以不一樣,但這也會導致元件增加,基準程式碼與版本的管理會變得更困難,也更難找出故障的問題。

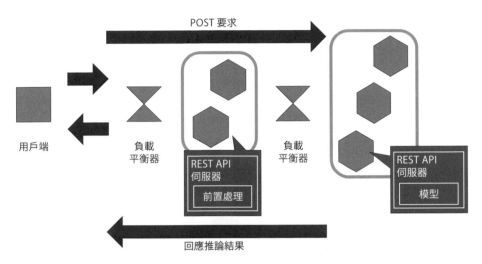

圖 4.12 架構簡單的前置處理推論模式

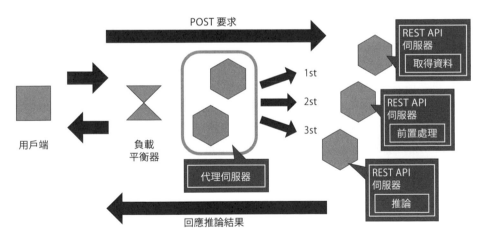

圖 4.13 於前半段配置代理伺服器的架構

🔷 4.6.4 實際建置

前置處理推論模式的前置處理與推論分屬不同的伺服器,是以不同的資源建置,所以這次的範例要使用 Docker Compose 啟動伺服器。

一如非同步推論模式所述，能利用 TensorFlow Serving 將前置處理與推論放在同一個推論器之中是最理想的方式，但是前置處理或函式庫的規格不一定會一致。比方說，利用 PyTorch 學習影像分類的模型，再輸出成 ONNX 格式時，圖片的前置處理（圖片檔的解碼與調整圖片大小）無法以 ONNX 格式輸出結果，所以除了執行 ONNX 的伺服器之外，還得另外建置伺服器。這次使用的是 PyTorch 的 ResNet50 模型（已學習完畢。 URL https://arxiv.org/pdf/1512.03385.pdf），以前置處理伺服器與推論伺服器建置影像分類推論器（ 圖 4.14 ）。

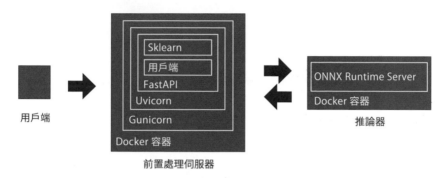

圖 4.14 前置處理推論模式

完整程式碼放在下列的資源庫。

● **ml-system-in-actions/chapter4_serving_patterns/prep_pred_pattern/**
　　URL https://github.com/shibuiwilliam/ml-system-in-actions/tree/main/chapter4_
　　serving_patterns/prep_pred_pattern

首先要先建立前置處理與模型的部分（ 程式碼 4.17 ）。前置處理是以 scikit-learn 的自訂 Transformer（自訂的資料轉換類別）撰寫，Transformer 的實體則利用 pickle 的 Dump 函數儲存。前置處理的部分會進行圖片檔的解碼、重新調整大小與像素值的標準化，再轉換成 ResNet50 模型於學習時使用的圖片檔格式。推論的部分會先取得學習完畢的 PyTorch 模型，再轉換成 ONNX 格式。將 ResNet50 模型的推論結果轉換成機率值的處理也是以 scikit_learn 的 Transformer 撰寫。

程式碼 4.17 resnet50_onnx_runtime/extract_resnet50_onnx.py 與其他檔案

```python
import json
import os
from typing import List, Tuple, Union
import click
import joblib
import numpy as np
import onnxruntime as rt
import torch
from PIL import Image
from sklearn.base import BaseEstimator, TransformerMixin
from torchvision.models.resnet import resnet50


# 為了顧及易讀性，將散落在各個檔案的程式碼
# 在此整理成同一個檔案。
# 也省略了與本書說明無關的處理。

# 取得標籤檔案
def get_label(
    json_path: str = "./data/image_net_labels.json",
) -> List[str]:
    with open(json_path, "r") as f:
        labels = json.load(f)
    return labels


# 將 sklearn 的模型儲存為 pickle
def dump_sklearn(model, name: str):
    joblib.dump(model, name)


# 轉換成 PyTorch 需要的圖片格式
class PytorchImagePreprocessTransformer(
    BaseEstimator,
    TransformerMixin,
):
    def __init__(
        self,
        image_size: Tuple[int, int] = (224, 224),
```

```python
    prediction_shape: Tuple[int, int, int, int] = ➡
(1, 3, 224, 224),
    mean_vec: List[float] = [0.485, 0.456, 0.406],
    stddev_vec: List[float] = [0.229, 0.224, 0.225],
):
    self.image_size = image_size
    self.prediction_shape = prediction_shape
    self.mean_vec = mean_vec
    self.stddev_vec = stddev_vec

def fit(self, X, y=None):
    return self

# 轉換
def transform(
    self,
    X: Union[Image.Image, np.ndarray],
) -> np.ndarray:
    if isinstance(X, np.ndarray):
        dim_0 = (3,) + self.image_size
        dim_1 = self.image_size + (3,)
    else:
        X = np.array(X.resize(self.image_size))

    image_data = (
        X.transpose(2, 0, 1)
        .astype(np.float32)
    )
    mean_vec = np.array(self.mean_vec)
    stddev_vec = np.array(self.stddev_vec)
    norm_image_data = (
        np.zeros(image_data.shape)
        .astype(np.float32)
    )
    for i in range(image_data.shape[0]):
        norm_image_data[i, :, :] = (
            image_data[i, :, :] \
            / 255 - mean_vec[i]) \
            / stddev_vec[i]
    norm_image_data = (
```

```
                norm_image_data
                .reshape(self.prediction_shape)
                .astype(np.float32)
            )
        return norm_image_data


# 取得 Softmax 的值
class SoftmaxTransformer(
    BaseEstimator,
    TransformerMixin,
):
    def __init__(self):
        pass

    def fit(self, X, y=None):
        return self

    def transform(
        self,
        X: Union[np.ndarray, List[float], List[List[float]]],
    ) -> np.ndarray:
        if isinstance(X, List):
            X = np.array(X)
        x = X.reshape(-1)
        e_x = np.exp(x - np.max(x))
        result = np.array([e_x / e_x.sum(axis=0)])
        return result


@click.command(
    name=" 產生 Resnet50 模型的 ONNX 檔案 ",
)
@click.option(
    "--pred",
    is_flag=True,
)
@click.option(
    "--prep",
    is_flag=True,
```

```
)
def main(pred: bool, prep: bool):
    # 定義必要的檔案或目錄
    model_directory = "./models/"
    os.makedirs(model_directory, exist_ok=True)

    onnx_filename = "resnet50.onnx"
    onnx_filepath = os.path.join(
        model_directory,
        onnx_filename,
    )

    preprocess_filename = f"preprocess_transformer.pkl"
    preprocess_filepath = os.path.join(
        model_directory,
        preprocess_filename,
    )

    postprocess_filename = f"softmax_transformer.pkl"
    postprocess_filepath = os.path.join(
        model_directory,
        postprocess_filename,
    )

    if pred:
        # 取得 resnet50 模型
        model = resnet50(pretrained=True)
        x_dummy = torch.rand(
            (1, 3, 224, 224),
            device="cpu",
        )
        model.eval()

        # 轉換成 ONNX 格式
        torch.onnx.export(
            model,
            x_dummy,
            onnx_filepath,
            export_params=True,
            opset_version=10,
```

```
            do_constant_folding=True,
            input_names=["input"],
            output_names=["output"],
            verbose=False,
    )

if prep:
    # 將前置處理的部分存為 pickle
    preprocess = PytorchImagePreprocessTransformer()
    dump_sklearn(preprocess, preprocess_filepath)

    postprocess = SoftmaxTransformer()
    # 將後置處理的部分儲存為 pickle
    dump_sklearn(postprocess, postprocess_filepath)

if prep and pred:
    # 驗證前置處理、推論與後置處理
    image = Image.open("./data/cat.jpg")
    np_image = preprocess.transform(image)
    print(np_image.shape)

    sess = rt.InferenceSession(onnx_filepath)
    inp = sess.get_inputs()[0]
    out = sess.get_outputs()[0]
    print(f"input \
        name={inp.name} \
        shape={inp.shape} \
        type={inp.type}")
    print(f"output \
        name={out.name} \
        shape={out.shape} \
        type={out.type}")
    pred_onx = sess.run(
        [out.name],
        {inp.name: np_image},
    )

    prediction = (
        postprocess
        .transform(np.array(pred_onx))
```

```
        )

        labels = get_label(
            json_path="./data/image_net_labels.json",
        )
        print(prediction.shape)
        print(labels[np.argmax(prediction[0])])


if __name__ == "__main__":
    main()
```

前置處理伺服器是以 FastAPI 建置成 REST API 伺服器。FastAPI 的端點
請參考 程式碼 4.18 ，其中除了輸入圖片的端點之外，其餘皆與 Web Single 模型
的端點相同。

程式碼 4.18 src/app/routers/routers.py

```
import base64
import io
from logging import getLogger
from typing import Dict, List

from fastapi import APIRouter
from PIL import Image
from src.ml.prediction import Data, classifier

logger = getLogger(__name__)
router = APIRouter()


# 省略不需要說明的處理。

# 利用範例資料推論
@router.get("/predict/test")
def predict_test() -> Dict[str, List[float]]:
    prediction = classifier.predict(data=Data().data)
    return {"prediction": list(prediction)}
```

```
@router.get("/predict/test/label")
def predict_test_label() -> Dict[str, str]:
    prediction = classifier.predict_label(
        data=Data().data,
    )
    return {"prediction": prediction}


# 利用輸入的資料推論
@router.post("/predict")
def predict(data: Data) -> Dict[str, List[float]]:
    image = base64.b64decode(str(data.data))
    io_bytes = io.BytesIO(image)
    image_data = Image.open(io_bytes)
    prediction = classifier.predict(data=image_data)
    return {"prediction": list(prediction)}


@router.post("/predict/label")
def predict_label(data: Data) -> Dict[str, str]:
    image = base64.b64decode(str(data.data))
    io_bytes = io.BytesIO(image)
    image_data = Image.open(io_bytes)
    prediction = classifier.predict_label(
        data=image_data,
    )
    return {"prediction": prediction}
```

前置處理伺服器會在 /predict 端點接收到要求之後，呼叫於 Classifier 類別定義的 predict 函數執行前置處理，再利用 gRPC 對推論伺服器發出推論要求。此時的前置處理伺服器對推論伺服器來說是 gRPC 用戶端。前置處理伺服器會在接收到當成回應傳回的推論結果之後，利用 SoftmaxTransformer 轉換成機率值，再將這個結果回應至用戶端。

程式碼請參考 程式碼 4.19 。

```python
import os
import json
from typing import Any, List

import grpc
import joblib
import numpy as np
from PIL import Image
from pydantic import BaseModel
from src.ml.transformers import (
    PytorchImagePreprocessTransformer,
    SoftmaxTransformer,
)
from src.proto import (
    onnx_ml_pb2,
    predict_pb2,
    prediction_service_pb2_grpc,
)


# 為了顧及易讀性，將散落在各個檔案的程式碼
# 在此整理成同一個檔案。
# 也省略了與本書說明無關的處理。

# 範例資料的路徑
sample_image_path = os.getenv(
    "SAMPLE_IMAGE_PATH",
    "/prep_pred_pattern/data/cat.jpg",
)
# 載入範例圖片
sample_image = Image.open(sample_image_path)


# 資料
class Data(BaseModel):
    data: Any = sample_image


# 推論類別
class Classifier(object):
```

```python
    def __init__(
        self,
        preprocess_transformer_path: str,
        softmax_transformer_path: str,
        label_path: str,
        serving_address: str,
        input_name: str,
        output_name: str,
    ):
        self.preprocess_transformer_path = ➡
            preprocess_transformer_path
        self.softmax_transformer_path = ➡
            softmax_transformer_path
        self.preprocess_transformer = None
        self.softmax_transformer = None

        self.serving_address = serving_address
        self.channel = grpc.insecure_channel(
            self.serving_address,
        )
        self.stub = (
            prediction_service_pb2_grpc.
            PredictionServiceStub(self.channel)
        )

        self.label_path = label_path
        self.label: List[str] = []

        self.input_name: str = input_name
        self.output_name: str = output_name

        self.load_model()
        self.load_label()

# 載入模型
def load_model(self):
    self.preprocess_transformer = joblib.load(
        self.preprocess_transformer_path,
    )
```

```python
        self.softmax_transformer = joblib.load(
            self.softmax_transformer_path,
        )

    # 載入標籤
    def load_label(self):
        with open(self.label_path, "r") as f:
            self.label = json.load(f)

    # 推論
    def predict(self, data: Image) -> List[float]:
        preprocessed = (
            self.preprocess_transformer
            .transform(data)
        )

        input_tensor = onnx_ml_pb2.TensorProto()
        input_tensor.dims.extend(preprocessed.shape)
        input_tensor.data_type = 1
        input_tensor.raw_data = preprocessed.tobytes()

        request_message = predict_pb2.PredictRequest()
        request_message.inputs[self.input_name].data_➡
type = (
            input_tensor.data_type
        )
        (
            request_message
            .inputs[self.input_name]
            .dims.extend(preprocessed.shape)
        )
        request_message.inputs[self.input_name].raw_➡
data = (
            input_tensor
            .raw_data
        )

        response = self.stub.Predict(request_message)
        output = np.frombuffer(
```

```
                response.outputs[self.output_name].raw_data,
                dtype=np.float32,
            )

        softmax = (
            self.softmax_transformer
            .transform(output)
            .tolist()
        )
        return softmax

    # 以標籤回應推論結果
    def predict_label(self, data: Image) -> str:
        softmax = self.predict(data=data)
        argmax = int(np.argmax(np.array(softmax)[0]))
        return self.label[argmax]
```

程式碼 4.19 的前置處理伺服器會以 gRPC 對推論伺服器發出要求。

這次的推論伺服器是 ONNX Runtime Server。ONNX Runtime Server 與 TensorFlow Serving 一樣能在載入 ONNX 格式的模型檔案之後，將該檔案當成 REST API 與 gRPC 伺服器啟動。

● **onnxruntime/docs/ONNX_Runtime_Server_Usage.md**
    URL https://github.com/microsoft/onnxruntime/blob/master/docs/ONNX_Runtime_Server_Usage.md

ONNX Runtime Server 可使用 mcr.microsoft.com/onnxruntime/server:latest 的 Docker 映像檔以及 程式碼 4.20 的指令啟動。

程式碼 4.20 run.sh

```
#!/bin/bash

set -eu
```

```
HTTP_PORT=${HTTP_PORT:-8001}
GRPC_PORT=${GRPC_PORT:-50051}
LOGLEVEL=${LOGLEVEL:-"debug"}
NUM_HTTP_THREADS=${NUM_HTTP_THREADS:-4}
MODEL_PATH=${MODEL_PATH:-"/models/resnet50.onnx"}

./onnxruntime_server \
    --http_port=${HTTP_PORT} \
    --grpc_port=${GRPC_PORT} \
    --num_http_threads=${NUM_HTTP_THREADS} \
    --model_path=${MODEL_PATH}
```

前置處理伺服器與推論伺服器會以 Docker Compose 啟動。Docker Compose 的架構請參考 程式碼 4.21 。

程式碼 4.21 `docker-compose.yml`

```
version: "3"

services:
  # 前置處理
  prep:
    container_name: prep
    image: shibui/ml-system-in-actions: ➡
prep_pred_pattern_prep_0.0.1
    restart: always
    environment:
      - API_ADDRESS=pred
    ports:
      - "8000:8000"
    command: ./run.sh
    depends_on:
      - pred

  # 推論
  pred:
    container_name: pred
    image: shibui/ml-system-in-actions: ➡
prep_pred_pattern_pred_0.0.1
```

```
    restart: always
    environment:
      - HTTP_PORT=8001
      - GRPC_PORT=50051
    ports:
      - "8001:8001"
      - "50051:50051"
    entrypoint: ["./onnx_runtime_server_entrypoint.sh"]
```

向透過 Docker Compose 啟動的前置處理伺服器發出貓咪 JPEG 圖檔的分類要求。

〔命令〕

```
# 啟動 Docker compose
$ docker-compose \
    -f ./docker-compose.yml \
    up -d
Creating network "prep_pred_pattern_default" with the ➥
default driver
Creating pred ... done
Creating prep ... done

# 利用 curl 向前置處理伺服器發出圖片檔的 POST 要求。
# 回應的內容為分類標籤
$ (echo \
    -n '{"image_data": "'; \
    base64 data/cat.jpg; \
    echo '"}') | \
  curl \
    -X POST \
    -H "Content-Type: application/json" \
    -d @- \
    localhost:8000/predict/label
# 輸出
{
  "prediction":"Siamese cat"
}
```

採用前置處理推論模式可利用 Python 的函式庫與 ONNX Runtime 或 TensorFlow Serving 建置推論器，這也是前面介紹的模式所沒有的特色。雖然以支援學習階段使用的函式庫的執行階段函式庫建置推論器，可以節省不少麻煩，但不是所有的前置處理與後置處理都可利用執行階段函式庫撰寫，所以才會是部分的處理由 Python 進行，只有推論的部分由執行階段函式庫進行的架構。

4.6.5 優點

● 將前置處理與推論器放在不同的伺服器或是以不同的標準程式碼撰寫，可更有效率地運用資源，也能快速找出故障。

● 可靈活地增減前置處理與推論器的資源。

● 前置處理與推論器的函式庫的版本可以不同。

4.6.6 檢討事項

就算前置處理與推論器是各自獨立的部分，但學習階段的前置處理與模型還是會一起使用，學習完成的模型的輸入值還是與前置處理息息相關，所以只要前置處理不同，就會得到不同的推論結果。為此，前置處理與推論器的部分必須進行版本管理，發佈模型時，也得讓版本一致。由於前置處理與推論器的函式庫版本不一致，也一樣能成功推論，所以若採用前置處理推論模式，就必須確認推論結果是否一如預測（除了這種模式之外，採用其他的模式也一樣要確認推論結果是否正確）。

有時候就是會仿照前置處理推論模式，以多個伺服器建置一個模型，再讓模型當成推論器驅動。下一節將進一步說明在同一套系統之中，讓多個模型當成推論器驅動的方式。

4.7 微服務串聯模式

自從雲端服務問世之後，將服務的各項功能分割成獨立服務的微服務架構也逐漸普及。微服務架構可透過鬆散耦合的方式提升每項服務的獨立性，還能以最適當的函式庫或程式設計語言開發這些服務，就連機器學習的推論器也能利用微服務架構的方式開發。

4.7.1 用例

● 在以多個推論器組成的系統之中，各推論器之間具有依存關係的情況。

● 在以多個推論器組成的系統之中，推論的順序固定的情況。

4.7.2 想解決的課題

也有利用多個推論器推論同一筆輸入資料，再得出單一推論結果的工作流程，尤其是利用深度學習篩選圖片檔的特徵值以及進行轉換的時候，就會使用多個推論器，而這種系統也不算罕見。比方說，輸入的資料為貓咪照片，希望根據貓咪的位置與品種進行分類，再於三花貓這個分類套用日式風格，以及在外國貓套用西式風格的服務，就是其中一種。

此時會利用影像辨識（SSD[3] 或 YOLO[4]）偵測照片裡的貓咪，並在偵測到貓咪之後，利用辨識框標示貓咪的位置，接著進行貓咪影像分類，然後套用影像風格轉換處理。換言之，就是依序進行這三個推論步驟。

這種讓多個具有依存關係的推論模型依序執行的模式有非常多的用途，而且也能將所有的推論模型放在同一個推論器之中，不過這麼一來，推論器就會過度

※3　Single Shot MultiBox Detector 的縮寫。影像辨識的演算法。
※4　You Only Look Once 的縮寫。影像辨識的演算法。

膨脹，維護的效率也會下降；反之，以一個推論器建置一個推論模型的方式較為靈活，也較方便維護。

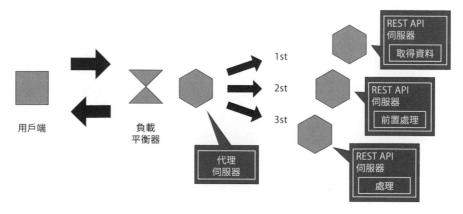 4.7.3 架構

微服務串聯模式的推論模型有很多個，而且彼此會以推論器的方式建立互動，感覺上就像是以串聯的方式完成推論（ 圖 4.15 ）。這些推論器都會建置成微服務之外，還會在用戶端與推論器之間配置代理伺服器。當用戶端發出要求，該要求會透過代理伺服器發送至每個推論器。建置成微服務的推論器都會接收要求，所以在更新時，不會對其他的推論器造成影響。唯一要注意的是，這種模式與前置處理推論模式有一樣的問題，也就是讓推論模型根據其他的推論模型進行學習時，不能只更新其中一個推論模型，必須更新所有的推論模型。

在這個模式下的代理伺服器將是用戶端與所有推論器之間的橋梁。代理伺服器發出要求後，會由推論器的端點接收要求，而這個端點只要先以環境變數設定，之後的維護作業就會變得很輕鬆。此外，配置代理伺服器的好處在於可統一管理所有的要求，所以可隨時調整要求的路線。比方說，在一開始進行貓咪畫風轉換處理時，發現無法順利辨識貓咪影像的話，可跳過影像辨識處理，直接進行影像分類處理。此時輸出的結果雖然會不一樣，但比起無法回應要求，最終以處理錯誤收場的情況來說，能回應的服務還是能有一定的貢獻，這也是不會因為特定推論器出錯，導致整個工作流程停止的架構。雖然能不能配置代理伺服器得看系統的元件而定，但配置代理伺服器的確能更靈活地完成推論。

圖 4.15　微服務串聯模式

4.7.4 實際建置

微服務串聯模式與前置處理推論模式的架構相同,故不再贅述。

4.7.5 優點

● 可依序執行每個推論模型。

● 可根據前一個推論模型的結果選擇接收推論要求的模型。

● 可將每個推論模型配置在不同的伺服器,以及利用不同的基準程式碼撰寫,
藉此更有效率地運用資源以及找出故障之處。

4.7.6 檢討事項

由於每個推論器都得耗費一些時間才能完成推論,回應用戶端的時間也會因此
拖長,所以要盡可能讓每個推論器早點完成推論,加快整個服務的效率。此時
必須使用架構相對單純的模型,或是進行效能調校與資源增強處理,縮短服務
的延遲時間。此外微服務串聯模式的回應時間一定比將所有模型放在同一個推
論器的架構(一體成型的推論器)來得長。一體成型的推論器是在伺服器內部
完成所有的資料傳輸作業,所以模型之間的資料傳遞時間可縮至最短,但這麼
一來,也很難分別更新模型以及水平擴充。反觀微服務串聯服務就能讓每個推
論器進行水平擴充與更新,但是伺服器之間的資料傳遞時間就會拉長。就維護
方面來看,微服務串聯模式的確比較方便,但如果回應速度是最優先的要件,
那麼或許可考慮採用一體成型的推論器。

微服務串聯模式的系統架構通常比較複雜,而且會讓代理伺服器對所有推論器
發出要求,所以發出要求的方法最好能夠一致。換言之,推論器的介面最好統
一為 REST API 或 gRPC,然後代理伺服器最好也只建置 REST 用戶端或
gRPC 用戶端。雖然這種做法比較不靈活,卻能讓架構保持單純。此外,在這
種架構之下,所有的推論器都會互相影響,一個推論器的錯誤會演變成整個系

統的錯誤。而造成錯誤的原因有可能是軟體（例如推論伺服器故障，導致無法回應），也有可能是推論模型（例如推論結果有問題）。此時就必須找出故障的部分以及進一步分析造成故障的原因。

建立推論系統

4.8 微服務並聯模式

除了微服務串聯模式之外，微服務並聯模式也能以並聯的方式，讓多個推論器並列，再分別向這些推論器發送推論要求，而這種模式屬於彙整多個模型的推論結果的架構。

🔷 4.8.1 用例

● 希望同時進行多個彼此獨立的推論的情況

● 希望打造在最後統整多個推論結果的工作流程的情況

● 需要對同一筆資料進行推論的情況

🔷 4.8.2 想解決的課題

沒有一筆資料只能用一個推論器進行推論的規則，有些人也會利用分類模型或回歸模型推論同一筆資料，再於取得不同的推論結果之後，在不同的用途使用這些推論結果。以網路服務的事件日誌資料為例，就會以分類模型偵測使用者是否違反規則，或是以迴歸模型預測使用者的購買行為。

此外，還有進行多種二元分類，再將結果整合成單一推論結果的用途。想根據網路服務的事件日誌偵測各種違規行為的時候，可利用二元分類的方式開發各種偵測違規行為的模型，然後讓這些模型獨立推論。

以微服務的方式建置多個彼此獨立的推論器，再讓這些推論器對同一筆資料進行推論的架構，就是所謂的微服務並聯模式。

🔷 4.8.3 架構

微服務並聯模式的每個推論模型都會分頭進行推論。每個推論模型會同時接收到推論要求，以及產生多個推論結果。這一切都是在用戶端與推論器之間建置獨立的代理伺服器才得以實現。配置代理伺服器可避免用戶端執行取得資料的處理，也不需要彙整推論結果（ 圖 4.16 ）。

微服務模式的代理伺服器會以 API 組合模式（ URL https://microservices.io/patterns/data/api-composition.html）的方式運作，扮演整合之後的端點。

要代理伺服器作為橋梁的優點在於能根據機器學習的推論結果控制傳給用戶端的回應。比方說，違規行為偵測處理會遇到各種違規行為，有些屬於重大犯罪，有些只是違反使用規範。當網路服務的使用者不斷增加，客服就不可能處理所有的違規行為。此時只能延後處理情節相對較輕的違規行為，以及即時處理情節重大的違規行為，再提出警告訊息。此時就必須建立一套能根據違規行為處理的推論結果因應的邏輯。在代理伺服器建立這套邏輯，控制推論結果的回應，就能更靈活地調整工作流程。

用於推論的輸入資料可利用代理伺服器統一收集，也可在各個推論伺服器收集。在前者收集的好處在於可減少存取 DWH 或儲存裝置的次數，減少多餘的成本支出（Overhead）。在後者收集的好處在於各個模型可取得必要的資料，所以能打造更複雜的工作流程（ 圖 4.17 ）。

推論必須根據用途決定以同步或非同步的方式執行，同步執行的用例就是取得所有推論結果之後再彙整推論結果的情況，這也是在取得所有推論結果之前，不進行下個步驟的模式。非同步執行的用例則是一取得推論結果就立刻做出反應的情況（ 圖 4.18 ），也就是不等待其他的推論結果，依照推論結果產生的順序進行處理。會在同一個畫面顯示多筆內容的網路應用程式就屬於非同步推論的用例。

由於本模式屬於微服務架構，所以只要能快速地追加或刪除推論器，就能更靈活地進行推論，也更容易維護，至於推論器的追加或刪除則可透過代理伺服器控制。讓每個推論器在 REST API 或 gRPC 當成有端點的服務驅動，設定成能透過代理伺服器的環境變數新增或刪除發送給各端點的要求之後，就能快速追加需要早一步發佈的推論器，也能在推論器發佈之後發現推論性能不佳，快速刪除該推論器。

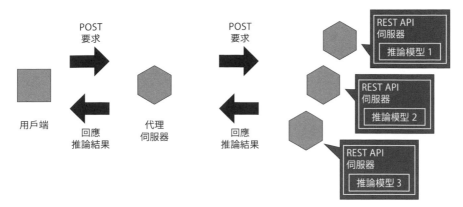

圖 4.16 微服務並聯模式

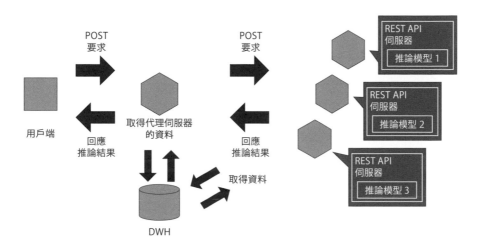

圖 4.17 微服務並聯模式（獨立執行取得資料的步驟）

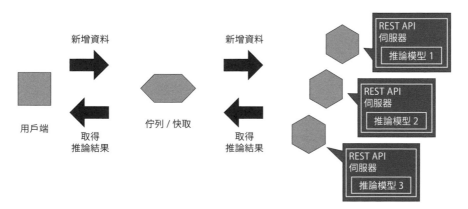

圖 4.18 非同步微服務並聯模式

🎲 4.8.4 實際建置

微服務並聯模式會同時驅動多個推論器。這次要打造相對陽春的模型,也就是打造三個以二元分類的方式對鳶尾花資料集的類別(setosa、versicolor、virginica)進行分類的模型,再將這些模型當成推論器驅動。發送給推論器的要求將由代理伺服器代為發送。由代理伺服器向所有推論器發出推論要求之後,再於代理伺服器彙整推論結果,統一回應給用戶端。

這次使用的開發資源如下。

- 代理伺服器:負責存取推論器以及彙整推論結果。
- setosa 推論器:對 setosa 與其他資料進行二元分類。標籤 0 為 setosa,標籤 1 為其他。
- versicolor 推論器:對 versicolor 與其他資料進行二元分類。標籤 0 為 versicolor、標籤 1 為其他。
- virginica 推論器:對 virginica 與其他資料進行二元分類。標籤 0 為 virginica、標籤 1 為其他。

各資源都以 REST API 伺服器建置。

完整程式碼放在下列的資源庫。

- **ml-system-in-actions/chapter4_serving_patterns/horizontal_microservice_pattern/**

    URL https://github.com/shibuiwilliam/ml-system-in-actions/tree/main/chapter4_serving_patterns/horizontal_microservice_pattern

第一步先建置代理伺服器。這次的代理伺服器會先從用戶端接收要求,再將要求發送給所有推論器。對推論器而言,此時的代理伺服器就是用戶端。

代理伺服器會以 FastAPI 啟動,而代理伺服器發送給推論器的要求則是使用 URL httpx 這個 Python 網路用戶端函式庫發送。URL httpx 是 Python 常用的 requests 網路用戶端函式庫的後繼版本,支援非同步要求以及

HTTP/2。為了有效率地進行多種推論，會以非同步的方式讓 URL `httpx` 與
`asyncio` 發出要求。

代理伺服器端點的程式碼可參考 程式碼 4.22 。

程式碼 4.22 `src/api_composition_proxy/routers/routers.py`

```python
import asyncio
import os
import uuid
from typing import Any, Dict, List

import httpx
from fastapi import APIRouter
from pydantic import BaseModel


# 為了方便閱讀，省略部分較為冗長的處理。

router = APIRouter()

# 利用環境變數設定推論器的端點
services: Dict[str, str] = {}
for environ in os.environ.keys():
    if environ.startswith("SERVICE_"):
        url = f"http://{os.getenv(environ)}"
        services[environ] = url


class Data(BaseModel):
    data: List[List[float]] = [[5.1, 3.5, 1.4, 0.2]]


# 所有推論器的健康狀態檢查
@router.get("/health/all")
async def health_all() -> Dict[str, Any]:
    results = {}
    async with httpx.AsyncClient() as ac:

        async def req(ac, service, url):
            response = await ac.get(f"{url}/health")
```

```
                return service, response

        tasks = [req(ac, service, url) for service, url ➡
in services.items()]

        responses = await asyncio.gather(*tasks)

        for service, response in responses:
            results[service] = response.json()
    return results


# 向所有推論器發出要求
@router.post("/predict")
async def predict(data: Data) -> Dict[str, Any]:
    job_id = str(uuid.uuid4())[:6]
    results = {}
    async with httpx.AsyncClient() as ac:

        async def req(ac, service, url, job_id, data):
            response = await ac.post(
                f"{url}/predict",
                json={"data": data.data},
                params={"id": job_id},
            )
            return service, response

        tasks = [req(ac, service, url, job_id, data) ➡
for service, url in services.items()]

        responses = await asyncio.gather(*tasks)

        for service, response in responses:
            results[service] = response.json()
    return results


# 對所有推論器發出要求，彙整推論結果
# 將機率最高的結果回應給用戶端
@router.post("/predict/label")
async def predict_label(data: Data) -> Dict[str, Any]:
```

```
    job_id = str(uuid.uuid4())[:6]
    results = {
            "prediction": {
            "proba": -1.0,
            "label": None,
        },
    }
    async with httpx.AsyncClient() as ac:

        async def req(ac, service, url, job_id, data):
            response = await ac.post(
                f"{url}/predict",
                json={"data": data.data},
                params={"id": job_id},
            )
            return service, response

        tasks = [req(ac, service, url, job_id, data) ➡
for service, url in services.items()]

        responses = await asyncio.gather(*tasks)

        for service, response in responses:
            proba = response.json()["prediction"][0]
            if results["prediction"]["proba"] < proba:
                results["prediction"] = {
                    "proba": proba,
                    "label": service,
                }
    return results
```

/predict 與 /predict/label 會在接收到要求之後，根據對應的資料進行推論。這兩個端點都會透過 URL httpx 對推論器發出 POST 要求，再取得推論結果。

/predict 端點會回應各推論器的二元分類結果。在推論器根據資料進行推論時，有些資料會得到正的結果（setosa、versicolor、virginica），有些資料則會得到負的結果（不是 setosa、versicolor、virginica）。/predict/label 端點則會彙整各推論器的二元分類結果，再回應機率最高的類別。

各推論器的內容與 Web Single 模式相同，在此不予以贅述。

這次的微服務並聯模式要以 Docker Compose 啟動代理伺服器與推論器。
Docker Compose 的架構請參考 程式碼 4.23 。

程式碼 4.23 `docker-compose.yml`

```yaml
version: "3"

services:
  # 代理伺服器
  proxy:
    container_name: proxy
    image: shibui/ml-system-in-actions: ➡
horizontal_microservice_pattern_proxy_0.0.1
    restart: always
    environment:
      - APP_NAME=src.api_composition_proxy.app.proxy:app
      - PORT=9000
      - SERVICE_SETOSA=service_setosa:8000
      - SERVICE_VERSICOLOR=service_versicolor:8001
      - SERVICE_VIRGINICA=service_virginica:8002
    ports:
      - "9000:9000"
    command: ./run.sh
    depends_on:
      - service_setosa
      - service_versicolor
      - service_virginica

  # setosa 分類器
  service_setosa:
    container_name: service_setosa
    image: shibui/ml-system-in-actions: ➡
horizontal_microservice_pattern_setosa_0.0.1
    restart: always
    environment:
      - PORT=8000
      - MODE=setosa
```

```
      ports:
        - "8000:8000"
      command: ./run.sh

    # versicolor 推論器
    service_versicolor:
      container_name: service_versicolor
      image: shibui/ml-system-in-actions: ➡
horizontal_microservice_pattern_versicolor_0.0.1
      restart: always
      environment:
        - PORT=8001
        - MODE=versicolor
      ports:
        - "8001:8001"
      command: ./run.sh

    # virginica 推論器
    service_virginica:
      container_name: service_virginica
      image: shibui/ml-system-in-actions: ➡
horizontal_microservice_pattern_virginica_0.0.1
      restart: always
      environment:
        - PORT=8002
        - MODE=virginica
      ports:
        - "8002:8002"
      command: ./run.sh
```

代理伺服器會以連接埠編號 9000 啟動，其他三個推論器會於連接埠 8000 ～
8002 公開。

用戶端對代理伺服器發出請求，就能得到所有推論器的推論結果。

〔命令〕

```
# 啟動 Docker Compose
$ docker-compose \
    -f ./docker-compose.yml \
    up -d
Creating network "horizontal_microservice_pattern_➥
default" with the default driver
Creating service_setosa     ... done
Creating service_virginica  ... done
Creating service_versicolor ... done
Creating proxy              ... done

# 向 /predict 發出要求。取得各推論器的二元分類結果。
$ curl \
    -X POST \
    -H "Content-Type: application/json" \
    -d '{"data": [[1.0, 2.0, 3.0, 4.0]]}' \
    localhost:9000/predict
# 輸出
{
  "setosa": {
    "prediction": [0.2897033989429474, 0.710296630859375]
  },
  "virginica": {
    "prediction": [0.3042130172252655, 0.6957869529724121]
  },
  "versicolor": {
    "prediction": [0.05282164365053177, 0.9471783638000488]
  }
}

# 對 /predict/label 發出要求。回應機率最高的 setosa。
$ curl \
    -X POST \
    -H "Content-Type: application/json" \
    -d '{"data": [[1.0, 2.0, 3.0, 4.0]]}' \
    localhost:9000/predict/label
{
  "prediction": {
```

```
    "proba": 0.3042130172252655,
    "label": "virginica"
  }
}
```

微服務並聯模式可驅動多個模型，因此可根據目的開發不同的模型，再將模型
當成推論器使用，藉此打造用途更廣泛的推論系統。

4.8.5 優點

● 分成多個推論伺服器可快速增減資源與找出故障。

● 各推論流程彼此獨立，能建置更靈活的系統。

4.8.6 檢討事項

建置微服務並聯模式的注意事項之一就是要選擇同步或非同步的推論方式，這
部分與同步推論模式、非同步推論模式的差異一樣，必須根據用途或工作流程
選擇。兩種方式的差異在於將推論結果回應至用戶端的時間點不同，所以必須
根據該服務的工作流程選擇同步或非同步的推論方式。

假設選擇的是同步推論的微服務並聯模式，那麼逾時設定就顯得非常重要，因
為是讓所有推論器一起進行推論，所以只要有一個推論器的速度較慢，整體的
推論速度就會被拖累。假設用戶端設定了待機時間的服務等級，那麼不管推
論器的速度有多快，只要無法在待機時間之內回應，就沒有任何意義。此時
的逾時設定可以採用兩種模式完成。一種是對所有推論設定逾時設定的 all or
nothing 模式，也就是回應推論，或是一逾時就不予以回應的模式。第二種模
式則是對每個發送給推論器的要求設定逾時設定，也只將那些能在時間之內完
成推論的推論結果回應給用戶端。如此一來，就算有部分的推論器的速度較
慢，還是能回應部分的推論結果，唯一要注意的是，若推論結果之間具有相關
性，或是需要彙整，就不能使用這種手法。

若選擇的是非同步推論的微服務並聯模式，並且以推論器的速度決定推論結果的優劣時，推論速度較慢，但推論結果很準確的推論器就有可能無法充分應用。此外，也要與同步推論的微服務並聯模式一樣，注意每個推論器的延遲時間差（　圖 4.16　）。

由於微服務並聯模式會一次使用多個推論器，所以系統也相對複雜。前面雖然提到，可利用代理伺服器新增或刪除推論器服務，控制回應推論結果的邏輯，但是當推論器的數量增加，邏輯變得更加複雜，日後的維護也將變得更困難，因操作失誤而故障的風險也會提高。假設系統結構真的變得很複雜，就有必要另外建置代理伺服器管理端點。雖然系統與維護方式各有不同，但是當一個代理伺服器與十個以上的推論器連線時，就應該新增代理伺服器，分擔管理推論器的負荷。

時間差推論模式

一如微服務模式所述，使用多個模型進行推論時，會遇到推論器延遲時間不一的問題。即使是針對同一筆資料進行推論，也不需要於同一個時間點回應所有的推論結果，所以可試著改造系統，有效使用於不同時間回應的推論結果。

4.9.1 用例

● 想在互動式應用程式移植到推論器的情況。

● 想利用回應速度不一的推論器打造工作流程的情況。

4.9.2 想解決的課題

剛剛已經介紹了以多個推論器推理同一筆資料的微服務並聯模式。使用多個推論器的時候，往往會遇到推論器速度不一的問題。假設選擇的是同步推論的方式，整體的推論速度就會被最慢的推論器拖累。假設最慢的推論器的平均推論時間為 1 秒，整體的推論速度就會被拖慢 1 秒，如果是 5 秒，就會被拖慢 5 秒。如果速度較慢的推論器也能符合系統的效能要求，那麼這個問題就不算是問題。

不過，互動式應用程式往往連 1 秒的延遲都不允許，所以此時可將系統設計成讓最慢的推論器一邊推論，同時讓其他的推論器繼續推論。如果其他的推論器能在 0.2 毫秒產出精準的推論結果，就讓該推論結果回應給用戶端的架構。

所以推論時間長達 1 秒或 5 秒的推論器就不敷使用了嗎？當然不是！時間差推論模式就是讓速度較快的推論器同步進行推論與回應推論結果，同時讓速度較慢的推論器以非同步方式推論，等到推論結束之後，再將推論結果回應給用戶端。

4.9.3 架構

時間差推論模式是能將推論結果分階段回應給用戶端的架構。就一般的機器學習而言，處理結構化資料的模型的推論速度通常比較快，處理圖片或文字這類非結構化資料則通常比較慢。有些服務需要早一步回應要求，有些服務的重點卻是需要更加精準的推論結果，哪怕回應速度稍微慢一點也沒關係。於網路應用程式使用機器學習時，速度與精準度之間的平衡是非常重要的，不能只重視推論的精準度或是速度。假設是互動式應用程式，可讓速度較快的推論器先傳回推論結果，之後再於使用者進行其他操作時，於下個畫面（或是往下捲動的畫面）顯示更為精準的推論結果。時間差推論模式特別適用於互動式應用程式。

這種模式會配置兩種推論器，分別是能同步、即時回應推論結果的推論器與速度較慢的非同步推論器。為了讓前者能快速回應要求，通常會選擇 REST API 或 gRPC 建置介面，後者則因為處理速度較慢，所以使用 messaging 或佇列作為中介的橋梁。於前後兩者搭載的模型可根據回應速度以及推論精準度選擇，但如果輸入資料屬於數字、類型、圖片、自然語言這類資料，就可讓前者負責能快速推論的數字與類型這類資料，並且讓後者處理圖片與自然語言這類資料。

4.9.4 實際建置

時間差推論模式會讓速度不一的多個推論器一起驅動。這次的實例使用了 MobileNetV2[5] 與 InceptionV3[6] 分類圖片，其中的 MobileNetV2 採用了同步推論的方式，InceptionV3 則是非同步推論方式。兩者都是會使用 TensorFlow Hub（URL https://tfhub.dev/）提供的模型（已學習完畢），再以 TensorFlow Serving 啟動。

當用戶端發出要求，該要求會透過代理伺服器傳送至推論器。假設是發送給 MobileNetV2 的推論要求，代理伺服器會同步回應推論結果，再將要求的圖片放進 Redis 這個佇列。批次伺服器會不斷地存取 Redis 的佇列，尋找其中是否有尚未處理的佇列，一旦找到，就會取得該佇列，再對 InceptionV3 發出處理該佇列的要求（ 圖 4.19 ）。

※5　URL https://arxiv.org/pdf/1801.04381.pdf

※6　URL https://static.googleusercontent.com/media/research.google.com/ja//pubs/archive/44903.pdf

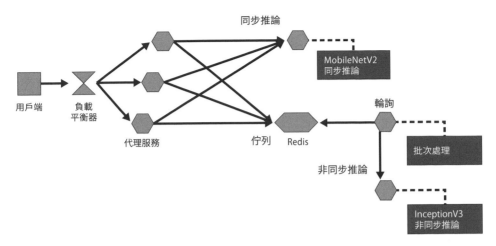

同步推論

MobileNetV2
同步推論

用戶端　負載
平衡器

代理服務　　　　　　佇列　Redis

輪詢

批次處理

非同步推論

InceptionV3
非同步推論

圖 4.19　時間差推論模式

完整程式碼放在下列的資源庫。

● **ml-system-in-actions/chapter4_serving_patterns/sync_async_pattern/**

URL　https://github.com/shibuiwilliam/ml-system-in-actions/tree/main/chapter4_
serving_patterns/sync_async_pattern

利用 TensorFlow Serving 打造的推論器或批次伺服器與非同步推論模式的內
容相同，在此便不予贅述。

這個模式的代理伺服器與微服務並聯模式的代理伺服器非常類似，但多了將資料
新增至 Redis 的步驟。實例的建置方式可參考 程式碼 4.24 。將 FastAPI 當成
Web API 啟動之後，gRPC 用戶端會對 MobileNetV2 推論器發出要求，由
InceptionV3 進行推論的佇列則會新增至 Redis。這次會同步回應之後再利用
FastAPI 的 Background Tasks 將資料新增至 Redis，避免影響回應的速度。

程式碼 4.24 `src/api_composition_proxy/routers/routers.py` 與其他檔案

```
import base64
import io
import uuid
from typing import Any, Dict

import grpc
```

```
import httpx
from fastapi import (
    APIRouter,
    BackgroundTasks,
)
from PIL import Image
from tensorflow_serving.apis import (
    prediction_service_pb2_grpc,
)

from src.api_composition_proxy.backend import (
    background_job,
    request_tfserving,
    store_data_job,
)
from src.api_composition_proxy.backend.data import Data


# 為了顧及易讀性，將散落在各個檔案的程式碼
# 在此整理成同一個檔案。
# 也省略了與本書說明無關的處理。


router = APIRouter()


# GRPC 與 MobileNetV2 連線
channel = grpc.insecure_channel("sync:8500")
stub = prediction_service_pb2_grpc.PredictionServiceStub(channel)


# 推論要求
@router.post("/predict")
def predict(
    data: Data,
    background_tasks: BackgroundTasks,
) -> Dict[str, Any]:
    job_id = str(uuid.uuid4())[:6]
    results = {"job_id": job_id}
    image = base64.b64decode(str(data.image_data))
    bytes_io = io.BytesIO(image)
    image_data = Image.open(bytes_io)
```

```python
    image_data.save(
        bytes_io,
        format=image_data.format,
    )
    bytes_io.seek(0)

    # 發送給 MobileNetV2 的同步要求
    r = request_tfserving.request_grpc(
        stub=stub,
        image=bytes_io.read(),
        model_spec_name="mobilenet_v2",
        signature_name="serving_default",
        timeout_second=5,
    )
    results["mobilenet_v2"] = r

    # 發送給 InceptionV3 的非同步要求
    background_job.save_data_job(
        data=image_data,
        job_id=job_id,
        background_tasks=background_tasks,
        enqueue=True,
    )
    return results


# 要求 InceptionV3 的推論結果
@router.get("/job/{job_id}")
def prediction_result(job_id: str):
    result = {job_id: {"prediction": ""}}
    data = store_data_job.get_data_redis(job_id)
    result[job_id]["prediction"] = data
    return result
```

代理伺服器的 API 與非同步推論模式的相同。/predict 是接收用戶端的要求資料的端點。非同步推論的結果會以 /job/{job_id} 端點取得。

由於時間差推論模式是以多種資源組成，所以會利用 Docker Compose（ URL https://docs.docker.com/compose/）啟動。Docker Compose 的架構管理請參考 程式碼 4.25 。

```yaml
version: "3"

services:
  # 代理伺服器
  proxy:
    container_name: proxy
    image: shibui/ml-system-in-actions: ➡
sync_async_pattern_sync_async_proxy_0.0.1
    restart: always
    environment:
      - QUEUE_NAME=tfs_queue
      - SERVICE_MOBILENET_V2=sync:8501
      - SERVICE_INCEPTION_V3=async:8601
      - GRPC_MOBILENET_V2=sync:8500
      - GRPC_INCEPTION_V3=async:8600
    ports:
      - "8000:8000"
    command: ./run.sh
    depends_on:
      - redis
      - sync
      - async
      - backend

  # 同步的推論器
  sync:
    container_name: sync
    image: shibui/ml-system-in-actions: ➡
sync_async_pattern_imagenet_mobilenet_v2_0.0.1
    restart: always
    environment:
      - PORT=8500
      - REST_API_PORT=8501
    ports:
      - "8500:8500"
      - "8501:8501"
    entrypoint: ["/usr/bin/tf_serving_entrypoint.sh"]

  # 非同步推論器
  async:
```

```
    container_name: async
    image: shibui/ml-system-in-actions: ➡
sync_async_pattern_imagenet_inception_v3_0.0.1
    restart: always
    environment:
      - PORT=8600
      - REST_API_PORT=8601
    ports:
      - "8600:8600"
      - "8601:8601"
    entrypoint: ["/usr/bin/tf_serving_entrypoint.sh"]

  # 非同步推論器的批次伺服器
  backend:
    container_name: backend
    image: shibui/ml-system-in-actions: ➡
sync_async_pattern_sync_async_backend_0.0.1
    restart: always
    environment:
      - QUEUE_NAME=tfs_queue
      - SERVICE_MOBILENET_V2=sync:8501
      - SERVICE_INCEPTION_V3=async:8601
      - GRPC_MOBILENET_V2=sync:8500
      - GRPC_INCEPTION_V3=async:8600
    entrypoint:
      - "python"
      - "-m"
      - src.api_composition_proxy.backend.prediction_ ➡
batch"
    depends_on:
      - redis

  # Redis
  redis:
    container_name: redis
    image: "redis:latest"
    ports:
      - "6379:6379"
```

讓我們試著啟動各種資源，要求貓咪的圖片檔。

〔命令〕

```
# 啟動 Docker Compose
$ docker-compose \
    -f ./docker-compose.yml \
    up -d
Creating network "sync_async_pattern_default" ➡
with the default driver
Creating redis ... done
Creating async ... done
Creating sync  ... done
Creating backend ... done
Creating proxy  ... done

# 要求貓咪圖片 jpg。
# 回應的內容包含 MobileNetV2 的推論結果與任務 ID。
$ (echo \
    -n '{"image_data": "'; \
    base64 data/cat.jpg; \
    echo '"}') | \
  curl \
    -X POST \
    -H "Content-Type: application/json" \
    -d @- \
    localhost:8000/predict/label
# 輸出
{
  "job_id": "3800a3",
  "mobilenet_v2": "Persian cat"
}

# 根據任務 ID 要求 InceptionV3 的推論結果。
$ curl localhost:8000/job/3800a3
{"3800a3":{"prediction":"Siamese cat"}}
```

以上就是時間差推論模式的實例。到目前為止，說明了以前置處理推論模式、微服務模式、時間差推論模式這種利用多個模型建置的推論系統實例。雖然這些推論系統要解決的課題各有不同，但採用這類模式可利用多個模型建構一個推論系統，讓系統的用途更加廣泛，也更具擴充性。

4.9.5 優點

● 可快速回應，又能提供更精準的推論結果。

4.9.6 檢討事項

時間差推論模式的問題在於推論精確度與速度之間的平衡，換句話說，該讓哪個推論器同步回應，又該讓哪個推論器非同步回應是非常重要的設定。能在任何系統快速、正確地完成處理是最理想的狀態。

就一般的機器學習而言，計算量較多的深度學習會比架構簡單的機器學習模型更精準，但推論的速度也更慢。即使是非深度學習的分類模型，XGBoost（ URL https://xgboost.readthedocs.io/en/latest/）的計算量通常比邏輯迴歸或決策樹這類模型更多，推論結果也更正確。就算是深度學習的模型，有些是為了快速完成推論的簡易模型（例如 MobileNet[7] 或 MobileBERT[8]、ALBERT[9] 這類模式），有些則是忽略速度，只重視正確性的模型（例如 NASNet[10] 或 BERT[11]）。根據課題選擇可即時回應推論結果的模型，以及選擇需要耗費時間才能得到精確的推論結果（值得使用者等待的推論結果），藉此建置時間差推論模式。

此外，也要站在使用者體驗的角度思考該如何呈現速度較慢的推論器的推論結果。有些應用程式能在使用者執行其他操作時提供推論結果，有些則必須在同一個畫面提供推論結果。如果是前者的話，可在切換畫面的時候顯示推論結果。比方說，會列出內容的公佈欄應用程式，就可在捲動畫面之後，再顯示速度較慢的推論器的推論結果。如果是後者的話，就不太適合切換畫面之後再顯示結果，否則使用者有可能會不知道發生了什麼事。此時可試著以推播或是訊息的方式提供推論結果。

---

[7] URL https://arxiv.org/pdf/1704.04861.pdf

[8] URL https://arxiv.org/pdf/2004.02984.pdf

[9] URL https://arxiv.org/pdf/1909.11942.pdf

[10] URL https://arxiv.org/pdf/1707.07012.pdf

[11] URL https://arxiv.org/pdf/1810.04805.pdf

4.10 推論快取模式

有時候會使用同一筆資料進行多次推論。假設是公司內部資料這種會循環使用的資料,有時就會利用同一個推論器針對同一筆資料進行多次推論。若確定是相同的資訊,就可採用推論快取模式,直接沿用之前的推論結果。

4.10.1 用例

● 需要對同一筆資料進行推論,而且該資料與之前推論使用的資料相同的情況。

● 希望推論同一筆資料與傳回相同推論結果的情況。

● 希望能搜尋輸入資料的時候。

● 希望縮短推論延遲的時候。

4.10.2 想解決的課題

所有系統的功能都必須符合速度與成本的要求。如果因為功能太多元導致成本大增,該系統就無法產生任何利潤。反之,若為了降低成本而削減資源,導致功能的速度下滑,該系統會變得毫無用處,所以該如何符合需求以及顧及成本,是非得解決的商業課題。在多數的情況下,都必須讓功能、速度、成本這三者保持平衡(圖 4.20)。

機器學習的系統通常比其他系統需要高性能的資源,因為機器學習的學習與推論都會進行龐大的計算,而且推論結果若是會直接影響使用者操作方式與系統運作方式,就需要盡快完成推論,避免使用者與系統等待。比方說,網路搜尋服務常會使用排序學習替搜尋結果重新排序。假設得耗費 10 秒才能顯示排序學習的結果(等於讓使用者等待 10 秒),還不如直接顯示未經排序的結果,反而能維持良好的使用體驗。不管系統是架設在本地端還是雲端環境,要維持速度就得消耗高性能的資源,而要使用這些高性能的資源就得付出更多成本。不過,就算每次推論都使用高性能的資源,也不見得能大幅改善延遲。

建立推論系統

圖 4.20 性能、速度、成本

🔷 4.10.3 架構

這次說明的推論快取模式與下一節的資料快取模式都是利用快取改善成本與速度的問題。推論快取模式會將推論結果放入快取，再於要求相同的輸入資料時，回應放在快取裡面的推論結果。有些系統會為了提升存取資料庫的效率而將常常存取的資料先放進快取，而推論快取模式就是這種推論器。快取伺服器可使用 Memcached（ URL http://www.memcached.org/ ）或 Redis 另行建置，不要與推論器放在相同的伺服器，之後再以輸入資料為 Key（鍵），搜尋推論結果（Value）。快取量與搜尋性能則是推論快取模式的效能指標。

推論快取模式的快取時間點有很多個。

1. 事先執行批次推論再將推論結果放入快取。
2. 在進行推論時，將推論結果放入快取。
3. 1. 與 2. 的組合。

若是 1. 這種事先執行批次推論的情況（ 圖 4.21 ），就必須事先預測會放入快取的輸入資料。以搜尋系統為例，有可能會將常搜尋的前 1000 名關鍵字放入快取。執行批次推論的時間點雖然得依照工作流程調整，但如果推論結果不會隨著時間變化，可在發佈推論器的時候就將推論結果放入快取。1. 的問題在於放入快取的資料若不會再使用，就會白白浪費快取的記憶體。在劃分快取記憶體的時候，就必須確定放入快取的資料很常使用，而且又不會隨著時間改變。

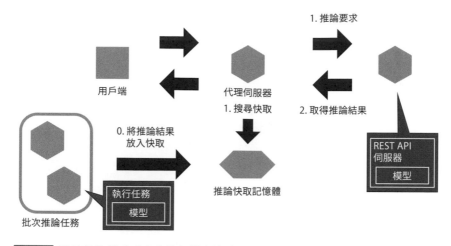

圖 4.21 推論快取模式（事先執行批次推論，再將推論結果放入快取的範例）。
同時搜尋快取與發送推論要求

如果是 2. 這種在推論過程中，將推論結果放入快取（**圖 4.22**），就必須在推論完成後，將推論結果新增至快取伺服器。由於每推論一次，就要將推論結果新增至快取一次，所以當推論次數增加，重複的輸入資料卻不多時，就有可能得使用更多快取記憶體儲存推論結果。

就實務而言，通常會使用 1. 與 2. 的混合模式，也就是先製作快取資料，再將未放入快取的資料新增至快取伺服器的模式。

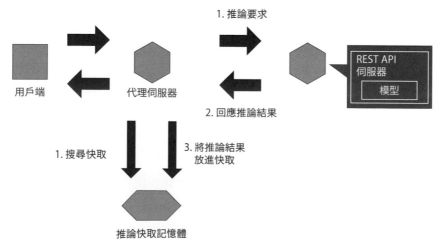

圖 4.22 推論快取模式（於推論時將推論結果放入快取的例子）。
同時搜尋快取與發出推論要求。

由於快取會佔用記憶體，所以就算佔用的記憶體不多，成本還是比佔用一般的磁碟空間更高。如果快取量只有幾 GB 的大小或許還不需要太在意成本，但如果是數十，甚至是數百 GB 的話，可就不容忽略了。一般來說，會以定期清理快取的方式解決這個問題。清理快取的策略有很多種，最常見的就是刪除不常用的快取（LRU：Least Recently Used），或最近比較少使用的快取（LFU：Least Frequently Used）。

搜尋快取的時間點也有幾個選擇。

1. 在對推論器發出推論要求之前

2. 在對推論器發出推論要求時

1. 的情況可讓推論器減少快取命中數量的負擔。如果是已經放在快取裡面的資料，就不再對推論器發出要求，所以當快取命中率越高，就能更有效率、更經濟實惠地使用資源。反之，如果有很多不是放在快取的資料，搜尋快取的步驟就會拖慢整個推論過程，導致系統的效能微幅下滑。

2. 則是同時搜尋快取與發出推論要求。假設是已放進快取的資料，就取消推論要求與直接回應，如果是還未放進快取的資料，就等到推論完成，再回應推論結果。由於所有的要求都會發送給推論器，所以推論器的資源不能減少，但也不用擔心效能下滑的問題。

要注意的是，推論快取模式的輸入資料必須與推論完畢的資料相同。為此，可使用從輸入資料轉換而來的雜湊值做為快取的鍵。

🔷 4.10.4 實際建置

接著要建置推論快取模式。推論快取模式是以重複發送相同資料的推論要求為前提，所以要求的資料必須與放入快取的資料相同，而且可以搜尋。假設要推論的是公司內部資料，可利用資料的 ID 確定資料相同。

這次的實例準備了具備 ID 的資料，用戶端的要求內容就是資料 ID。假設要推論的是公司內部的既有資料，就不需要發出要求，直接先推論這些資料，再將推論結果放入資料庫即可。不過，當這些資料過於龐大，就需要很多成本與時間才能完成推論，而且也不一定會用到所有舊資料的推論結果。此外，推論模型有可能會改變，所以推論快取模式通常會在必要的時候進行推論，並且會重複使用推論結果。

完整程式碼放在下列的資源庫。

- **ml-system-in-actions/chapter4_serving_patterns/prediction_cache_pattern/**

  URL https://github.com/shibuiwilliam/ml-system-in-actions/tree/main/chapter4_serving_patterns/prediction_cache_pattern

這次接收推論要求的 Web API 伺服器是使用 FastAPI，將推論結果放入快取的環境則是使用 Redis。模型則是透過深度學習進行影像辨識的 PyTorch ResNet50 模型（已學習完畢），並在 ONNX Runtime Server 運作。

假設 Web API 伺服器在 Redis 搜尋資料 ID 之後，發現該資料已放入快取，就會直接回應該資料。如果該資料還未放入快取，就從 ResNet50 ONNX Runtime Server 取得推論結果，將推論結果回應給用戶端，然後將推論結果新增至 Redis（ 圖 4.23 ）。

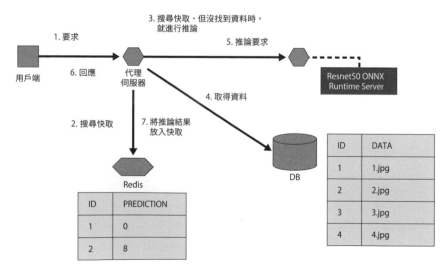

圖 4.23 在推論時，將推論結果放入快取的例子

API 端點請參考 程式碼 4.26 。

程式碼 4.26 src/app/routers/routers.py

```python
from typing import Dict, List

from fastapi import APIRouter, BackgroundTasks
from src.ml.prediction import Data, classifier

# 省略不需要說明的處理。

router = APIRouter()


# 推論端點
@router.post("/predict")
def predict(
    data: Data,
    background_tasks: BackgroundTasks,
) -> Dict[str, List[float]]:
    prediction = classifier.predict(
        data=data,
        background_tasks=background_tasks,
    )
    return {
        "prediction": list(prediction),
    }
```

快取的新增或搜尋都以 Classifier 類別的 predict 函數執行（ 程式碼 4.27 ）。

程式碼 4.27 src/ml/prediction.py

```python
import json
import os
from typing import List

import grpc
import joblib
import numpy as np
from fastapi import BackgroundTasks
```

```python
from PIL import Image
from pydantic import BaseModel
from src.app.backend import background_job
from src.ml.transformers import (
    PytorchImagePreprocessTransformer,
    SoftmaxTransformer,
)
from src.proto import (
    onnx_ml_pb2,
    predict_pb2,
    prediction_service_pb2_grpc,
)


# 省略不需要說明的處理。

class Data(BaseModel):
    data: str = "0000"


class Classifier(object):
    def __init__(
        self,
        preprocess_transformer_path: str,
        softmax_transformer_path: str,
        label_path: str,
        serving_address: str,
        input_name: str,
        output_name: str,
    ):
        self.preprocess_transformer_path = \
            preprocess_transformer_path
        self.softmax_transformer_path = \
            softmax_transformer_path
        self.preprocess_transformer = None
        self.softmax_transformer = None

        self.serving_address = serving_address
        self.channel = grpc.insecure_channel(
            self.serving_address,
```

```
        )
        self.stub = (
            prediction_service_pb2_grpc
            .PredictionServiceStub(self.channel)
        )

        self.label_path = label_path
        self.label: List[str] = []

        self.input_name: str = input_name
        self.output_name: str = output_name

        self.load_model()
        self.load_label()

    # 載入模型
    def load_model(self):
        self.preprocess_transformer = joblib.load(
            self.preprocess_transformer_path,
        )

        self.softmax_transformer = joblib.load(
            self.softmax_transformer_path,
        )

    # 載入標籤檔案
    def load_label(self):
        with open(self.label_path, "r") as f:
            self.label = json.load(f)

    def predict(
        self,
        data: Data,
        background_tasks: BackgroundTasks,
    ) -> List[float]:
        # 搜尋快取
        cache_data = background_job.get_data_redis(
            key=data.data,
        )
```

建
立
推
論
系
統

```python
# 如果在快取找到資料就從快取回應
if cache_data is not None:
    return list(cache_data)

# 若沒在快取找到資料就執行推論
image = Image.open(
    os.path.join(
        "data/",
        f"{data.data}.jpg",
    ),
)
prep = self.preprocess_transformer.transform(
    image,
)

tensor = onnx_ml_pb2.TensorProto()
tensor.dims.extend(prep.shape)
tensor.data_type = 1
tensor.raw_data = prep.tobytes()

message = predict_pb2.PredictRequest()
message.inputs[self.input_name].data_type = \
    tensor.data_type
message.inputs[self.input_name].dims.extend(
    prep.shape,
)
message.inputs[self.input_name].raw_data = \
    tensor.raw_data

response = self.stub.Predict(message)
output = np.frombuffer(
    (
        response
        .outputs[self.output_name]
        .raw_data),
    dtype=np.float32,
)
```

```python
        # 將推論結果轉換成 Softmax
        softmax = (
            self.softmax_transformer
            .transform(output)
            .tolist()
        )

        # 將推論結果新增快取
        background_job.save_data_job(
            data=list(softmax),
            item_id=data.data,
            background_tasks=background_tasks,
        )

        return softmax

    def predict_label(
        self,
        data: Data,
        background_tasks: BackgroundTasks,
    ) -> str:
        softmax = self.predict(
            data=data,
            background_tasks=background_tasks,
        )
        argmax = int(np.argmax(np.array(softmax)[0]))
        return self.label[argmax]
```

接著讓我們試用推論快取模式。請試著以 Docker Compose 啟動再發出要求。

〔命令〕

```
# 啟動 Docker Compose
$ docker-compose \
    -f ./docker-compose.yml \
    up -d
Creating network "prediction_cache_pattern_default" ➡
with the default driver
Creating pred  ... done
Creating redis ... done
Creating proxy ... done

# 要求資料 ID0000
$ curl \
    -X POST \
    -H "Content-Type: application/json" \
    -d '{"data": "0000"}' \
    localhost:8000/predict/label
{"prediction":"Persian cat"}

# 再次要求資料 ID0000
$ curl \
    -X POST \
    -H "Content-Type: application/json" \
    -d '{"data": "0000"}' \
    localhost:8000/predict/label
{"prediction":"Persian cat"}

# 透過日誌資料確認快取的內容
$ docker logs proxy | grep cache
[20210101 08:44:04] [INFO] [src.ml.prediction] ➡
registering cache: 0000
[20210101 08:44:05] [INFO] [src.ml.prediction] ➡
cache hit: 0000
```

如此一來，推論快取模式就建置完成了。如果能在這種模式底下累積大量的快取資料，就能減少對推論器發出要求的次數，也能更有效率地運用資源。若是深度學習的推論器，成本會比利用 Redis 這類開源碼軟體建置快取伺服器來得更高。如果能提升快取命中率，就能進一步降低成本。

4.10.5 優點

● 可改善推論速度。

● 可降低推論器的成本。

4.10.6 檢討事項

推論快取模式的問題在於建置快取伺服器的成本這點。當快取量增加，記憶體容量的成本就會跟著增加。就算能利用快取減少推論次數，減輕推論器的負擔，但建置快取伺服器的成本有可能比推論器成本的減少幅度來得更高，此時就必須重新檢視快取的必要性。如果能透過快取改善延遲的問題當然很好，但如果只是為了降低成本，就有必要減少快取容量。

此外，推論快取模式只適用於資料相同的情況，無法在資料類似的情況使用。這種模式雖然能讓屢次推論相同資料的系統更快完成推論，但如果是常推論類似資料的系統（例如推論影片的每個影格），效能就與沒有快取的推論器一樣。類似的資料搜尋方式還有最鄰近搜尋（Nearest neighbor）這類在近年來越來越實用的技術，但還是很難代替快取，因此本書也不進一步說明[12]。

---

[12] 筆者曾在之前服務的 mercari 公司以「近似最鄰近搜尋」（Approximate nearest neighbor）撰寫搜尋外觀相似商品的照片搜尋功能。這套系統自 2019 年 3 月發佈之後，都是由筆者負責維護，直到筆者離開這家公司為止。有機會的話，請大家使用這套性能優異的系統。

URL https://logmi.jp/tech/articles/322889

URL https://engineering.mercari.com/blog/entry/miru2018/

4.11 資料快取模式

> 推論快取模式是將推論結果放入快取，以便於快取搜尋。資料快取模式則是將原始資料或經過前置處理的資料放入快取，以便快速取得資料的模式。

4.11.1 用例

● 常針對同一筆資料發出推論要求，而且能確定資料是同一筆的情況。

● 需要重複處理同一筆資料的時候。

● 能於快取搜尋輸入資料的時候。

● 希望加快資料處理速度的時候。

4.11.2 想解決的課題

前一節介紹的推論快取模式是在根據輸入資料推論之後，將推論結果放入快取，藉此改善延遲現象的模式，可是能放入快取的推論器資料可不只是推論結果。接下來要為大家說明在資料快取模式底下，將輸入資料或經過前置處理的資料放入快取的方法。

會讓推論系統延遲的工作之一就是取得資料的步驟。從用戶端送來的資料不一定全部都會用於推論。以資料庫管理圖片或文字的系統為例，發送給推論器的要求不一定是圖片或文字這類原始資料，有可能是圖片或文字在資料庫之中的 ID。如果這些 ID 都是獨一無二的，使用這些 ID 傳送資料，會比直接傳送圖片或文字來得更有效率，不過，推論器需要取得推論所需的資料才能開始推論。圖片或文字這類內容的檔案容量通常很大，而且下載的時候，也很有可能遇到無法忽略的瓶頸。能將常使用的資料放入快取，解決這類瓶頸的模式就是資料快取模式。

假設輸入資料是圖片或文字，通常需要先經過加工才能使用。圖片的話，有可能會先調整大小或是進行 RGB 轉換處理，如果是文字的話，有可能會進行形態素解析處理或文字過濾處理，也可以先對資料進行前置處理，再將資料放進快取。此外，若是利用深度學習進行推論，則可透過神經網路篩出輸入資料的特徵值再進行推論。雖然利用神經網路篩出特徵值的步驟就是造成深度學習延遲的瓶頸，但如果是對相同的資料進行推論，先將特徵值（數值陣列）放入快取，就能改善延遲的問題。尤其是要以相同的特徵值推論相同的資料時，將特徵值存入快取的手法就非常實用。

取得資料或是篩出特徵值這類造成系統延遲的步驟，需要高效能的網路或資源才能改善延遲的問題，但不可否認的是，成本也會因此墊高。資料快取模式會將推論前的資料放入快取，藉此提升推論的效率。

4.11.3 架構

資料快取模式會將轉換之前的輸入資料或特徵值放入快取，提升推論的效率。

在這種模式之下將必須下載的內容或資料先放入快取，就能減少存取資料的成本。

要先將經過前置處理的資料或特徵值放入快取的話，前置處理或特徵值篩選器必須是通用的類型。假設使用的是只能於特定用途使用的演算法，特徵值也只能於特定用途使用，也難以於其他的推論應用。此外，在開發模型時，特徵值篩選器必須能夠共用，所以要試用新的演算法也不那麼容易。假設有更具相容性、效能更佳的演算法問世，除了得更換特徵值篩選器與快取，還有可能得更換相關的推論器。若能共用特徵值篩選器，就能大幅降低系統的成本，但這套系統就只能使用這個特徵值篩選器。

至於將資料放入快取的時間點則與推論快取模式一樣有三種，1. 是事先執行批次推論再將推論結果放入快取（ 圖 4.24 ），2. 是在發出推論要求時，將推論結果放入快取（ 圖 4.25 ），最後的 3. 則是 1. 與 2. 的組合。假設檔案容量不是太大，也是以深度學習篩出特徵值的話，可於 1. 的步驟事先篩出特徵值。此時快取的 Key（鍵）會是資料的 ID，Value（值）則是原始資料或特徵值。要注意的是，資料快取模式會有快取的資料量過於龐大的問題。快取容量與建置成本之間有互相排擠的關係。快取記憶體比一般的儲存空間來得更貴，容量也更小，所以為了避免超出預算或是容量不足的問題，就必須擬定清除快取內容的方針。尤其檔案容量較大的資料更是需要定期清理與更新快取。

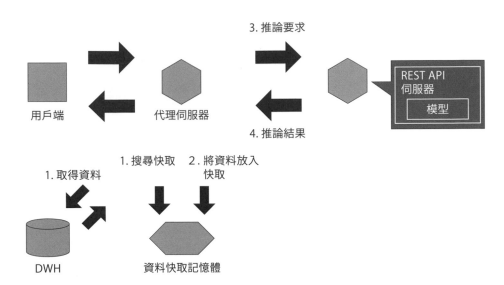

圖 4.24 資料快取模式（於發出推論要求的時候，將推論結果放入快取的例子）。同時取得資料與搜尋快取

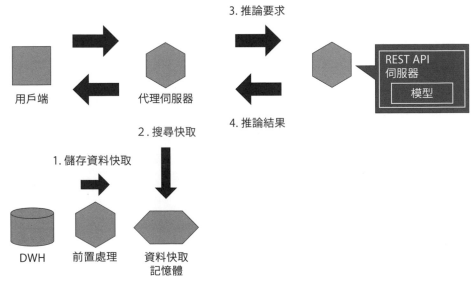

圖 4.25 資料快取模式（事先進行批次推論，再將推論結果放入快取的範例）

📦 4.11.4 實際建置

資料快取模式與建置推論快取模式非常類似,唯一的差異在於將資料放入快取的
時間點以及放入快取的資料。相較於在推論後,將推論結果放入快取的推論快取
模式,資料快取模式則是在取得資料或前置處理的時候,將資料放入快取。

資料快取模式的用途與推論快取模式也非常相似,可於原始資料與放入快取的
資料相同,而且能夠搜尋的情況,以及能利用獨一無二的 ID 找到特定資料的
情況使用。

與推論快取模式不同的是,資料快取模式可用來建置重複使用轉換過的資料的
系統。比方說,驅動影像辨識的推論器,更新模型的情況就是其中一種。由於
推論快取模式的推論結果與模型息息相關,所以一旦更換模型,推論結果就會
改變,快取的資料也就無法繼續使用。反觀每個模型的圖片前置處理都是相同
的(都是以 $3\times224\times224$ 的陣列儲存圖片的前置處理),所以只要將經過前置
處理的資料放入快取,就能隨時取得與使用(圖 4.26)。

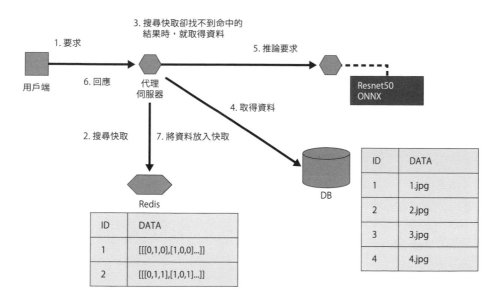

圖 4.26 資料快取模式

在此只列出與推論快取模式不同的的部分。有需要的話,可於下列的資源庫下
載完整程式碼。

資料快取模式與推論快取模式的差異在於新增至快取的內容以及搜尋快取的時間點。 程式碼 4.28 是在前置處理完成後，將資料放入快取的內容。如果是相同的資料，就從快取搜尋，再對推論器發出要求。

程式碼 4.28 src/ml/prediction.py

```python
import json
import os
from typing import List

import grpc
import joblib
import numpy as np
from fastapi import BackgroundTasks
from PIL import Image
from pydantic import BaseModel

from src.app.backend import background_job
from src.ml.transformers import (
    PytorchImagePreprocessTransformer,
    SoftmaxTransformer,
)
from src.proto import (
    onnx_ml_pb2,
    predict_pb2,
    prediction_service_pb2_grpc,
)


# 省略不需要說明的處理。

class Data(BaseModel):
    data: str = "0000"
```

```python
class Classifier(object):
    def __init__(
        self,
        preprocess_transformer_path: str,
        softmax_transformer_path: str,
        label_path: str,
        serving_address: str,
        input_name: str,
        output_name: str,
    ):
        self.preprocess_transformer_path = \
            preprocess_transformer_path
        self.softmax_transformer_path = \
            softmax_transformer_path
        self.preprocess_transformer = None
        self.softmax_transformer = None

        self.serving_address = serving_address
        self.channel = grpc.insecure_channel(
            self.serving_address,
        )
        self.stub = (
            prediction_service_pb2_grpc
            .PredictionServiceStub(self.channel)
        )

        self.label_path = label_path
        self.label: List[str] = []

        self.input_name: str = input_name
        self.output_name: str = output_name

        self.load_model()
        self.load_label()

    # 載入模型
    def load_model(self):
        self.preprocess_transformer = joblib.load(
            self.preprocess_transformer_path,
        )
```

```python
        self.softmax_transformer = joblib.load(
            self.softmax_transformer_path,
        )

    # 載入標籤檔案
    def load_label(self):
        with open(self.label_path, "r") as f:
            self.label = json.load(f)

    # 推論
    def predict(
        self,
        data: Data,
        background_tasks: BackgroundTasks,
    ) -> List[float]:
        # 搜尋快取
        cache_data = background_job.get_data_redis(
            key=data.data,
        )

        # 沒在快取找到相同的資料時
        if cache_data is None:
            image = Image.open(
                os.path.join(
                    "data/",
                    f"{data.data}.jpg",
                ),
            )
            prep = (
                self.preprocess_transformer
                .transform(image)
            )
            # 以背景執行模式將資料新增至快取
            background_job.save_data_job(
                data=prep.tolist(),
                item_id=data.data,
                background_tasks=background_tasks,
            )
```

```python
    # 在快取找到相同的資料時
    else:
        prep = (
            np.array(cache_data)
            .astype(np.float32)
        )

    tensor = onnx_ml_pb2.TensorProto()
    tensor.dims.extend(prep.shape)
    tensor.data_type = 1
    tensor.raw_data = prep.tobytes()

    message = predict_pb2.PredictRequest()
    message.inputs[self.input_name].data_type = \
        tensor.data_type
    message.inputs[self.input_name].dims.extend(
        prep.shape,
    )
    message.inputs[self.input_name].raw_data = \
        tensor.raw_data

    response = self.stub.Predict(message)
    output = np.frombuffer(
        (response.outputs[self.output_name].raw_➥
data),
        dtype=np.float32,
    )

    softmax = (
        self.softmax_transformer
        .transform(output)
        .tolist()
    )

    return softmax
```

現在來試用資料快取模式。在 Docker Compose 啟動之後，再試著發出要求。

〔命令〕

```
# 啟動 Docker Compose
$ docker-compose \
    -f ./docker-compose.yml \
    up -d
Creating network "data_cache_pattern_default" with the ➡
default driver
Creating pred  ... done
Creating redis ... done
Creating proxy ... done

# 要求資料 ID0000
$ curl \
    -X POST \
    -H "Content-Type: application/json" \
    -d '{"data": "0000"}' \
    localhost:8000/predict/label
{"prediction":"Persian cat"}

# 再次要求資料 ID0000
$ curl \
    -X POST \
    -H "Content-Type: application/json" \
    -d '{"data": "0000"}' \
    localhost:8000/predict/label
{"prediction":"Persian cat"}

# 利用日誌資料確認快取的內容
$ docker logs proxy | grep cache
[20210101 08:44:04] [INFO] [src.ml.prediction] ➡
registering cache: 0000
[2021-01-01 08:44:05] [INFO] [src.ml.prediction] ➡
cache hit: 0000
```

這次是在變更圖片的大小與標準化之後,將圖片新增至快取。這類轉換處理越
是複雜,計算量越是龐大,資料快取模式的價值就越高。

🔷 4.11.5 優點

- 可減少取得資料、前置處理、篩選特徵值這類步驟的成本。

- 可迅速開始推論。

🔷 4.11.6 檢討事項

資料快取模式的問題在於需要龐大的快取容量。由於是用來存放資料的快取，所以檔案容量通常比推論結果來得更加龐大。假設快取記憶體的成本上升至難以忽視的規模，就不能採用資料快取模式。此外，將資料放入快取之後，若能改善延遲，增加商業價值，就可考慮採用資料快取模式。

4.12 推論器範本模式

到目前為止已經說明了各種建置推論器的方法，但是從頭開始建置這些推論器卻很沒效率。推論器範本模式會先建立推論器的範本，再根據範本建立推論器，然後只變更需要變更的部分。如此一來，就能提升推論器的開發效率。

4.12.1 用例

● 想要大量開發與發佈輸出 / 入資料相同的推論器。

● 除了模型之外，推論器的其他部分都相同的情況。

4.12.2 想解決的課題

要驅動多種推論器時，通常得利用不同的程式碼建置推論器，但這種方式在開發與維護上的效率都很差。就算是以相同類別分類相同格式的資料的推論器，而且是以相同的工作流程驅動，只要 OS、Python 的版本，函式庫的版本與程式碼不同，就必須擬定不同的維護策略。如果能在開發推論器的時候決定建置推論器的方法，再讓這種推論器共用，就能避免開發流程一再重複，也比較容易維護。

不同的推論器通常會使用不同的模型，而且模型還必須符合學習階段使用的函式庫或輸出 / 入資料的格式，所以程式碼也肯定不一樣。不過，在推論器中，與學習或模型無關的部分可利用相同的手法開發與共用。

可共用的部分如下。

● 基礎架構
　・ OS
　・ 網路
　・ 認證方式

- 安全性策略
- 收集日誌資料
- 監控與發出警告訊息
● 非機器學習的中介軟體或函式庫
  - 網路應用程式伺服器或任務管理伺服器
  - REST API 函式庫或是 Protocol Buffers（ URL https://github.com/protocolbuffers/protobuf/releases/）與 gRPC（ URL https://www.grpc.io/）
  - 日誌資料的格式

一般來說，基礎架構工程師比機器學習工程師更熟悉驅動推論器的平台、網路、安全性策略的部分。該在推論器的伺服器使用虛擬機器還是 Docker 容器（甚至是使用 Kubernetes），都可交由基礎架構工程師決定。

收集日誌資料以及監控通報的部分則是機器學習工程師與基礎架構工程師都有興趣的部分，但雙方需要的日誌資料以及監控的項目卻不太一樣。機器學習工程師感興趣的是輸入資料、推論結果以及用戶對推論結果的評價；基礎架構工程師則在意應用程式日誌、基礎架構日誌、設定檔、資源使用率與錯誤訊息日誌。

在非機器學習的中介軟體與函式庫則可交由軟體工程師挑選。

此外，有些機器學習模型會包含下列這些部分，但輸出／入介面與函數的命名規則最好能夠一致。

● 驅動機器學習模型的程式設計語言或函式庫
  - 程式設計語言的版本
  - 機器學習函式庫的版本
  - 輸出／入介面
  - 資料的前置處理與後置處理

🎲 4.12.3 架構

推論器範本模式是利用可共用的推論器程式碼、基礎架構、部署方針打造可重複使用的範本（ 圖 4.27 ）。當推論器可以共用，就能更有效率地開發推論器以及活用資源，系統也更容易讓別人理解，也更容易除錯。開發以多個推論器組成的系統時，每個推論器的輸出 / 入介面、呼叫推論器的方法若是都不一樣，開發推論器的效率就會下滑。如果所有的機器學習模型不得不使用不同的輸出 / 入介面、函式庫、OS、晶片組，那就無可厚非，但如果不是如此（例如機器學習模型利用 Python 3.x 打造，並在 Ubuntu 20.0x 的 x86_64 架構使用 Nginx 代理伺服器，再利用 FastAPI 打造 REST API 伺服器，然後模型使用 scikit-learn 與 PyTorch 開發的情況），就能先建立共用的開發、推論範本，省掉建置開發環境的麻煩。此外，如果前置處理、呼叫推論模型的方法、輸出介面能夠共用，就能建立一個移植到模型，立即驅動推論器的範本。

推論器範本模式會讓可共用的部分共用，以便日後重複使用。最理想的模式就是只利用 JSON 或 YAML 的參數設定模型的共通部分就能發佈推論器。不過，就算沒能做到這個地步，只要能讓前置處理與推論之外的 Python 程式碼共用，開發者就不再需要寫一大堆程式碼。此外，也能將監控通報、日誌資料收集、認證這些步驟打造成基礎架構層，以便讓這些步驟共用。要打造一個能涵蓋所有推論器的範本的確很困難，不過，若是能讓整間公司共用相同的基礎架構，並且讓機器學習模型以外的部分在每個專案共用，就能提升開發效率。

在使用推論器範本模式的時候，要特別注意範本升級時，是否要升級正在運作的服務。範本升級時，基本上必須向下相容，之後再依照各服務的服務等級替換推論器。批次伺服器可在批次推論之外的時間更新，使用 REST API 伺服器打造的線上服務則可利用 **Chapter 6** 介紹的線上 A/B 測試模式，逐步更換推論器。唯一要注意的是，在更新範本時，無法向下相容的情況，此時必須對所有推論器進行整合測試。

建立推論系統

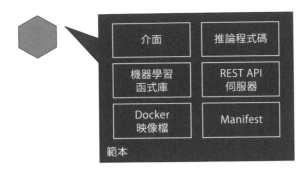

圖 4.27 推論器範本模式

 4.12.4 實際建置

這次的推論器範本模式的實例會使用 jinja2（ URL https://jinja.palletsprojects.com/en/master/）這個 Python 範本引擎打造推論器的範本。jinja2 可載入 Python 的 .py 檔案以及 .html、.md、.yaml 以及其他副檔名的檔案，以及轉換特定的變數。記住範本檔案需要變更的部分，與指定變更之後的值，就能利用 jinja2 進行轉換[13]。

這次要建立的是 Web Single 模式的範本。這個範本包含下列的內容。

● 利用 FastAPI 打造 Web API
● 利用 ONNX Runtime 打造推論類別
● Docker 檔案
● Docker-compose Manifest
● Kubernetes Manifest

完整程式碼放在下列的資源庫。

● **ml-system-in-actions/chapter4_serving_patterns/template_pattern/**
   URL https://github.com/shibuiwilliam/ml-system-in-actions/tree/main/chapter4_serving_patterns/template_pattern

---

※13 cookiecutter 也是很方便的專案模板建立工具。
   URL https://github.com/cookiecutter/cookiecutter

以 jinja2 撰寫的範本請參考 程式碼 4.29 。

程式碼 4.29 template_files/routers.py.j2

```python
import uuid
from typing import Any, Dict, List
from fastapi import APIRouter

from src.ml.prediction import Data, classifier

router = APIRouter()


@router.get("/health")
def health() -> Dict[str, str]:
    return {
        "health": "ok",
    }


# 在中繼資料指定變數
@router.get("/metadata")
def metadata() -> Dict[str, Any]:
    return {
        "data_type": "{{data_type}}",
        "data_structure": {{data_structure}},
        "data_sample": {{data_sample}},
        "prediction_type": "{{prediction_type}}",
        "prediction_structure": {{prediction_structure}},
        "prediction_sample": {{prediction_sample}},
    }


@router.get("/label")
def label() -> Dict[int, str]:
    return classifier.label


@router.get("/predict/test")
def predict_test() -> Dict[str, List[float]]:
    job_id = str(uuid.uuid4())
```

建
立
推
論
系
統

```
    prediction = classifier.predict(
        data=Data().data,
    )
    prediction_list = list(prediction)
    return {"prediction": prediction_list}


@router.get("/predict/test/label")
def predict_test_label() -> Dict[str, str]:
    job_id = str(uuid.uuid4())
    prediction = classifier.predict_label(
        data=Data().data,
    )
    return {"prediction": prediction}


@router.post("/predict")
def predict(data: Data) -> Dict[str, List[float]]:
    job_id = str(uuid.uuid4())
    prediction = classifier.predict(data.data)
    prediction_list = list(prediction)
    return {"prediction": prediction_list}


@router.post("/predict/label")
def predict_label(data: Data) -> Dict[str, str]:
    job_id = str(uuid.uuid4())
    prediction = classifier.predict_label(data.data)
    return {"prediction": prediction}
```

這次轉換的部分為 def metadate() 函數的值。jinja2 會利用 {{}} 指定要轉換的變數。

為了根據範本產生各種檔案，必須設定變數以及定義轉換之後的檔案配置方式。要轉換的變數與轉換之後的值可寫在 vars.yaml。檔案轉換之後的檔案路徑可在 correspond_file_path.yaml 指定。利用 jinja2 轉換檔案與配置檔案的步驟將由 builder.py 執行。這些檔案的內容如下。

〔命令〕

```
# 範本檔案列表與檔案轉換之後的檔案路徑
$ cat correspond_file_path.yaml
Dockerfile.j2: "{}/Dockerfile"
prediction.py.j2: "{}/src/ml/prediction.py"
routers.py.j2: "{}/src/app/routers/routers.py"
deployment.yml.j2: "{}/manifests/deployment.yml"
namespace.yml.j2: "{}/manifests/namespace.yml"
makefile.j2: "{}/makefile"
docker-compose.yml.j2: "{}/docker-compose.yml"

# 變數
$ cat vars.yaml
name: sample
model_file_name: iris_svc.onnx
label_file_name: label.json
data_type: float32
data_structure: (1,4)
data_sample: [[5.1, 3.5, 1.4, 0.2]]
prediction_type: float32
prediction_structure: (1,3)
prediction_sample: [0.97093159, 0.01558308, 0.01348537]
```

接著要利用這些範本檔案與變數打造推論器的藍圖。利用 jinja2 轉換檔案的部分可透過 Python 呼叫。轉換檔案的程式碼如下（ 程式碼 4.30 ）。

程式碼 4.30 builder.py

```
import os
import click
from distutils.dir_util import copy_tree
import yaml
from typing import Dict
from jinja2 import Environment, FileSystemLoader



# 為了方便閱讀，省略部分的冗長處理。
```

```python
TEMPLATE_DIRECTORY = "./template"
TEMPLATE_FILES_DIRECTORY = "./template_files"


# 取得變數
def load_variable(
    variable_file: str,
) -> Dict:
    with open(variable_file, "r") as f:
        variables = yaml.load(
            f,
            Loader=yaml.SafeLoader,
        )
    return variables


# 修正路徑
def format_path(
    correspond_file_paths: Dict,
    name: str,
) -> Dict:
    formatted_correspond_file_paths: Dict = {}
    for k, v in correspond_file_paths.items():
        formatted_correspond_file_paths[k] = ➡
v.format(name)
    return formatted_correspond_file_paths


# 建立藍圖的目錄
def copy_directory(name: str):
    copy_tree(TEMPLATE_DIRECTORY, name)


# 根據範本檔案產生推論器的檔案
def build(
    template_file_name: str,
    output_file_path: str,
    variables: Dict,
):
    env = Environment(
```

```python
        loader=FileSystemLoader("./", encoding="utf8"),
    )

    tmpl = env.get_template(
        os.path.join(
            TEMPLATE_FILES_DIRECTORY,
            template_file_name,
        ),
    )

    file = tmpl.render(**variables)

    with open(output_file_path, mode="w") as f:
        f.write(str(file))


@click.command(help="template pattern")
@click.option(
    "--name",
    type=str,
    required=True,
    help="name of project",
)
@click.option(
    "--variable_file",
    type=str,
    default="vars.yaml",
    required=True,
    help="path to variable file yaml",
)
@click.option(
    "--correspond_file_path",
    type=str,
    default="correspond_file_path.yaml",
    required=True,
    help="file defining corresponding file path",
)
def main(
    name: str,
    variable_file: str,
```

```
        correspond_file_path: str,
    ):
        variables = load_variable(
            variable_file=variable_file,
        )
        correspond_file_paths = load_variable(
            variable_file=correspond_file_path,
        )
        formatted_correspond_file_paths = format_path(
            correspond_file_paths=correspond_file_paths,
            name=name,
        )
        os.makedirs(name, exist_ok=True)
        copy_directory(name=name)
        for k, v in formatted_correspond_file_paths.items():
            build(
                template_file_name=k,
                output_file_path=v,
                variables=variables,
            )


if __name__ == "__main__":
    main()
```

執行 程式碼 4.30 的 Python 程式碼就能產生推論器的藍圖。執行方式如下。

〔命令〕

```
$ python \
    -m builder \
    --name sample \
    --variable_file vars.yaml \
    --correspond_file_path correspond_file_path.yaml
```

如此一來，就會在 sample 目錄產生推論器的藍圖。sample 目錄的內容如下。

〔命令〕

```
$ tree sample
sample
├── Dockerfile
├── __init__.py
├── docker-compose.yml
├── makefile
├── manifests
│   ├── deployment.yml
│   └── namespace.yml
├── models
├── requirements.txt
├── run.sh
└── src
    ├── __init__.py
    ├── app
    │   ├── __init__.py
    │   ├── app.py
    │   └── routers
    │       ├── __init__.py
    │       └── routers.py
    ├── configurations.py
    ├── constants.py
    ├── ml
    │   ├── __init__.py
    │   └── prediction.py
    └── utils
        ├── __init__.py
        ├── logging.conf
        └── profiler.py
```

如此一來就能產生推論器的藍圖。要注意的是，這個目錄之中沒有模型檔案，
所以得手動將模型檔案放在 sample/models/ 目錄之中。此外，也要根據推論
器的要件修正程式碼。

使用推論器範本模式可利用固定的流程開發推論器，讓開發推論器這件事變得
更有效率。

⬡ 4.12.5 優點

● 可提升開發效率。

● 可利用同一套維護方式管理系統。

● 可共用資源與整合測試。

⬡ 4.12.6 檢討事項

必須決定範本的向下相容範圍與升級的方針。由於不可能讓所有範本彼此相容，所以只需要確定向下相容的範圍（例如只支援到最新的版本 2）即可。如果不預設向下相容的範圍，一味地想與更舊的版本相容，軟體就有可能因為安全性漏洞、各版本的條件分歧設定而變得更複雜。為了提升維護的效率以及避免出錯，最好先決定升級方針，並且嚴格遵守這項方針。

4.13　Edge AI 模式

推論器的運作平台可不只是雲端環境或伺服器。在智慧型手機或汽車這類裝置常常需要立刻得到推論結果，但是透過網路將推論要求送至雲端，往往會延遲一會兒才取得推論結果。假設是在智慧型手機或是汽車內部進行推論，就能即時取得推論結果，而這種推論技術就稱為 Edge AI（邊緣運算）。

4.13.1　用例

● 想於裝置（例如智慧型手機、家電、機器、汽車）進行推論的情況。

● 想即時取得推論結果的情況。

● 為了確保安全，不想將推論使用的資料傳送至伺服器端的情況。

● 裝置端的計算資源、資料、電力足以完成包含前置處理的推論的情況。

4.13.2　想解決的課題

到目前為止，都是將機器學習的推論器部署在伺服器端（雲端），因為機器學習必須使用 GPU 以及豐沛的計算資源與資料才能開發，所以自然會在伺服器端進行開發。不過，隨著智慧型手機、Raspberry PI 這類微電腦發展，裝置端的計算資源越來越豐富，用途也越來越廣，所以需要在裝置端進行即時處理的情況也越來越多。盡可能減少延遲時間，強化使用體驗已成為互動式智慧型手機應用程式必須重視的部分。如果是自動駕駛的話，更是必須在最短的時間之內推論瞬息萬變的周遭環境，再將推論結果套用至自動駕駛。近年來，資訊傳遞的安全性越來越被重視，所以不將 PII（Personally Identifiable Information，能鎖定個人的資訊）傳送至伺服器端，只在裝置的封閉環境進行推論，藉此避免使用者的個人資訊外洩的概念也越來越受到重視（ 圖 4.28 ）。

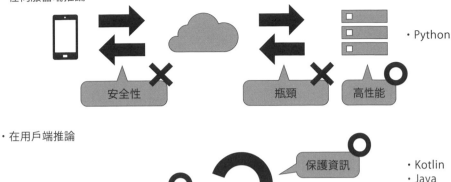

· 在伺服器端推論

安全性

瓶頸

高性能

· Python

· 在用戶端推論

保護資訊

即時

低性能

· Kotlin
· Java
· Swift
· C++

圖 4.28 伺服器端與用戶端的推論器

為了能更有效率地完成神經網路的運算（為數眾多的乘積總和運算），目前有許多軟硬體的相關技術正在開發。

以減少計算量的量子化技術（Quantization）為例，就是讓浮點數（Float）逼近整數（Integer），藉此維持推論精準度以及減少計算成本的技術。雖然量子化技術還是有推論精準度微幅下滑的缺點，卻能讓模型變得更精簡，也能減少佔用的記憶體空間，以及計算量。在神經網路模型方面，專為裝置端設計的 MobileNet 模型以及利用 Neural architecture search（神經結構搜尋，AutoML）最佳化推論精準度與計算成本的模型也正在研究。在智慧型手機進行深度學習的函式庫包含 TensorFlow 的 TensorFlow Lite（ URL https://www.tensorflow.org/lite/guide?hl=ja），以及 PyTorch 的 PyTorch Mobile（ URL https://pytorch.org/mobile/home/），這些函式庫都可用來轉換模型。

在硬體方面，則有 Google 公司的 Edge TPU（ URL https://cloud.google.com/edge-tpu?hl=ja）這類專為神經網路設計的晶片組。NVIDIA 的 Jetson Nano（ URL https://www.nvidia.com/ja-jp/autonomous-machines/embedded-systems/jetson-nano-developer-kit/）也是在裝置端進行神經網路推論資源的嘗試。在智慧型手機方面，iOS 系統可利用 CoreML（ URL https://developer.apple.com/jp/machine-learning/），

將神經網路的運算委任給專為張量運算設計的晶片組，Android 系統則是使用 NNAPI（ URL https://developer.android.com/ndk/guides/neuralnetworks?hl=ja）提供相同的功能（ 圖 4.29 ）。

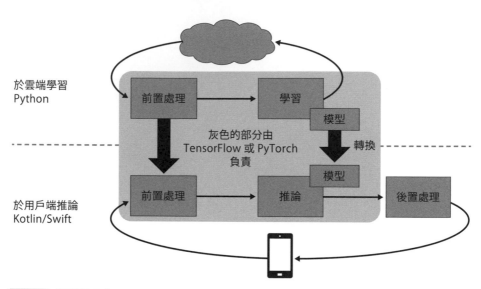

於雲端學習
Python

前置處理 → 學習 → 模型

灰色的部分由
TensorFlow 或 PyTorch
負責

轉換

模型

於用戶端推論
Kotlin/Swift

前置處理 → 推論 → 後置處理

圖 4.29 學習與 Edge AI

此外，也有不少人在編譯作為軟硬體橋梁的神經網路模型時，試著最佳化專為特定裝置設計的張量運算。例如 Apache TVM（ URL https://tvm.apache.org/）可利用各種計算資源（例如 Intel CPU、NVIDIA GPU、ARM、FPGA）建置各種利用深度學習函式庫（TensorFlow、Keras、PyTorch 或其他函式庫）學習的模型。

Edge AI 是兼顧商業需求與技術發展的領域。當 Edge AI 付諸實用，兼顧推論的即時性與安全性的夢想就得以實現。

📦 4.13.3 架構

Edge AI 模式會將推論器放在智慧型手機或其他裝置上，在邊緣節點完成推論，屬於不存取外部服務，資料就不會從裝置流出的工作流程。在邊緣節點進行推論時，資料的前置處理、推論、後置處理都會在裝置進行。Edge AI 的課題在於深度學習所需的所有運算都在邊緣節點進行這點。由於在進行推論時，使用者還會進行其他操作，所以必須盡可能避開會造成延遲的處理，為此，硬體、編譯方式、軟體這些方面都必須最佳化。可在智慧型手機進行深度學習推論的函式庫包含 TensorFlow Lite 與 PyTorch Mobile，這兩者都可將學習完畢的模型轉換成智慧型手機專用的模型，再於智慧型手機安裝模型。輸入資料的前置處理與推論這部分的後置處理則必須以不同的程式設計語言（Android 環境為 Java 或 Kotlin，iOS 環境則是 Swift）撰寫。

非智慧型手機的邊緣運算則必須依照裝置的種類建置推論器。例如在 Jetson Nano 這種利用 NVIDIA GPU 進行邊緣運算的情況，就必須將模型轉換成 TensorRT 這種方式。若是以 Unity 開發執行邊緣推論的遊戲，就必須以 Unity Barracuda（ URL https://github.com/Unity-Technologies/barracuda-release）載入轉換成 ONNX 的模型再進行推論。

● mediapipe

不過，只要建置 Edge AI 的應用程式的程式碼不夠有效率，進行再多最佳化處理也無法提升整體的處理速度。為了解決這個問題，Google 公司提供了 mediapipe（ URL https://github.com/google/mediapipe）這個能於智慧型手機完成資料輸入、前置處理、推論、後置處理的函式庫。mediapipe 會將 End to End 的計算處理打造成資料流，再以 pbtxt 格式定義，從輸入到輸出的資料轉換處理則定義為 DAG（有向無環圖，Directed Acyclic Graph）。以 bazel 將定義完成的 pbtxt 編譯成適合目標裝置使用的格式，就能產生包含各種工作流程的計算圖表。

4.13.4 實際建置

建置 Edge AI 的方法非常多，有幾種裝置就有幾種建置方法。在此為大家介紹在 Android 執行 TensorFlow Lite 的範例程式。

這次的範例程式會分類智慧型手機拍攝的拍攝主體，再於螢幕顯示推論結果。 圖 4.30 為螢幕示意圖。

Persian cat: 0.03
, tiger cat: 0.16
, tabby: 0.64

圖 4.30 螢幕示意圖

由於程式碼非常長，所以不在本書完整刊載。完整程式碼放在下列的資源庫。

● **ml-system-in-actions/chapter4_serving_patterns/edge_ai_pattern/**

URL https://github.com/shibuiwilliam/ml-system-in-actions/tree/main/chapter4_
serving_patterns/edge_ai_pattern

程式碼 4.31 會利用 TensorFlow Lite 呼叫模型，再於 Android 終端裝置進行推論。

在 Android 環境下可利用 `org.tensorflow.lite` 函式庫呼叫 TensorFlow Lite 模型。

程式碼 4.31 app/src/test/java/com/shibuiwilliam/tflitepytorch/
ExampleUnitTest.kt 與其他檔案

```
package com.shibuiwilliam.tflitepytorch

# 為了顧及易讀性，將散落在各個檔案的程式碼
```

```
#  在此整理成同一個檔案。
#  也省略了與本書說明無關的處理。

import android.graphics.Bitmap
import android.graphics.Matrix
import android.os.Bundle
import android.util.Log
import android.view.TextureView
import android.widget.TextView
import androidx.annotation.Nullable
import androidx.annotation.UiThread
import androidx.annotation.WorkerThread
import androidx.camera.core.ImageProxy
import org.tensorflow.lite.Interpreter
import org.tensorflow.lite.gpu.GpuDelegate
import org.tensorflow.lite.nnapi.NnApiDelegate
import org.tensorflow.lite.support.common.FileUtil
import org.tensorflow.lite.support.common.TensorOperator
import org.tensorflow.lite.support.common.TensorProcessor
import org.tensorflow.lite.support.common.ops.NormalizeOp
import org.tensorflow.lite.support.image.ImageProcessor
import org.tensorflow.lite.support.image.TensorImage
import org.tensorflow.lite.support.image.ops.ResizeOp
import org.tensorflow.lite.support.image.ops.ResizeOp. ➡
ResizeMethod
import org.tensorflow.lite.support.image.ops. ➡
ResizeWithCropOrPadOp
import org.tensorflow.lite.support.label.TensorLabel
import org.tensorflow.lite.support.tensorbuffer. ➡
TensorBuffer
import java.nio.MappedByteBuffer

class TFLiteActivity : AppCompatActivity() {
    /* 載入模型 */
    private fun initializeTFLite(device: String = ➡
"NNAPI", numThreads: Int = 4) {
        val delegate = when (device) {
            "NNAPI" -> NnApiDelegate()
            "GPU" -> GpuDelegate()
            "CPU" -> "" }
        if (delegate != "") tfliteOptions.addDelegate ➡
```

```
(delegate)

        tfliteOptions.setNumThreads(numThreads)
        tfliteModel = FileUtil.loadMappedFile(this, ➡
tflite_model_path)
        tfliteInterpreter = Interpreter(tfliteModel, tfliteOptions)
        inputImageBuffer = TensorImage➡
(tfliteInterpreter.getInputTensor(0).dataType())
        outputProbabilityBuffer = TensorBuffer.createFixedSize(
            tfliteInterpreter.getOutputTensor(0).shape(),
            tfliteInterpreter.getInputTensor(0).dataType())

        probabilityProcessor = TensorProcessor
            .Builder()
            .add(NormalizeOp(0.0f, 1.0f))
            .build()
    }

    /* 推論 */
    @WorkerThread
    override fun analyzeImage(image: ImageProxy, ➡
rotationDegrees: Int): Map<String, Float> {
        val bitmap = Utils.imageToBitmap(image)
        val cropSize = Math.min(bitmap.width, bitmap.height)
        inputImageBuffer.load(bitmap)
        val inputImage = ImageProcessor
            .Builder()
            .add(ResizeWithCropOrPadOp(cropSize, cropSize))
            .add(ResizeOp(224, 224, ➡
ResizeMethod.NEAREST_NEIGHBOR))
            .add(NormalizeOp(127.5f, 127.5f))
            .build()
            .process(inputImageBuffer)

        tfliteInterpreter.run(inputImage!!.buffer, ➡
outputProbabilityBuffer.buffer.rewind())
        val labeledProbability: Map<String, Float> = TensorLabel(
            labelsList, probabilityProcessor.process ➡
(outputProbabilityBuffer)
        ).mapWithFloatValue
```

```
            return labeledProbability
    }
}
```

analyzeImage 函數會將那些從智慧型手機取得的 Bitmap 圖片調整為 224×224 的大小，再利用 tfliteInterpreter 推論。推論結果會是機率（Softmax），所以會包含對應的標籤。

4.13.5 優點

● 可在裝置完成推論，也能以近乎即時的速度取得推論結果。

● 可減少資料外洩的風險。

4.13.6 檢討事項

從 MLOps 的觀點來看，Edge AI 的問題如下。

1. 難以更新或修正模型。

2. 應用程式的檔案容量會變大。

3. 很難開發適合裝置的模型。

之所以會有難以更新或修正模型的問題，在於模型檔案是於裝置端發行，所以提供服務的業者很難隨時更新模型，而且要發行模型的時候，裝置必須與網路連線。如果是適用於智慧型手機的 Edge AI，要更新模型就必須透過網路下載模型，假設是微電腦這類不能連網的裝置，要更新模型就得回收裝置。機器學習模型的性能是由資料的多寡與傾向決定，所以時間一久，最好是定期更新模型，若不在適當的時間點更新模型，就有可能以精準度較低的模型執行應用程式，也有損使用體驗。

那麼先發行多個推論模型，再視情況選用適當的模型是最理想的模式嗎？其實不然，因為推論模型的檔案容量大小有可能會從幾 MB 膨脹至數十 MB，進而造成裝置端的負擔。近年來的智慧型手機雖然已能處理數十 MB 的檔案，但微電腦或是小型裝置還是不太能處理這麼大的檔案。此外，執行應用程式的時候，模型會佔用一定的記憶體空間，一旦模型檔案過大，就會佔用過多的記憶體。如果同時有好幾個推論模型的檔案要處理，就有可能會發生 Out-of-Memory（記憶體不足）的錯誤，所以可行的話，可視情況下載需要模型，不需要一口氣下載所有的模型。不過，如果無法透過網路下載模型時，就必須依照前述的方法更新模型，也就是回收裝置。

Edge AI 的另一個問題是依照裝置的種類開發模型。不同的智慧型手機有不同的 CPU 或 GPU 的晶片組，所以很難開發能於所有終端裝置的模型。當然可以收集所有的終端裝置驗證執行速度，但這種做法的性價比不高，所以最好只在主流的終端裝置進行驗證。以 iPhone 為例，iPhone 的種類較少，所以只要能支援最新款的 iPhone，應該就能向下相容。但是 Android 就不一樣，因為最新款的 Android 有幾十種，光是針對最新款的 Android 終端測試，也需要耗費相當的成本。不是只針對主流的終端裝置或晶片組測試，就是使用相容性較高的模型（例如 MobileNet）。

到目前為止，已說明了執行推論器，向用戶端提供機器學習推論服務的方法，也介紹了各種架構，但不同的商業流程或演算法各有適用的架構。不一定都能解決本章說明的課題，有些架構也可能不適用。最理想的狀態就是根據場景與架構選擇適當的推論系統模式，產出的推論結果才能創造商業價值。

此外，也有不適用於各種情況的反面教材。在本章的最後，也就是下一節，要為大家介紹兩種推論器的反面模式。

反面模式
── Online Big Size 模式 ──

機器學習可透過參數眾多的演算法得到高精準度的推論結果，但這類模型卻不一定實用。計算量過多的模型通常需要花更多時間算出結果，若在網路系統應用這種模型，使用者就得浪費時間等待推論結果，而這樣的情況完全不符合所謂的商業價值。

4.14.1 狀況

● 網路服務或需要即時處理的系統使用延遲明顯的推論模型的狀態。

● 服務設定的最小延遲時間與機器學習模型完成推論的延遲時間不一致的狀態。

● 明明是必須在限制時間之內完成的批次處理，卻因為推論數量與推論時間而無法在時間之內完成推論的狀態。

4.14.2 具體問題

不管是網路服務還是批次處理，每項處理都有最低延遲時間的限制。以網路服務為例，1 個要求至少要在 2 秒之內回應，而批次處理則應該在深夜的六個小時之內，處理 1 億筆記錄才算合格。執行業務或系統運作的時間都非常有限，而且時間也是無可取代的資訊，所以不能在單次的處理浪費太多時間。

如果是將機器學習的推論器移植到系統，再讓推論器運作的情況，單次推論的時間通常得符合系統需求，但是深度學習模型的計算量非常龐大，很難於網路服務或需要即時回應的處理使用。雖然可透過水平擴充或規格升級的方式分散負載與提升處理的速度，但還是得讓單次推論在限定的時間之內完成，還得兼顧性價比的條件。要提升推論速度可使用推論專用的 GPU，但 GPU 也比 CPU 更貴。使用架構簡單、推論速度較快的模型（例如 MobileNet）雖然可提升推論速度，但 Accuracy（正確率）這類評估值有可能比複雜的模型（例如 NASNet）來得更低。

模型越複雜，模型檔案也通常越大，驅動模型的虛擬機器映像檔或容器映像檔也會跟著變大，將模型載入記憶體的時間也會拉長，而且會佔用更多記憶體，也就更難適當地調度計算資源。

比方說，以推論的 Accuracy 高達 99.999%，以 CPU 進行單次推論的平均時間為 10 秒，模型檔案的大小超過 100MB（ 圖 4.31 上）的情況來看，就算各種評估值符合商業需求，推論所需的時間與模型大小絕對是需要解決的問題，此時利用推論專用的 GPU 縮短處理時間或許也是方法之一。

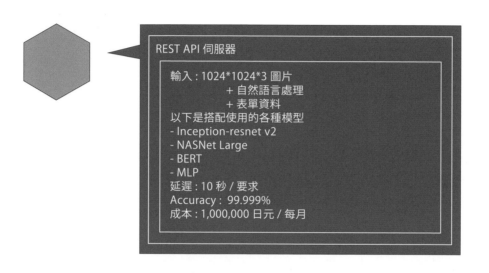

REST API 伺服器

輸入：1024*1024*3 圖片
　　　　　　　+ 自然語言處理
　　　　　　　+ 表單資料
以下是搭配使用的各種模型
- Inception-resnet v2
- NASNet Large
- BERT
- MLP
延遲：10 秒 / 要求
Accuracy：99.999%
成本：1,000,000 日元 / 每月

哪種規格比較實用呢？

REST API 伺服器

輸入：自然語言處理　　+　　表單資料
以下是搭配使用的各種模型
- 單純貝氏分類器
- 決策樹

延遲：0.01 秒 / 要求
Accuracy：99.5%
成本：1,000 日元 / 每月

圖 4.31 反面模式（Online Big Size 模式）

假設另一個情況是推論 Accuracy 只有 99.5%，但是單次推論的平均所需時間為 0.01 秒，推論模型的大小只有 10MB（ 圖 4.31 下）。此時，就算評估值略遜於前者，卻能以最合理的成本提升最低需求的服務，所以也是最有可能採用的模型。

模型的評估值與速度該如何拿捏是沒有正確解答的，產品負責人、軟體工程師要與機器學習工程師一起制定服務等級，藉此釐清該以何種推論精確度以及推論速度滿足商業或系統的需求。

4.14.3 優點

- 計算量龐大、架構複雜的模型能改善機器學習的評估值。

- 建置複雜的模型很有趣。

4.14.4 課題

- 在速度與成本的方面必須做出取捨。

- 建置簡單合理的模型也很有趣。

4.14.5 規避方法

- 定義推論器的評估值，以及商業或系統最低需求的處理時間與速度，再開發滿足這些條件的模型。

- 預算允許的話，可水平擴充規格或直接讓規格升級，也可使用 GPU 進行推論。

- 採取時間差推論模式，讓架構簡單的推論器與複雜的推論器各司其職。

- 利用推論快取模式或資料快取模式提升推論速度。

4.15 反面模式 — All in One 模式 —

商業上的課題很少能只以一個機器學習模型就解決的，通常得透過多種系統或機器學習模型解決。之前已經介紹過微服務模式或時間推論模式這類使用多個模型組成推論器的模式，而這節介紹的 All in One 模式則是將所有的模型全放入同一個伺服器的模式。

4.15.1 狀況

● 這是驅動多個推論模型的系統，也是所有的模型都在同一個伺服器運作的狀態。

4.15.2 具體問題

有些情況的確會為了解決一個課題而使用多個模型，但最好還是不要讓所有的推論模型在同一個伺服器運作。讓所有推論模型在同一個環境下，以單石（monolithic，一大塊石頭的狀態）的方式運作雖然可節省些許的伺服器成本，但如此一來，就更難開發模型，也更難找出問題，更新也變得更加困難，維護成本也會跟著增加。

若是採用 All in One 模式，可選用的模型開發環境就會更少。機器學習的函式庫與演算法正以日新月異的速度進化，而以這種猶如一塊巨石的架構建置環境時，可使用的邏輯會變少，甚至找不到最佳的選項。

假設在這種猶如一塊巨石的環境下發生故障，就必須從所有的日誌資料尋找發生故障的部分，而且只要有一個元件發生故障，整個系統就會像畢達哥拉斯裝置般崩塌，很難從中找到故障之處。此外，當機器學習模型發生故障（無法正推論的情況），也必須在同一個環境下追蹤所有的邏輯，此時不僅難以追蹤，也得耗費更多時間解決問題。

建立推論系統

系統與模型的更新也同樣會變得更複雜、更耗時。雖然與模型的運作方式（Model in Image 模式或 Model Loader 模式）也有關係，但只要採用這種猶如一塊巨石的架構，就必須在更新系統的時候，同時更新模型，也因此得確認整合性沒有問題。此外，系統與模型通常不會一起更新，但採用這種架構就必須同時更新，作業成本也會因此增加。

接下來，我們試著思考這種難以維護的單石機器學習系統。假設有十個模型放在同一個容器映像檔（Model in Image 模式），也就是深度學習的影像辨識模型、自然語言處理模型、於自然語言處理使用的形態素解析與字典、二元分類的機器學習，多元分類的機器學習，以及規則分類器全混在一起的狀態。由於採用的是 Model in Image 模式，只要其中一個模型更新或是學習失敗，其他模型就得重新學習。就算只是更新規模最小的二元分類模型，也得重新進行深度學習，所以就得因此啟動 GPU 伺服器，更糟的是，得不斷重新學習，直到所有模型的精準度合乎要求為止，而這種系統也非常難以維護。如果要改善這種猶如一塊頑石的系統，恐怕得重新設計與修正系統，也可能得耗費數週至數個月才能重新建置推論器。重新建置雖然是件充滿成就感的事情，但如果想避免重新建置，又想同時使用多個模型的話，最好將每個模型與推論器打造成微服務的形態（ 圖 4.32 ）。

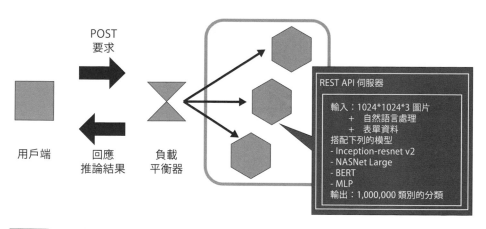

圖 4.32 反面模式（All in One 模式）

🔷 4.15.3 優點

● 可節省一些推論伺服器的成本。

🔷 4.15.4 課題

● 開發與維護的成本增加。

🔷 4.15.5 規避方法

● 將每個推論模型打造成微服務，建立鬆散耦合的系統。

● 採用微服務並聯模式。

Part 3

品質 ・
維護 ・
管理

直到前一章為止，說明了機器學習
模型的學習方式、推論器的發佈
方式、驅動方式以及架構，所以大
家應該已經能在正式系統使用機
器學習了。接下來則要開始介紹
MLOps 的 Ops 部分。已經正式
運作的機器學習系統必須不斷維護
以及分析推論結果，才能讓模型不
斷進化。Part 3 將要說明改善機器
學習系統品質的方法，以及如何透
過後續的維護改善模型的方法。

CHAPTER 5 維護機器學習系統

所有軟體都需要維護,系統也不是建置完成就沒事了。應該說,
建置完成之後,一切才正要開始,才是創造價值的階段。機器學
習也是一樣,並不是完成模型的學習就結束了,模型必須發佈
為推論器,才能讓使用者使用。後續的 Chapter 5、Chapter
6 將介紹根據使用者的使用情況與反饋,改善機器學習模型的
機制。

5.1　機器學習的應用

> MLOps 是由「ML（機器學習）」與「Ops（操作）」組成的單字。從這個單字也可以發現，機器學習系統的維護是有效運用機器學習的重要課題。

系統是在建置完成之後，才能真正發揮價值。無用武之地的系統只是無用的冗物之外，若是系統越來越不堪使用，也必須思考是否要停用。系統越來越不敷使用的原因有很多，但通常都是推論結果不夠實用。

機器學習只有在推論的速度、數量、精準度勝過人類的預測，才能創造商業價值，如果速度比人類的預測更慢，數量與精準度也不如人類的預測，就沒有必要使用機器學習。如果機器學習模型的效能從一開始就很差，就不會將該模型移植到正式系統。模型之所以會被當成推論器使用，全是因為發佈時就能創造商業價值（或是具有實效）。

若問在什麼情況之下，人類的預測會勝過機器學習的推論，那就是要推論的資料產生變化，推論結果與用於學習的資料背離，模型無法輸出實用結果的情況。如今已是瞬息萬變的全球化時代，收集到的資料的傾向也會不斷地改變。資料產生改變的時間點、週期全由產生這些資料的現實世界決定。比方說，在2019 年之前提到「Corona」的話，大部分的人都會想到「可樂娜啤酒」或是「日冕」，但進入 2020 年之後，大部分的人應該是想到「新冠病毒」。當我們針對「Corona」這個單字進行自然語言處理時，就必須將「新冠病毒」這個意思放進列表之中，如果是尚未更新的模型，很可能就無法囊括這個意思。

人類可以透過新聞或交流取得資訊，也能追蹤詞彙的意思、文脈，未數位化的資訊有哪些改變，但是機器學習模型完成學習之後，就只能針對用於學習的資料推論。如果要讓模型跟上最新的資料，就只能重新學習模型。那麼該在何時重新學習模型呢？

一如前面章節所述，機器學習系是由學習管線、推論器發佈系統、推論系統組成。組成這三個部分的元件雖然都不一樣，但是都得取得系統的運作情況，以及監控系統有無發生異常。

以學習管線為例，必須評估取得資料、前置處理、學習、建置、評估這些是否正常執行，學習所得的模型是否能一如預期地發揮應有的效能。

至於推論器的發佈系統則必須評估機器學習模型與其他軟體的整合性，軟體與機器學習模型是否正常運作。如果一切正常，模型才能發佈至正式系統。發佈的功能也需要品質保證。

在推論系統方面，不管是線上系統還是批次系統，都必須在接收到推論要求之後，回應推論結果，而且回應的速度必須合乎要求，推論結果也必須實用。

不管是學習管線、推論器發佈系統還是推論系統，都必須證明與評估系統是否正常運作。若要評估系統是否正常運作，就必須收集日誌資料，再根據這份資訊偵測是否有任何異常或錯誤，進而予以修正。本章將為大家說明日誌資料收集模式與監控通報模式，幫助大家維護機器學習。

5.2　推論日誌模式

> 若不輸出日誌資料，就無從得知系統的運作情況，不過，電腦不會自動記錄計算過程，而且不輸出計算過程或錯誤這類日誌資料，就無法得知計算結果。機器學習也有相同的問題。只要不將推論的輸入資料或推論結果當成日誌資料輸出，就無法知道是根據哪些資料推論，也不知道得到哪些結果。

5.2.1　用例

● 想根據日誌資料改善推論結果的品質與推論時間，藉此提升服務的品質。

● 想根據日誌資訊發送警告訊息的時候。

5.2.2　想解決的課題

要改善機器學習系統，就必須收集推論結果、推論速度、對用戶端的影響、其他事件與指標（CPU 使用率、通訊延遲）這類資料，再進行相關的分析。

機器學習推論模型的品質與實用性會隨著資料的傾向而改變，當模型的通用性不高，或是用於推論的資料之中，摻雜了不曾學習過的資料，就有可能得出意外的推論結果。只要資料會不斷改變，就無法避免這類問題發生。當資料的傾向發生改變，或是推論的品質不如以往時，最好利用最新的資料重新學習模型。

此外，系統的回應性能與實用性也必須更新。一來，外部系統的架構正不斷地改變，二來，OS 與函式庫也有可能不再更新，所以機器學習的系統通常很難以現有的狀態持續運作，上述的這些變化都有可能造成機器學習系統的問題。此外，發生事故或故障也會讓機器學習系統承受不同規模的負荷。

若想偵測這些問題，正確掌握狀況，就必須收集日誌資料。

維護機器學習系統

1
2
3
4
5
6
7

5.2.3 架構

日誌資料是由機器學習系統的各元件輸出，若要有效率地進行分析，可統一利用 DWH 或日誌收集系統彙整。若要利用日誌收集系統彙整，可使用佇列或 Fluentd（ URL https://www.fluentd.org/）這類日誌收集工具收集相關的資料（ 圖 5.1 ）。

除了分析之外，日誌資料還可以另作他用。比方說，當用戶端的日誌資料與推論日誌資料不如預期（或是與過去的結果明顯不同時），工作流程可能出了問題，此時就有必要從日誌資料接收警告訊息，接著分析哪裡出了問題以及解決問題，偶爾也會發生用戶端改變了規格，導致服務端收到不同資料的問題。在這種情況下，推論通常會失敗，系統也會故障，而這類問題通常比較容易發現，但有時候卻是推論成功，結果異常的情況。為了察覺這類問題，必須定義推論日誌或用戶端日誌的異常狀態，再針對這些異常狀態發出警告訊息。

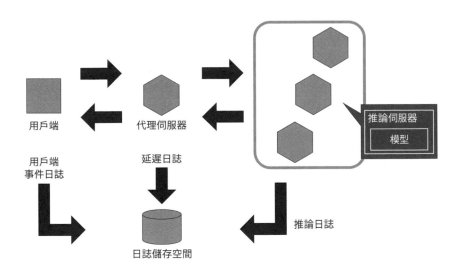

用戶端　　　　　　代理伺服器　　　　　　　　　　推論伺服器　　模型

用戶端
事件日誌　　　　　延遲日誌　　　　　　　　　　　推論日誌

日誌儲存空間

圖 5.1 推論日誌模式的架構

5.2.4 實際建置

推論日誌模式會輸出推論器的日誌資料，以便監控推論器。若要監控推論器是否正常運作，就必須監控基礎推論器、於機器學習模型進行推論的推論器應用程式，以及機器學習推論器。

基礎推論器的日誌是由驅動推論器的基礎架構輸出。如果使用的是 AWS，可使用 CloudWatch（ URL https://aws.amazon.com/tw/cloudwatch/?nc1=h_ls）的指標監控，如果使用的是 GCP，則可使用 Cloud Logging（ URL https://cloud.google.com/logging?hl=ja）。如果使用的是 Kubernetes 叢集（ URL https://kubernetes.io/ja/docs/tutorials/kubernetes-basics/create-cluster/cluster-intro/），則可監控節點或容器。基礎架構監控是非常重要的技術，但真要說明的話，會偏離機器學習系統這個主題，所以請恕本書割愛。

假設推論器是以 Web API 的方式運作，推論器應用程式的監控就會是 Web 的外部監控與內部監控。如果是批次系統的話，就是監控各任務是否正常執行。

至於機器學習推論器的部分，輸入資料與推論結果的日誌會是監控對象。如果推論結果的分佈情況與學習結果相同就沒問題，但如果有特定的標籤或異常值出現，有可能發生了下列的問題。

1. 推論的程式碼有誤：此時必須觀察輸入資料在應用程式內部、或模型接收要求到開始推論時出現哪些變化，再將這些變化輸出為日誌資料。

2. 推論模型背離原始資料：這問題有可能是學習資料與推論資料背離所導致。收集了一段時間的推論資料之後，必須確認資料的分佈以及傾向的變化。

3. 輸入資料異常：這代表輸入了預期之外的資料。由於這個問題與 2. 的問題非常相似，所以在收集推論資料之後，若沒看到長期傾向的變化，很有可能輸入資料有問題。

這次要以 Web API 的方式驅動推論器，再將輸入資料、推論結果、推論速度輸出成日誌資料。系統的架構與 **Chapter 4** 說明的 Web Single 模式相同，但為了更接近實際的環境，這次的系統是於 Kubernetes 叢集建置。此外，為了偵測輸入資料的異常，還在推論器安裝了 One-class SVM（ URL https://scikit-learn.org/stable/modules/outlier_detection.html），藉此偵測資料的極端值。

完整程式碼放在下列的資源庫。

● **ml-system-in-actions/chapter5_operations/prediction_log_pattern/**

URL https://github.com/shibuiwilliam/ml-system-in-actions/tree/main/chapter5_
operations/prediction_log_pattern

Web API 是以 FastAPI 建置，端點的定義請參考 程式碼 5.1 。

程式碼 5.1 src/app/routers/routers.py

```python
import uuid
from logging import getLogger
from typing import Any, Dict

from fastapi import APIRouter, HTTPException
from src.ml.data import Data
from src.ml.outlier_detection import outlier_detector
from src.ml.prediction import classifier
from src.utils.profiler import log_decorator

# 省略不需要說明的處理。

logger = getLogger(__name__)
router = APIRouter()


# 取得推論結果
@log_decorator(
    endpoint="/predict",
    logger=logger,
)
def _predict(data: Data, job_id: str) -> Dict[str, Any]:
    logger.info(f"execute: [{job_id}]")
    if len(data.data) != 1 or len(data.data[0]) != 4:
        raise HTTPException(
            status_code=404,
            detail="Invalid input data",
        )
    prediction = classifier.predict(data.data)
    is_outlier, outlier_score = outlier_detector.predict(
        data=data.data,
```

```
    )
    prediction_list = list(prediction)
    return {
        "job_id": job_id,
        "prediction": prediction_list,
        "is_outlier": is_outlier,
        "outlier_score": outlier_score,
    }


# 接收推論要求的端點
@router.post("/predict")
def predict(data: Data) -> Dict[str, Any]:
    job_id = str(uuid.uuid4())[:6]
    return _predict(data=data, job_id=job_id)


# 透過標籤取得推論結果
@log_decorator(
    endpoint="/predict/label",
    logger=logger,
)
def _predict_label(
    data: Data,
    job_id: str,
) -> Dict[str, str]:
    logger.info(f"execute: [{job_id}]")
    if len(data.data) != 1 or len(data.data[0]) != 4:
        raise HTTPException(
            status_code=404,
            detail="Invalid input data",
        )
    prediction = classifier.predict_label(data.data)
    is_outlier, outlier_score = outlier_detector.predict(
        data=data.data,
    )
    return {
        "job_id": job_id,
        "prediction": prediction,
        "is_outlier": is_outlier,
        "outlier_score": outlier_score,
```

```
    }

# 標籤的推論要求端點
@router.post("/predict/label")
def predict_label(data: Data) -> Dict[str, Any]:
    job_id = str(uuid.uuid4())[:6]
    return _predict_label(data=data, job_id=job_id)
```

為了收集日誌資料與偵測異常，做了下列的努力。

● 利用 _predict 函數與 _predict_label 函數篩選陣列大小為 4 的資料，若
  陣列大小不為 4 就以狀態碼 404 回應。

● 利用 outlier_detector 偵測輸入資料的極端值。

● 在推論之後的回應內容追加任務 ID 與極端值的偵測結果。

● 利用 @log_decorator 裝飾器輸出任務 ID、輸入資料、推論結果與極端值偵
  測結果。

追加輸入資料的過濾器可在輸入了無法推論的資料時，在正式推論之前回應錯
誤。極端值偵測處理也暗示了格式正常的資料也有可能是異常的輸入資料。

極端值偵測處理的內容請參考 程式碼 5.2 。

程式碼 5.2 src/ml/outlier_detection.py

```
from logging import getLogger
from typing import List, Tuple

import numpy as np
import onnxruntime as rt

# 省略不需要說明的處理。

logger = getLogger(__name__)
```

```python
class OutlierDetector(object):
    def __init__(
        self,
        outlier_model_filepath: str,
        outlier_lower_threshold: float,
    ):
        self.outlier_model_filepath = ➡
            outlier_model_filepath
        self.outlier_detector = None
        self.outlier_input_name = ""
        self.outlier_output_name = ""
        self.outlier_lower_threshold = ➡
            outlier_lower_threshold
        self.load_outlier_model()

    def load_outlier_model(self):
        logger.info(
            f"load outlier model in {self.outlier_➡
model_filepath}",
        )
        self.outlier_detector = rt.InferenceSession(
            self.outlier_model_filepath,
        )
        self.outlier_input_name = (
            self.outlier_detector
            .get_inputs()[0]
            .name
        )
        self.outlier_output_name = (
            self.outlier_detector
            .get_outputs()[0]
            .name
        )
        logger.info(f"initialized outlier model")

    def predict(
        self,
        data: List[List[int]],
    ) -> Tuple[bool, float]:
        np_data = np.array(data).astype(np.float32)
```

```
        prediction = self.outlier_detector.run(
            None,
            {self.outlier_input_name: np_data},
        )
        output = float(prediction[1][0][0])
        is_outlier = output < self.outlier_lower_➡
threshold
        logger.info(f"outlier score {output}")
        return is_outlier, output
```

這次的模型是以 One-class SVM 學習，使用的是以 ONNX 格式輸出的模型。極端值偵測處理的分數若低於 0.0 代表異常。

@log_decorator 裝飾器的內容請參考 程式碼 5.3 。在函數執行前後取得 time. time() 函數的值，再利用這兩個值的落差測量處理時間。

程式碼 5.3 src/utils/profiler.py

```
import time
from logging import getLogger

# 省略不需要說明的處理。

logger = getLogger(__name__)


def log_decorator(
    endpoint: str = "/",
    logger=logger,
):
    def _log_decorator(func):
        def wrapper(*args, **kwargs):
            start = time.time()
            res = func(*args, **kwargs)
            elapsed = 1000 * (time.time() - start)
            job_id = kwargs.get("job_id")
            data = kwargs.get("data")
            prediction = res.get("prediction")
            is_outlier = res.get("is_outlier")
```

```
            outlier_score = res.get("outlier_score")
            logger.info(
                f"[{endpoint}] [{job_id}] ➡
[{elapsed} ms] [{data}] [{prediction}] [{is_outlier}] ➡
[{outlier_score}]"
            )
            return res
        return wrapper
    return _log_decorator
```

日誌資料會輸出成 /var/log/gunicorn_error.log 與 /var/log/gunicorn_access.log 這兩個檔案。

推論模型與極端值偵測模型都會在 Docker 映像檔內建置。要於 Kubernetes 叢集部署，就要定義推論器的 Manifest。

程式碼 5.4 在 Kubernetes 的部署新增了 Fluentd 的邊車（輔助於 Kubernetes 的 Pods 的容器），以便將日誌資料傳送至日誌收集系統。這次的日誌收集系統為 GCP，但 Fluentd 可依照實際的系統設定，讓推論器的日誌資料傳送至日誌收集系統。

程式碼 5.4 manifests/api.yml

```
# 推論器的部署
apiVersion: apps/v1
kind: Deployment
metadata:
  name: api # 推論器的名稱
  namespace: prediction-log
  labels:
    app: api
spec:
  replicas: 1
  selector:
    matchLabels:
      app: api
  template:
```

```
    metadata:
      labels:
        app: api
    spec:
      containers:
        - name: api
          image: shibui/ml-system-in-actions: ➡
prediction_log_pattern_api_0.0.1
          imagePullPolicy: Always
          env:
            - name: PORT
              value: "8000"
          ports:
            - containerPort: 8000 # 於連接埠 8000 公開
          resources:
            limits:
              cpu: 500m
              memory: "300Mi"
            requests:
              cpu: 500m
              memory: "300Mi"
          volumeMounts: # 輸出日誌的位置
            - name: varlog
              mountPath: /var/log
        - name: count-agent # Fluentd 的邊車
          image: k8s.gcr.io/fluentd-gcp:1.30
          env:
            - name: FLUENTD_ARGS
              value: -c /etc/fluentd-config/fluentd.conf
          resources:
            limits:
              cpu: 128m
              memory: "300Mi"
            requests:
              cpu: 128m
              memory: "300Mi"
          volumeMounts: # 收集日誌資料
            - name: varlog
              mountPath: /var/log
            - name: config-volume
```

```
                mountPath: /etc/fluentd-config
        volumes:
          - name: varlog
            emptyDir: {}
          - name: config-volume
            configMap:
              name: fluentd-config

---
# 推論器的端點
apiVersion: v1
kind: Service
metadata:
  name: api
  namespace: prediction-log
  labels:
    app: api
spec:
  ports:
    - name: rest
      port: 8000 # 於連接埠 8000 公開
      protocol: TCP
  selector:
    app: api

---
# Fluentd 的設定值
apiVersion: v1
kind: ConfigMap
metadata:
  name: fluentd-config
  namespace: prediction-log
data:
  fluentd.conf: |
    <source>
      type tail
      format none
      path /var/log/gunicorn_error.log
```

```
    pos_file /var/log/gunicorn_error.log
    tag gunicorn_error.log
  </source>

  <source>
    type tail
    format none
    path /var/log/gunicorn_access.log
    pos_file /var/log/gunicorn_access.log
    tag gunicorn_access.log
  </source>

  <match **>
    type google_cloud
  </match>
```

讓我們在 Kubernetes 叢集部署日誌收集模式，再試著發出推論要求。

〔命令〕

```
# 在 Kubernetes 部署 API
$ kubectl apply -f manifests/namespace.yml
namespace/prediction-log created
$ kubectl apply -f manifests/
deployment.apps/api created
service/api created
configmap/fluentd-config created

# 向 API 發出要求
$ kubectl \
    -n prediction-log \
    port-forward \
    service/api \
    8000:8000 &
$ curl \
    -X POST \
    -H "Content-Type: application/json" \
    -d '{"data": [[6.7, 3.0,  5.2, 2.3]]}' \
    localhost:8000/predict
{
```

```
    "job_id": "07d394",
    "prediction": [
      0.0097,
      0.0098,
      0.9803
    ],
    "is_outlier": false,
    "outlier_score": 0.4404
  }

# API 的日誌資料
# [2021-01-02 06:53:46] [INFO] [11] ➡
[src.app.routers.routers] [wrapper] [33] ➡
[/predict] [07d394] [1.0851 ms] ➡
[data=[[6.7, 3.0, 5.2, 2.3]]] ➡
[[0.0097, 0.0098, 0.9803]] [False] [0.4404]

# 向 API 要求極端值
$ curl \
    -X POST \
    -H "Content-Type: application/json" \
    -d '{"data": [[600.0, 300.0,  -100.0, 23]]}' \
    localhost:8000/predict
Handling connection for 8000
{
  "job_id": "4c850a",
  "prediction": [
    0.3613,
    0.2574,
    0.3812
  ],
  "is_outlier": true,
  "outlier_score": -2.9413
}

# API 的日誌資料
# [2021-01-02 06:54:32] [INFO] [11] ➡
[src.app.routers.routers] [wrapper] [33] ➡
[/predict] [4c850a] [1.1301 ms] ➡
[data=[[600.0, 300.0, -100.0, 23.0]]] ➡
[[0.3613, 0.2574, 0.3812]] [True] [-2.9413]
```

在接收推論要求之後,將推論速度、輸入資料、推論結果、極端值偵測結果全輸出成單行的日誌資料。由於每行日誌資料都有任務 ID,所以可根據任務 ID搜尋日誌。

5.2.5 優點

● 可分析推論對用戶端、使用者與相關系統造成的影響。

● 可視情況追加警告訊息。

5.2.6 檢討事項

所有的日誌資料都是必要的資料,卻不一定都很重要。如果想收集系統到基礎架構的所有日誌資料,日誌資料會變得非常龐大,也就很難搜尋與瀏覽。一般來說,不需要取得 verbose 或 debug 等級(開發或除錯時使用的日誌)的日誌資料。此外,以毫秒單位,不斷取得 CPU、記憶體的使用量、網路 I/O 的日誌資料也有點過當,所以設計一套只收集必要的日誌資料,方便日後搜尋的機制是非常重要的。如果系統不夠穩定,就有必要以 debug 等級輸出不穩定的元件的日誌資料再進行分析,等到系統變得穩定之後,再改成只取得系統運作情況與推論結果的日誌資料即可。

5.3　推論監控模式

上一節說明了在推論日誌模式輸出推論日誌資料的方法。如果只是一味地累積日誌資料是沒有任何意義的，必須加以應用才行。應用的方法之一就是監控，也就是監控日誌資料，並且偵測錯誤與異常，最後再發出警告訊息。

5.3.1　用例

● 希望監控推論結果，並在發現推論傾向異常時發出警告訊息的時候

● 希望確保推論值與彙整結果一如預期的情況

● 想監控推論速度與輸入資料的品質，並在發現異常時發出警告訊息的時候

5.3.2　想解決的課題

推論系統的異常通常會有下列這幾種模式。

1. 推論器異常：推論器本身出問題。比方說，利用 TensorFlow Serving 或 ONNX Runtime 這類函式庫進行推論時，TensorFlow Serving 或 ONNX Runtime 本身輸出了錯誤，或是因為錯誤而停作。在發佈時運作的執行環境很少會突然出問題，所以大部分是基礎架構或負載過重造成上述的錯誤。此時必須檢視執行環境的基礎架構或中介軟體的變更與負載是否有問題。

   要讓推論器當成系統運作，就必須打造良好的執行環境，也必須善加利用 CPU、記憶體、磁碟空間、網路、OS、中介軟體這些元件，偵測執行環境的瓶頸，也要變更資源、升級軟體與調校參數。

2. 推論結果不如預期的情況：輸入資料之後，輸出了意外的推論結果。造成推論結果異常的原因包含輸入值的類型從 Float 變更為 Int（或是從 Int 變更為 String）的情況，或是利用 Adversarial Examples（在圖片加入雜訊，藉此造成深度學習模型判斷錯誤的技術 URL https://arxiv.org/pdf/1312.6199.pdf）欺騙模型的情況。上述這兩種情況都是因為輸入了例外的資料而發生異

常。如果要解決這類異常，前者可追加確認或轉換輸入資料類型的處理，後者則採用偵測 Adversarial Examples 的推論器。此外，如果輸入資料沒問題，卻還是傳回異常的推論結果，就有可能是模型本身的精準度有問題。此時可在離線的驗證環境下評估疑似有問題的輸入資料，甚至可視情況根據這些資料重新學習模型。

不管是上述哪種情況，無法偵測異常就無法擬定對策，所以要收集輸入資料、推論結果、延遲資料、基礎架構的日誌資料，並在發生異常的時候留下記錄與發出警告訊息。

5.3.3 架構

監控基礎架構或應用程式的日誌，再於發現異常時發出警告訊息，是維護所需的系統，最好是以相同的方式監控推論結果。尤其是正式服務或產品的推論器以及推論結果已設定服務等級的推論器，更是需要監控推論傾向。

推論監控模式的監控對象為推論器，會在推論結果發生異常時發出警告訊息。推論結果可能發生異常的狀態如下。

● 未定期產生推論結果的狀態（或是不斷出現平常不太會出現的推論結果）。

例 異常偵測系統不斷發現異常的狀態。

● 在單位時間之內的推論數量明顯比平常少很多（或多很多的時候）。

例 平常都是以存取數為 100 要求／秒進行推論的服務，突然以 1,000 要求／秒進行推論的狀態。

例 使用者眾多的網路服務無法於固定的週期進行推論的狀態。

● 輸入資料相同的推論不斷進行的狀態。

例 遭受 DDOS 攻擊的狀態。

例 因為某些特定的輸入資料而異常的推論器，不斷地推論同一筆資料，導致不斷發生錯誤的情況。

不管是上述的何種狀態，都必須找出造成推論器或外部系統異常的原因，讓系統恢復正常。為此，必須定義異常狀態（或是正常狀態），打造監控通報系統（圖 5.2）。推論器是否異常與推論器的執行頻率雖然有關，但以網路服務而言，很少會只憑幾次推論就判斷推論器發生問題，通常會根據一段時間的推論判斷推論器是否出現異常的傾向。這時候該監控的不是推論器，而是定期向彙整日誌的 DWH 發出要求以及監控 DWH 的狀態，或是使用能視覺化推論結果的儀表板工具。

監控與通報的等級或頻率可由推論器的服務等級與重要性設定。如果是與龐大的商業利益或人命有關的推論器，那麼哪怕是發生微不足道的異常，也必須立刻回報，這時候就必須三百六十五天、二十四小時都有人維護系統。如果不是那麼重要的服務，建立一套白天通報、晚上監控的系統就足以應付。監控與通報的部分需要根據服務等級訂立維護方針。評估推論器或服務的重要性，再打造監控通報系統是非常重要的一環。

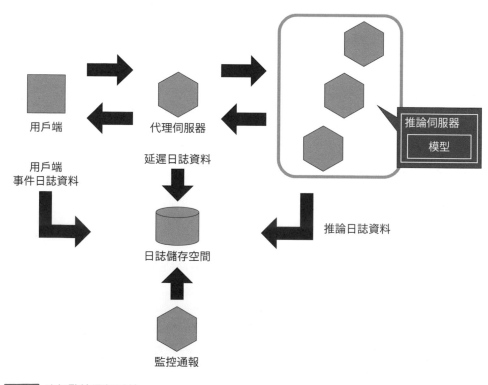

用戶端

代理伺服器

推論伺服器
模型

用戶端
事件日誌資料

延遲日誌資料

日誌儲存空間

推論日誌資料

監控通報

圖 5.2 追加監控通報系統

此外，日誌資料通常會隨著系統的使用程度而增加，尤其機器學習系統的資料量更是會不斷地增加。以處理圖片、文字、語言這類非結構化資料的機器學習系統為例，光是記錄推論對象的內容資料，儲存日誌資料的成本就會持續上升，所以就算以原始的狀態儲存日誌資料比較理想，也應該定期壓縮日誌資料，節省儲存日誌資料的成本。

5.3.4 實際建置

推論監控模式的建置方式與推論器一樣，會建立彙整日誌資料的資料庫以及監控系統（ 圖 5.3 ）。目前市面上有許多針對日誌資料彙整資料庫與監控系統開發的產品或服務，但如果使用這類產品建置推論監控模式，本書就會淪為這類產品的說明書，所以這次要自行打造一套簡單的監控系統。要於正式環境建置推論監控系統時，讀者要記得根據既有的系統建置。

這次的推論器使用鳶尾花資料集的分類模型，並且以 FastAPI 打造網路服務。

此外，建置了定期對推論器發送要求的任務伺服器。推論器會將要求資料與推論結果傳送至日誌記錄資料庫（MySQL）。

監控伺服器會定期從日誌記錄資料庫收集推論日誌資料，並在符合下列條件的情況下發出警告訊息（不過這次的範例沒有接收警告訊息的用戶端，所以只讓監控伺服器輸出錯誤日誌資料）。

● 監控間隔時間：每分鐘彙整近兩分鐘的資料。

● 極端值監控：當極端值的比例超過整體的 20% 就發出警告訊息。

● 輸入資料監控：推論資料的花瓣（sepal length= 萼片的長度、sepal width= 萼片的寬度、petal length= 花瓣的長度、petal width= 花瓣的寬度）的平均尺寸若比學習資料的平均尺寸小 5%（或大 5%），就發出警告訊息。

圖 5.3 是這次的系統的全貌。

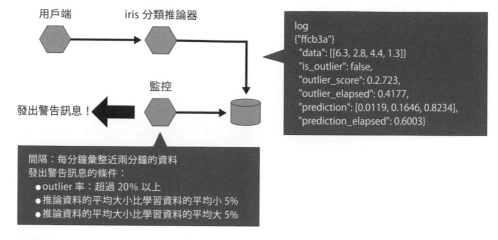

圖 5.3 實際建置推論監控模式

為了能手動觸發警報，這次故意在一定的間隔之內，在任務伺服器發出的資料之中放入極端值。

接著，來了解程式碼的內容。由於這次的程式碼非常多，所以只介紹重要的部分。

完整程式碼放在下列的資源庫。

● **ml-system-in-actions/chapter5_operations/prediction_monitoring_pattern/**

URL https://github.com/shibuiwilliam/ml-system-in-actions/tree/main/chapter5_operations/prediction_monitoring_pattern

先要建置日誌記錄資料庫。資料庫要建立兩個表單，一個是記錄推論的表單，一個是記錄極端值的表單（ 表 5.1 ）。這兩張表單的構造都一樣，只以 prediction_log 與 outlier_log 這兩個表單名稱區別。

表 5.1 記錄推論資料與極端值的表單結構

log_id	log	created_datetime
char	JSON	datetime

這次的資料庫使用 MySQL 建置，另外是利用 SQL Alchemy 從 Python 存取這個資料庫。表單結構的定義請參考 程式碼 5.5 。

程式碼 5.5 src/db/models.py

```python
from sqlalchemy import Column, DateTime, String
from sqlalchemy.sql.functions import current_timestamp
from sqlalchemy.types import JSON
from src.db.database import Base


# 推論日誌資料表單
class PredictionLog(Base):
    __tablename__ = "prediction_log"

    log_id = Column(String(255), primary_key=True)
    log = Column(JSON, nullable=False)
    created_datetime = Column(
        DateTime(timezone=True),
        server_default=current_timestamp(),
        nullable=False,
    )


# 極端值日誌資料表單
class OutlierLog(Base):
    __tablename__ = "outlier_log"

    log_id = Column(String(255), primary_key=True)
    log = Column(JSON, nullable=False)
    created_datetime = Column(
        DateTime(timezone=True),
        server_default=current_timestamp(),
        nullable=False,
    )
```

接著要自訂 CRUD 這類存取資料庫的函數。由於這次的主要目的是新增日誌資料以及於一定的時間之內彙整資料，所以要先自訂這幾個函數（ 程式碼 5.6 ）。

```python
from typing import Dict, List

from sqlalchemy.orm import Session
from src.db import models, schemas


# 取得單位期間之內的推論日誌資料
def select_prediction_log_between(
    db: Session,
    time_before: str,
    time_later: str,
) -> List[schemas.PredictionLog]:
    return (
        db.query(models.PredictionLog)
        .filter(
            models.PredictionLog.created_datetime >= ➡
time_before,
        )
        .filter(
            models.PredictionLog.created_datetime <= ➡
time_later,
        )
        .all()
    )


# 取得單位期間之內的極端值日誌資料
def select_outlier_log_between(
    db: Session,
    time_before: str,
    time_later: str,
) -> List[schemas.OutlierLog]:
    return (
        db.query(models.OutlierLog)
        .filter(
            models.OutlierLog.created_datetime >= ➡
time_before,
        )
```

維護機器學習系統

```
            .filter(
                models.OutlierLog.created_datetime <= ➡
time_later,
            )
            .all()
    )


# 記錄推論日誌資料
def add_prediction_log(
    db: Session,
    log_id: str,
    log: Dict,
    commit: bool = True,
) -> schemas.PredictionLog:
    data = models.PredictionLog(
        log_id=log_id,
        log=log,
    )
    db.add(data)
    if commit:
        db.commit()
        db.refresh(data)
    return data


# 記錄極端值日誌資料
def add_outlier_log(
    db: Session,
    log_id: str,
    log: Dict,
    commit: bool = True,
) -> schemas.OutlierLog:
    data = models.OutlierLog(
        log_id=log_id,
        log=log,
    )
    db.add(data)
    if commit:
```

```
        db.commit()
        db.refresh(data)
    return data
```

如此一來，表單的定義就完成了。

接著要以 FastAPI 建置推論器。 程式碼 5.7 是推論專用端點的程式碼。推論日誌
資料會在推論完成後，以執行背景工作的方式新增至記錄日誌資料的資料庫。

程式碼 5.7 src/app/routers/routers.py 與其他檔案

```python
import time
import uuid
from logging import getLogger
from typing import Any, Dict

import numpy as np
from fastapi import (
    APIRouter,
    BackgroundTasks,
    HTTPException,
)
from src.db import cruds
from src.db.database import get_context_db
from src.ml.data import Data
from src.ml.outlier_detection import outlier_detector
from src.ml.prediction import classifier


# 為了顧及易讀性，將散落在各個檔案的程式碼
# 在此整理成同一個檔案。
# 也省略了與本書說明無關的處理。


logger = getLogger(__name__)
router = APIRouter()



# 取得推論結果
def _predict(
```

```
    data: Data,
    job_id: str,
) -> Dict[str, Any]:
    logger.info(f"execute: [{job_id}]")
    if len(data.data) != 1 or len(data.data[0]) != 4:
        raise HTTPException(
            status_code=404,
            detail="Invalid input data",
        )

    prediction_start = time.time()
    prediction = classifier.predict(data.data)
    prediction_elapsed = 1000 \
        * (time.time() - prediction_start)

    outlier_start = time.time()
    is_outlier, outlier_score = outlier_detector.predict(
        data=data.data,
    )
    outlier_elapsed = 1000 \
        * (time.time() - outlier_start)

    return {
        "job_id": job_id,
        "prediction": list(prediction),
        "prediction_elapsed": prediction_elapsed,
        "is_outlier": is_outlier,
        "outlier_score": outlier_score,
        "outlier_elapsed": outlier_elapsed,
    }


# 推論要求的端點
@router.post("/predict")
def predict(
    data: Data,
    background_tasks: BackgroundTasks,
) -> Dict[str, Any]:
    job_id = str(uuid.uuid4())[:6]
```

```
    result = _predict(data=data, job_id=job_id)

    # 以 BackgroundTasks 的方式記錄日誌資料
    background_tasks.add_task(
        register_log,
        job_id=job_id,
        prediction_elapsed=result["prediction_elapsed"],
        prediction=result["prediction"],
        is_outlier=result["is_outlier"],
        outlier_elapsed=result["outlier_elapsed"],
        outlier_score=result["outlier_score"],
        data=data,
    )
    return result


# 標籤的推論要求端點
@router.post("/predict/label")
def predict_label(
    data: Data,
    background_tasks: BackgroundTasks,
) -> Dict[str, Any]:
    job_id = str(uuid.uuid4())[:6]

    result = _predict(data=data, job_id=job_id)
    argmax = int(
        np.argmax(
            np.array(
                result["prediction" ],
            ),
        ),
    )
    result["prediction_label"] = classifier.label ➡
[str(argmax)]

    # 以 BackgroundTasks 方式記錄日誌資料
    background_tasks.add_task(
        register_log,
        job_id=job_id,
        prediction_elapsed=result["prediction_elapsed"],
```

```python
            prediction=result["prediction"],
            is_outlier=result["is_outlier"],
            outlier_elapsed=result["outlier_elapsed"],
            outlier_score=result["outlier_score"],
            data=data,
        )
    return result


# 記錄日誌資料
def register_log(
    job_id: str,
    prediction_elapsed: float,
    prediction: np.ndarray,
    is_outlier: bool,
    outlier_elapsed: float,
    outlier_score: float,
    data: Data,
):
    with get_context_db() as db:
        prediction_log = {
            "prediction": prediction,
            "prediction_elapsed": prediction_elapsed,
            "data": data.data,
        }
        cruds.add_prediction_log(
            db=db,
            log_id=job_id,
            log=prediction_log,
            commit=True,
        )

        outlier_log = {
            "is_outlier": is_outlier,
            "outlier_score": outlier_score,
            "outlier_elapsed": outlier_elapsed,
            "data": data.data,
        }
        cruds.add_outlier_log(
            db=db,
```

```
                log_id=job_id,
                log=outlier_log,
                commit=True,
            )
```

如此一來就能啟動推論器與記錄日誌資料。

接著要建立日誌監控系統。下列的監控條件已在前面提過，主要就是定期存取表單，藉此彙整資料的內容。

- 監控間隔時間：每分鐘彙整近兩分鐘的資料。

- 極端值監控：當極端值的比例超過整體的 20% 就發出警告訊息。

- 輸入資料監控：推論資料的花瓣（sepal length= 萼片的長度、sepal width= 萼片的寬度、petal length= 花瓣的長度、petal width= 花瓣的寬度）的平均尺寸若比學習資料的平均尺寸小 5%（或大 5%）就發出警告訊息。

程式碼 5.8 每一分鐘執行一次 SELECT 命令，收集近 2 分鐘的資料。收集資料之後，會讓花瓣的大小（sepal length= 萼片的長度、sepal width= 萼片的寬度、petal length= 花瓣的長度、petal width= 花瓣的寬度）與學習資料的花瓣大小比較，若比學習資料的平均值小於 5% 或大於 5%，就會輸出警告訊息的日誌資料。

此外，Iris 資料庫的學習資料的平均大小如下。

- sepal length: 5.84
- sepal width: 3.06
- petal length: 3.76
- petal width: 1.20

程式碼 5.8 `src/monitor/main.py`

```python
import datetime
import time
from logging import (
    DEBUG,
    Formatter,
    StreamHandler,
    getLogger,
)
from typing import List

# 省略不需要說明的處理。

import click
from src.db import cruds, schemas
from src.db.database import get_context_db

logger = getLogger(__name__)
logger.setLevel(DEBUG)
formatter = Formatter(
    "[%(asctime)s] [%(process)d] \
    [%(name)s] [%(levelname)s] %(message)s",
)

handler = StreamHandler()
handler.setLevel(DEBUG)
handler.setFormatter(formatter)
logger.addHandler(handler)


# 評估推論結果
def evaluate_prediction(
    ave_sepal_length: float,
    ave_sepal_width: float,
    ave_petal_length: float,
    ave_petal_width: float,
    threshold: float,
    prediction_logs: List[schemas.PredictionLog],
):
```

```python
logger.info("evaluate predictions...")
sepal_lengths = [0.0 for _ in prediction_logs]
sepal_widths = [0.0 for _ in prediction_logs]
petal_length = [0.0 for _ in prediction_logs]
petal_width = [0.0 for _ in prediction_logs]
for i, p in enumerate(prediction_logs):
    sepal_lengths[i] = p.log["data"][0][0]
    sepal_widths[i] = p.log["data"][0][1]
    petal_length[i] = p.log["data"][0][2]
    petal_width[i] = p.log["data"][0][3]
pred_ave_sepal_length = \
    sum(sepal_lengths) / len(sepal_lengths)
pred_ave_sepal_width = \
    sum(sepal_widths) / len(sepal_widths)
pred_ave_petal_length = \
    sum(petal_length) / len(petal_length)
pred_ave_petal_width = \
    sum(petal_width) / len(petal_width)

# 偵測 sepal length 的臨界值
if pred_ave_sepal_length < \
    ave_sepal_length * (1 - threshold) \
    or pred_ave_sepal_length > \
    ave_sepal_length * (1 + threshold):
    logger.error(
        f"sepal length over threshold: \
            {pred_ave_sepal_length}",
    )

# 偵測 sepal width 的臨界值
if pred_ave_sepal_width < \
    ave_sepal_width * (1 - threshold) or \
    pred_ave_sepal_width > \
    ave_sepal_width * (1 + threshold):
    logger.error(
        f"sepal width over threshold: \
            {pred_ave_sepal_width}",
    )
```

```
    # 偵測 petal length 的臨界值
    if pred_ave_petal_length < \
        ave_petal_length * (1 - threshold) or \
        pred_ave_petal_length > \
        ave_petal_length * (1 + threshold):
        logger.error(
            f"petal length over threshold: \
                {pred_ave_petal_length}",
        )

    # 偵測 petal width 的臨界值
    if pred_ave_petal_width < \
        ave_petal_width * (1 - threshold) or \
        pred_ave_petal_width > \
        ave_petal_width * (1 + threshold):
        logger.error(
            f"petal width over threshold: \
                {pred_ave_petal_width}",
        )

    logger.info(
        f"ave sepal length: {pred_ave_sepal_length}",
    )
    logger.info(
        f"ave sepal width: {pred_ave_sepal_width}",
    )
    logger.info(
        f"ave petal length: {pred_ave_petal_length}",
    )
    logger.info(
        f"ave petal width: {pred_ave_petal_width}",
    )
    logger.info("done evaluating predictions")


# 評估極端值
def evaluate_outlier(
    outlier_threshold: float,
    outlier_logs: List[schemas.OutlierLog],
```

```python
):
    logger.info("evaluate outliers...")
    outliers = 0
    for o in outlier_logs:
        if o.log["is_outlier"]:
            outliers += 1
    if outliers > \
        len(outlier_logs) * outlier_threshold:
        logger.error(f"too many outliers: {outliers}")
    logger.info(f"outliers: {outliers}")
    logger.info("done evaluating outliers")


@click.command(
    name="request job",
)
@click.option(
    "--interval",
    type=int,
    default=1,
)
@click.option(
    "--outlier_threshold",
    type=float,
    default=0.2,
)
@click.option(
    "--ave_sepal_length",
    type=float,
    default=5.84,
)
@click.option(
    "--ave_sepal_width",
    type=float,
    default=3.06,
)
@click.option(
    "--ave_petal_length",
    type=float,
```

```python
        default=3.76,
)
@click.option(
    "--ave_petal_width",
    type=float,
    default=1.20,
)
@click.option(
    "--threshold",
    type=float,
    default=0.05,
)
def main(
    interval: int,
    outlier_threshold: float,
    ave_sepal_length: float,
    ave_sepal_width: float,
    ave_petal_length: float,
    ave_petal_width: float,
    threshold: float,
):
    logger.info("start monitoring...")
    while True:
        now = datetime.datetime.now()
        interval_ago = now - datetime.timedelta(
            minutes=(interval + 1),
        )
        time_later = now.strftime(
            "%Y-%m-%d %H:%M:%S",
        )
        time_before = interval_ago.strftime(
            "%Y-%m-%d %H:%M:%S",
        )
        logger.info(f"time between \
            {time_before} and {time_later}")

        # 從資料庫取得日誌資料
        with get_context_db() as db:
            prediction_logs = \
```

```
        cruds.select_prediction_log_between(
            db=db,
            time_before=time_before,
            time_later=time_later,
        )
    outlier_logs = \
        cruds.select_outlier_log_between(
            db=db,
            time_before=time_before,
            time_later=time_later,
        )
logger.info(
    f"prediction_logs between \
        {time_before} and {time_later}: \
        {len(prediction_logs)}",
)
logger.info(
    f"outlier_logs between \
        {time_before} and {time_later}: \
        {len(outlier_logs)}",
)

# 如果取得推論日誌資料就進行評估
if len(prediction_logs) > 0:
    evaluate_prediction(
        ave_sepal_length=ave_sepal_length,
        ave_sepal_width=ave_sepal_width,
        ave_petal_length=ave_petal_length,
        ave_petal_width=ave_petal_width,
        threshold=threshold,
        prediction_logs=prediction_logs,
    )

# 如果取得極端值日誌資料就進行評估
if len(outlier_logs) > 0:
    evaluate_outlier(
        outlier_threshold=outlier_threshold,
        outlier_logs=outlier_logs,
    )
```

```
        time.sleep(interval * 60)


if __name__ == "__main__":
    main()
```

如此一來，就能監控日誌資料以及模擬通報過程。接著要試著對推論器發送推論要求。這次準備了 12,000 筆推論資料，而且會在學習資料套用亂數。由於已讓部分的資料轉換成極端值，所以只要系統正常運作，就會定期於監控系統留下警告訊息的日誌資料。推論資料可從下列的網址取得。

● **ml-system-in-actions/chapter5_operations/prediction_monitoring_pattern/job/rand_iris.csv**

> URL　https://github.com/shibuiwilliam/ml-system-in-actions/blob/main/chapter5_operations/prediction_monitoring_pattern/job/rand_iris.csv

系統會於 Docker Compose 啟動。對 Docker Compose 下達 up 指令啟動後，日誌資料庫（MySQL）、推論器（FastAPI）、推論任務伺服器、監控伺服器都會一併啟動。

監控伺服器應該會接收到 程式碼 5.9 的日誌資料。

程式碼 5.9　監控伺服器的日誌資料

```
# 於一定間隔取得的資料介於正常值的範圍時：
[2021-01-17 09:31:23,181] [INFO] time between 2021-01- ➡
17 09:29:23 and 2021-01-17 09:31:23
[2021-01-17 09:31:23,239] [INFO] evaluate predictions...
[2021-01-17 09:31:23,241] [INFO] average sepal length: ➡
5.899276672694402
[2021-01-17 09:31:23,241] [INFO] average sepal width: ➡
3.070705244122965
[2021-01-17 09:31:23,241] [INFO] average petal length: ➡
3.860036166365286
[2021-01-17 09:31:23,241] [INFO] average petal width: ➡
1.2492766726943987
[2021-01-17 09:31:23,241] [INFO] done evaluating ➡
```

```
predictions
[2021-01-17 09:31:23,241] [INFO] evaluate outliers...
[2021-01-17 09:31:23,242] [INFO] outliers: 180
[2021-01-17 09:31:23,242] [INFO] done evaluating outliers

# 於一定間隔取得的資料出現大量極端值的情況：
[2021-01-17 09:32:23,179] [INFO] time between 2021-01- ➡
17 09:30:23 and 2021-01-17 09:32:23
[2021-01-17 09:32:23,249] [INFO] evaluate predictions...
[2021-01-17 09:32:23,253] [ERROR] average sepal length ➡
out of threshold: 6.157414104882
[2021-01-17 09:32:23,253] [ERROR] average petal length ➡
out of threshold: 4.033544303797
[2021-01-17 09:32:23,253] [ERROR] average petal width ➡
out of threshold: 1.307323688969
[2021-01-17 09:32:23,253] [INFO] average sepal length: ➡
6.157414104882456
[2021-01-17 09:32:23,253] [INFO] average sepal width: ➡
3.201898734177215
[2021-01-17 09:32:23,253] [INFO] average petal length: ➡
4.03354430379747
[2021-01-17 09:32:23,253] [INFO] average petal width: ➡
1.3073236889692617
[2021-01-17 09:32:23,254] [INFO] done evaluating ➡
predictions
[2021-01-17 09:32:23,254] [INFO] evaluate outliers...
[2021-01-17 09:32:23,255] [ERROR] too many outliers: 262
[2021-01-17 09:32:23,255] [INFO] outliers: 262
[2021-01-17 09:32:23,255] [INFO] done evaluating outliers
```

從上述的資料來看，已經可以正常輸出錯誤日誌資料了。

如此一來就能監控推論器，並在輸入資料有任何異常或變化時發出警告訊息。

這次是於 1 分鐘的間隔進行評估，但正式系統的資料通常不會在這麼短的間隔內產生變化，如果是具有季節性的資料，恐怕變化是以幾個月為單位。反之，如果資料發生異常（例如外部系統故障會發生錯誤的時候），發生錯誤的頻率就會急速增加或減少。

這次為了監控推論資料而建置了相對簡單的監控通報系統，但在正式系統打造監控通報系統時，必須先定義何為異常與故障（或是在什麼樣的狀態下才算正常），再定義監控方式與發出警告訊息的方法。

🔲 5.3.5 優點

● 可偵測推論系統的異常，並且修正系統與排除系統障礙。

🔲 5.3.6 檢討事項

監控通報系統的重點在於只通報必要的異常，如果連那些不會造成實際傷害的小錯誤（例：推論速度比平常慢5%）都通報，負責維護系統的工作人員恐怕沒辦法一一處理。就商業機制或系統而言，必須先確認哪些錯誤比較重要，哪些錯誤不太重要，藉此調整通報錯誤的次數。此外，也必須建立自動還原的系統，排除那些可自動還原的故障。如果通報次數與自動還原次數多得無法處理，代表該系統恐怕有缺陷，不應該發佈為正式系統。

不論如何，就算不是太重要的錯誤，或是能自動還原的錯誤，也不該坐視不管。我們該做的是一一記錄這些錯誤與故障，再修正重要的故障，讓系統越來越實用。

機器學習的模型也是一樣，遇到預期之外的輸入資料或是推論結果時，都必須予以記錄，才能改善模型的性能。同時修正模型與系統，將可進一步提升服務的使用滿意度。

5.4 反面模式
― 無日誌資料模式 ―

到目前為止，說明了日誌資料與監控的重要性，想必大家已經了解建立這兩者的系統有多少好處。在此要進一步說明無日誌資料模式，讓大家知道沒有日誌資料或監控會出什麼問題。

5.4.1 狀況

● 沒有取得日誌資料或設定檔的狀態。

5.4.2 具體問題

除了機器學習系統之外，維護其他系統也需要日誌資料。若不保留日誌資料（　圖 5.4　），就無法偵測錯誤、排除故障與改善系統，整個系統會變成難以理解的黑箱，尤其機器學習系統可透過日誌資料追蹤推論結果與後續的事件，藉此驗證推論模型的效果。

讓機器學習付諸實用的時候，最有趣的挑戰就是讓輸出結果與業務或使用者體驗緊密結合這點。機器學習可以自動化複雜的處理，即使以 if-else 語法撰寫的工作流程再複雜，也可透過機器學習自動化（有時也無法自動化）。現實世界的商業行為、使用者的行動以及對這個世界實際造成影響的事情，都必須不斷地隨著這個瞬息萬變的世界而改變，若從機器學習系統的角度來看，這就是收集日誌資料，分析原因與結果，與持續改善系統的流程。

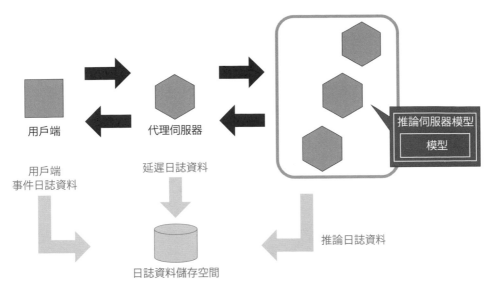

用戶端　　　　　代理伺服器

推論伺服器模型

模型

用戶端
事件日誌資料

延遲日誌資料

推論日誌資料

日誌資料儲存空間

圖 5.4 反面模式（無日誌資料模式）的架構

5.4.3 優點

● 硬要說的話，就是可以省掉儲存日誌資料的費用，降低營運系統的成本。

5.4.4 課題

● 無法維護與改善系統。

5.4.5 規避方法

● 至少取得 Fatal、Error、Warning、Info 等級的日誌資料。

● 定義可追蹤的事件日誌資料。

● 不錯過任何的例外。

5.5 反面模式
— 孤兒模式 —

本章的最後要說明沒有任何人負責維護的孤兒模式。喜歡建置系統的工程師應該不少，但喜歡維護系統的工程師卻實在不多。進入維護系統的階段之後，當初參與開發的成員離職，只剩下沒有照顧的系統是常有的事。

5.5.1　狀況

● 開發模型的機器學習工程師、系統開發者、系統維護者不在現場（或是離職），導致沒人了解運作中的系統的情況。

● 可在沒有人複檢的情況下手動變更程式碼、模型、資料與設定的狀態。

5.5.2　具體問題

不管是機器學習系統還是正在運作的系統，沒人知道系統的運作方式是一件非常可怕的事（　圖 5.5　）。如果是不會造成影響的獨立運作系統或許還沒關係，但「沒人了解系統」這件事會導致工程師無法正確掌握該系統與其他系統之間的相關性，也不知道會造成哪些影響，一旦停止運作，有可能整個業務都會跟著停擺。

不過，專案的成員不可能永遠都不變動，還是會因為私事或是組織的人事調動而離開專案小組，但是成員的替換與系統的運作是兩碼子事，不能因為負責人離職而導致營業專用的正式系統停止運作。不管是機器學習的模型還是一般的系統，都必須在成員離開時，繼續開發與營業，所以最好是由多位成員一起建置模型的邏輯與系統架構，以及分享與沿用程式碼，不然至少要能讀得懂程式碼。不過，若沒有持續管理機器學習的模型與訓練資料，往往是無法讓系統還原的。

維護機器學習系統

除了專案成員替換之外，這種「沒人知道系統如何運作」的情況也會因為其他的原因發生。比方說，根據實際裝置的日誌資料進行推論的機器學習系統（例如設置在民房或工廠的室內溫度計）就是其中一例。溫度的單位為攝氏、華氏與克爾文。大部分的溫度計可利用這些單位測量溫度，而台灣常用的溫度單位是攝氏。此時若將攝氏換成華氏，數字就會變大（攝氏 0 度等於華氏 32 度，攝氏 100 度等於華氏 212 度）。假設改變溫度計的單位，讓輸入資料的計算單位從攝氏換成華氏，卻不在進行推論時，進行攝氏華氏轉換處理（約等於無法偵測攝氏華氏轉換），推論結果可能會與之前完全不同。如果進行了攝氏華氏轉換處理，數值會因此變大，就有可能進行偵測極端值的處理。要注意的是，公尺與碼的轉換處理（1 公尺 =1.09 碼）不會得到明顯的差異，所以有可能看不出日誌資料與推論結果有什麼異常。這些與實際裝置有關的轉換處理是為了方便使用者而進行，不會特別注意機器學習系統的需求，所以很有可能會在「沒有人知道系統如何運作」的狀態下進行推論，進而得到異常的推論結果。

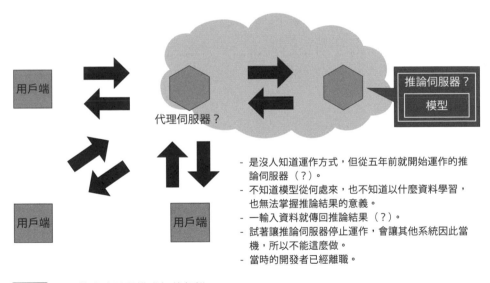

- 是沒人知道運作方式，但從五年前就開始運作的推論伺服器（？）。
- 不知道模型從何處來，也不知道以什麼資料學習，也無法掌握推論結果的意義。
- 一輸入資料就傳回推論結果（？）。
- 試著讓推論伺服器停止運作，會讓其他系統因此當機，所以不能這麼做。
- 當時的開發者已經離職。

圖 5.5 反面模式（孤兒模式）的架構

5.5.3 優點

● 如果是喜歡排除故障的工程師，一定很喜歡這種模式。

5.5.4 課題

● 難以維護機器學習系統。

● 推論結果會出現異常。

5.5.5 規避方法

● 不要只讓一個人開發與維護系統。

● 輸入資料必須包含計算單位。

CHAPTER 6 維持機器學習系統的品質

前一章提到日誌資料與監控系統對於維護機器學習系統的重要性，這兩個部分也是維護系統最基本且最重要的步驟。要讓系統無時無刻運作，就必須取得足以說明系統運作情況的資訊（日誌資料）以及進行穩定性驗證處理（監控），機器學習系統當然也需要這兩個部分。

Chapter 6 要說明的是評估機器學習系統的指標以及評估方式。機器學習系統與其他系統的不同之處在於機器學習的推論是系統邏輯的一部分。機器學習的推論結果不一定都是正確的，品質也不一定穩定，所以一旦得到錯誤的推論結果，就有可能會將有問題的推論結果傳給使用者，所以若要讓機器學習系統維持穩定的品質，就必須評估機器學習的模型，如果沒問題就繼續維持，有問題就試著改善。那麼，機器學習系統該如何評估呢？本章要從實用性與模型這兩個角度評估機器學習系統，說明改善系統的模式。

6.1 機器學習系統的品質與維護

大部分的使用者、上班族、系統工程師都希望系統能夠穩定運作。植入機器學習的系統當然也需要穩定、快速運作,而且能夠正確地進行推論。

一如 **Chapter 5** 所述,機器學習系統的異常包含下列這兩種。

1. 推論器異常
2. 推論結果不如預期

一般的系統也會發生同樣的異常,所以只要以下列的方式解讀上述的兩種異常,就會知道一般的系統也會發生相同的異常。

1. 推論器異常→應用程式或基礎架構當機或延遲。正在運作的應用程式與基礎架構、中介軟體的相容性不佳,導致應用程式停止運作或是性能變差的狀態。此外,因為軟體的錯誤或基礎架構的故障以及版本降級導致當機或延遲的狀態。
2. 推論結果不如預期→邏輯異常。模型或程式碼的演算法、條件分歧的語法有問題,導致處理與輸出的結果不如預期。

就算採用的是機器學習系統,評估與維護的方法與一般的系統其實大同小異。只要是輸入資料,軟體就進行演算與輸出結果的系統,能穩定輸入資料、演算、輸出資料以及提供服務的機器學習系統才是品質優異的系統。

接著具體說明各種評估方法。

1. 假設驅動推論器的執行環境、OS 正常運作,以及能正常回應推論要求是評估指標,那麼應用程式是否正常運作可利用稼動率進行評估,而稼動率可利用平均故障間隔(MTBF)與平均修復時間(MTTR)以及下列的公式計算。

$$稼動率 = MTBF / (MTBF + MTTR)$$

維持機器學習系統的品質

稼動率除了於單位期間之內測量，也得在特定的時段或星期一～日的某天進行測量。不管是網路系統還是公司內部系統，應用系統的時段與實際運作的時段一定會有落差，例如半夜的使用者通常很少。有些系統會在週末或辦活動的時候有許多使用者存取，此時如果無法應付使用者的需求，系統就沒有任何價值可言。以電子商務網站為例，流量最高，業績成長最快的時段若是 19:00 ～ 22:00，那麼應該針對這個時段計算稼動率，再評估系統的優劣。

2. 如果推論結果不如預期，可利用機器學習模型的評估指標進行評估。假設使用的是分類模型，可利用 Precision 或 Recall 進行評估，如果是迴歸模型，則通常會使用 RMSE 或 MAE 這類指標評估。要使用何種指標評估端看模型的商業用途。

機器學習模型的評估對象不只是與所有要求有關的推論結果，還包括特定的群組。比方說，不同年齡層的使用者會以不同的方式使用機器學習建置的服務時，就不該將 20 幾歲到 60 幾歲的使用者放在一起評估，因為這麼一來，推論結果的異常就會被抹平。有些模型適用於 20 幾歲的使用者，卻不適用於 40 幾歲的使用者（或是適用於台北的使用者，卻不適用於高雄的使用者），此時就必須將評估對象切割成有意義的群組，才能掌握改善模型的方法。

一如上列兩點所述，機器學習系統的正常是指能正常推論的情況（可發揮與學習階段相同效能的情況），以及推論器能正常運作的情況（延遲時間與實用性符合服務等級的需求）。反過來說，若要知道機器學習系統在何種狀態下才算正常，就必須先定義所謂的正常，再於現行的機器學習系統比較與進行評估，此外，現行的機器學習系統也必須是能正常運作的架構（有些系統的正常是指沒有安全性漏洞或是災害應變對策，但本書版面有限，便不予以介紹）。

本章將說明定義機器學習系統是否正常的指標，以及在發佈之前測試機器學習系統，確保機器學習系統能夠正常運作的方法。

機器學習系統的正常性評估指標

這節要說明從軟體、機器學習這兩個方面評估機器學習系統是否正常的指標。

6.2.1 機器學習的正常性

機器學習模型必須合乎商業需求，發揮必要的效果！

● 評估管理

- 學習的評估與版本管理：一如 **Chapter 2** 所述，除了要評估完成學習的模型，還要管理模型檔案資料這些 artifact。要管理的對象包含學習環境、模型的演算法、超參數、學習資料、推論資料、評估結果、儲存模型檔案的位置。管理方法之一就是將模型的資訊新增至資料庫的時候，可試著替模型加上版本，以便後續快速找到需要的模型，也方便日後的維護。

- 機器學習模型的缺陷管理：打造可偵測與修正機器學習模型缺陷的機制。所謂的缺陷是指輸出的推論結果與預期的結果不同的狀態。這世上沒有正確率 100% 的機器學習模型，但以商務的世界而言，錯誤率必須減少至可接受的範圍之內。此外，錯誤率會隨著資料的種類增減，此時則必須針對部分的資料進行評估，確定特定資料的錯誤率在可接受的範圍之內。

● 資料管理

- 學習與評估的資料管理：管理用於學習的資料是否完善。需要透過機器學習解決的課題必須使用合適的學習資料與評估資料。比方說，在學習識別貓咪品種的影像辨識模型時，就不能使用飛機的圖片進行學習，而且也必須使用合格的評估資料進行評估。所謂「合格的評估資料」是指資料結構符合課題所需（以貓咪品種分類模型為例，就是具備各種角度的照片、放大照片、縮小照片、年齡、顏色、背景、亮度這類資料），而且學習資料沒有包含評估資料（必須建立學習資料與評估資料各自獨立的機制）。

維持機器學習系統的品質

6.2.2 軟體的正常性

機器學習系統在軟體方面的正常性，包含進行機器學習的基礎架構軟體是否能夠正常運作的指標。

● 變更管理

- ● 模型或軟體的版本管理與整合性管理：將模型當成推論器驅動的軟體的版本與模型的版本維持一致。一如 Chapter 3 所述，要讓推論器發揮學習階段的效能，模型的學習環境與推論器的軟體必須維持相同的版本，不然至少得是能彼此支援的版本，所以要管理模型與軟體在版本上的相容性。

● 意外管理

- ● 軟體故障管理：管理軟體的實用性。所謂的實用性包含稼動率與延遲時間。當機器學習系統接收到要求時，必須能在特定的時間之內正常回應。如果無法維持這個狀態，就算是發生故障，此時就必須實施故障排除作業，讓系統達到服務等級的要求。也要實施追蹤故障處理（觀察過程）或是進行事後檢討（記錄故障的細節，分析造成故障的根本原因，以及擬定相關的對策）。

● 維護管理

- ● 維護系統管理：建立與管理維護所需的系統。維護系統包含收集日誌資料、一般的資料、監控、通報、管理成本、管理安全性漏洞這些系統。

- ● 維護體制管理：讓維護機器學習系統的人力、團隊與機制維持同樣的水準。機器學習系統與其他系統一樣，都需要人力維護，但有時負責維護的成員會離職，所以必須讓排除障礙的體制得以符合服務等級的要求。

● 測試管理

- 測試系統管理：建立能持續學習模型（CT=Continuous Training）與持續整合（CI=Continuous Integration）的系統。CT 的部分會維持從學習、評估到模型管理這一連串的管線，CI 則是會將完成的模型整合至軟體之中，測試兩者能否以一套系統的方式運作。

- 機器學習系統的資源判定管理：這部分是判斷機器學習系統的品質是否足以發佈，所以要針對各種元件測試（單元測試、整合性測試、系統測試）或是要請機器學習系統的利益相關者一起進行維護測試，以及透過 A/B 測試評估系統是否正常。也可以同時評估機器學習的模型，確認推論結果符合使用者的需求，以及使用者是否進行了正常的操作。

6.3 負載測試模式

複雜的機器學習模型通常可以得到不錯的評價,但模型越是複雜,計算量就越多,速度也就越慢。使用者當然不只是為了得到機器學習的推論結果才使用服務。以網路服務為例,如果得耗費十秒才能得到推論結果,使用者很有可能乾脆放棄不用。要在正式系統使用推論器必須符合速度與負載抗壓性的需求。

6.3.1 用例

● 想測試推論伺服器的回應速度。

● 想進行推論伺服器的流量負載測試,了解在正式環境運作時,需要多少資源。

6.3.2 想解決的課題

推論伺服器的回應速度與可同時連線數都是與服務的實用性直接相關的重要數值。不管機器學習模型的性能有多麼優異,需要耗費一分鐘才能回應一次,或是一台伺服器只能接受一個要求的話,這種服務根本不實用。如果配置大量資源或是推論專用的 GPU 或許可提升服務的實用性,但成本相對會飆漲,完全不符合商業利益。

6.3.3 架構

負載測試模式就是將網路服務或線上系統的負載測試改成對推論器進行測試的模式(圖 6.1)。若將推論器視為網路服務或線上系統,就能利用相同的方法進行負載測試。機器學習的推論器在正式上線之後,處理速度通常是由 CPU 的性能優劣決定,如果無法滿足需要的速度,或是無法同時接收大量的要求,就必須增加 CPU 或是伺服器的數量。此外,若是以單程序的方式驅動推論器，可使用的 CPU 也是單核心的 CPU，所以要更有效率地使用資源，最後以多程序或多執行緒的方式驅動推論器。

此外，機器學習也需要確認輸入資料的種類。有些服務的輸入資料是圖片、語音、影片或文字這類檔案容量較大的資料。如果正式服務使用的圖片大小或語音的長度不規則，在進行負載測試時，就必須讓輸入資料的大小呈不規則分佈（或是直接使用檔案容量最大的輸入資料）。雖然輸入資料可在前置處理加工，但如果輸入資料的檔案太大，佔用了所有的記憶體，伺服器就有可能因為 Out-of-memory 而停止運作，此時就必須使用其他的前置處理或是限制輸入資料的大小。

此外，網路服務的負載平衡器、網路以及負載測試伺服器都有可能會遇到資源有限的問題。如果回應速度與同時連線數不如預期，就必須全面檢視負載測試處理使用的每項資源。

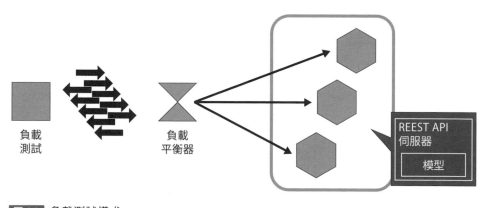

負載測試　　　　　**負載平衡器**　　　　REEST API 伺服器　模型

圖 6.1 負載測試模式

6.3.4 實際建置

這次的負載測試模式會於 Kubernetes 叢集建置 Web Single 模式，再利用該叢集內建的 vegeta attack 負載測試工具（開源軟體）進行測試。vegeta attack 是可直接在命令提示字元使用的工具，能對 Web API 快速施加極高的負載。

● **tsenart/vegeta**
　URL　https://github.com/tsenart/vegeta

負載測試將以 圖 6.2 的結構實施。

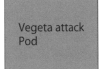

圖 6.2 負載測試

完整程式碼放在下列的資源庫。

● **ml-system-in-actions/chapter6_operation_management/load_test_pattern/**

URL https://github.com/shibuiwilliam/ml-system-in-actions/tree/main/chapter6_operation_management/load_test_pattern

為了進行負載測試,這次將 API 的 Deployment 與負載測試工具的 Pods 部署在 Kubernetes 叢集。

API 資源的 Manifest 請參考 程式碼 6.1 。

程式碼 6.1 manifests/deployment.yml

```yaml
# Web Single 模式
apiVersion: apps/v1
kind: Deployment
metadata:
  name: iris-svc # 推論器的名稱
  namespace: load-test
  labels:
    app: iris-svc
spec:
  replicas: 3
  selector:
    matchLabels:
      app: iris-svc
  template:
    metadata:
      labels:
```

```
          app: iris-svc
    spec:
      containers:
        - name: iris-svc
          image: shibui/ml-system-in-actions: ➡
          load_test_pattern_api_0.0.1
          imagePullPolicy: Always
          ports:
            - containerPort: 8000 # 公開的連接埠
          resources:
            limits:
              cpu: 500m # CPU 的配置
              memory: "300Mi" # 記憶體的配置
            requests:
              cpu: 500m # CPU 的配置
              memory: "300Mi" # 記憶體的配置
          env:
            - name: MODEL_FILEPATH
              value: "/workdir/iris_svc.onnx"
            - name: WORKERS
              value: "8"

---

apiVersion: v1
kind: Service
metadata:
  name: iris-svc
  namespace: load-test
  labels:
    app: iris-svc
spec:
  ports:
    - name: rest
      port: 8000 # 公開的連接埠
      protocol: TCP
  selector:
    app: iris-svc
```

這次配置了 3 台 Pods，每台 Pods 的 CPU 為 500m，記憶體為 300Mi。為了測試負載抗壓性，每台 Pods 的資源都是相同的。

負載測試工具的 Manifest 請參考 程式碼 6.2 。

程式碼 6.2 `manifests/client.yml`

```yaml
# 負載測試　用戶端
apiVersion: v1
kind: Pod
metadata:
  name: client # 負載測試　用戶端名稱
  namespace: load-test
spec:
  containers:
    - name: client
      image: shibui/ml-system-in-actions: ➡
      load_test_pattern_client_0.0.1
      imagePullPolicy: Always
      command:
        - tail
        - -f
        - /dev/null
      resources:
        requests:
          cpu: 1000m
          memory: "1000Mi"
      volumeMounts:
        - name: client
          mountPath: "/opt/vegeta"
          readOnly: true
  volumes:
    - name: client
      configMap:
        name: client

---
apiVersion: v1
kind: ConfigMap
metadata:
  name: client
  namespace: load-test
data:
  # Web API 的 GET 存取位置
```

```
  get-target: "GET http://iris-svc.load-test.svc. ➡
 cluster.local:8000/predict/test"
  # Web API 的 POST 存取位置
  post-target: "POST http://iris-svc.load-test.svc. ➡
  cluster.local:8000/predict \n
  Content-Type: application/json \n
  @/opt/data.json"
```

負載測試工具的 CPU 與記憶體的使用量也是固定的。執行負載測試時，有時負載測試工具會因資源不足而無法正常測試，所以建議大家指定負載測試工具的資源使用量，才能知道負載測試工具會在多少負載的時候無法繼續送出要求，掌握負載測試的瓶頸。

負載測試的定義檔是以 Kubernetes 的 ConfigMap（ URL https://kubernetes.io/ja/docs/concepts/configuration/configmap/）指定，採用的是掛載在負載測試工具的方式。為了測試 GET 與 POST 的負載，撰寫了兩種定義。

與負載測試工具連線之後，會透過命令提示字元對推論器 API 進行負載測試。下列的命令會在 60 秒之內送出每秒 100 次的 POST 要求，測試推論器 API 的負載抗壓性與效能。

〔命令〕

```
$ vegeta attack \
    -duration=60s \
    -rate=100 \
    -targets=vegeta/post-target | \
vegeta report \
    -type=text

# 要求數
Requests [total, rate, throughput]
6000, 100.02, 100.01
# 負載檢測時間
Duration [total, attack, wait]
59.992s, 59.99s, 2.054ms
# 延遲
Latencies [min, mean, 50, 90, 95, 99, max]
```

```
1.68ms, 2.41ms, 2.32ms, 2.63ms, 2.84ms, 3.44ms, 49.49ms
# 輸入 Byte 大小
Bytes In      [total, mean]
438000, 73.00
# 輸出 Byte 大小
Bytes Out     [total, mean]
210000, 35.00
# 成功率
Success       [ratio]
100.00%
# 狀態碼與狀態碼的個數
Status Codes  [code:count]
200:6000
```

從上述的結果來看，有 99% 的要求可在 3.44 毫秒之內回應。延遲的部分可參
考上述的 Latencies。

要利用負載測試工具施加多少負載端看推論系統設定的服務等級，但如果從上
述的結果來看，只要每秒發送給推論系統的要求數不超過 50，這套推論系統就
能發佈。如果是負載更高的系統，就必須重新檢視推論器的資源，以及進行強
度更高的負載測試。

接著再進行一次強度略高的負載測試。這次將每秒送出 500 次要求。

〔命令〕

```
$ vegeta attack \
    -duration=60s \
    -rate=500 \
    -targets=vegeta/post-target | \
vegeta report \
    -type=text

Requests      [total, rate, throughput]
30000, 500.02, 499.98
Duration      [total, attack, wait]
1m0s, 59.998s, 4.469ms
Latencies     [min, mean, 50, 90, 95, 99, max]
```

```
1.09ms, 2.29ms, 1.56ms, 2.39ms, 2.88ms, 26.03ms, 72.65ms
Bytes In        [total, mean]
2190000, 73.00
Bytes Out       [total, mean]
1050000, 35.00
Success         [ratio]
100.00%
Status Codes    [code:count]
200:30000
```

從上述的結果可以發現，雖然正常回應了所有要求，但延遲（Latencies）比每秒 100 次要求的時候更加明顯。

接著試著將要求數調高至每秒 1,000 次。

〔命令〕

```
$ vegeta attack \
    -duration=60s \
    -rate=1000 \
    -targets=vegeta/post-target | \
vegeta report \
    -type=text

Requests        [total, rate, throughput]
60000, 999.93, 390.80
Duration        [total, attack, wait]
1m14s, 1m0s, 14.272s
Latencies       [min, mean, 50, 90, 95, 99, max]
1.25ms, 10.19s, 9.30s, 18.74s, 22.07s, 29.70s, 30.04s
Bytes In        [total, mean]
2118971, 35.32
Bytes Out       [total, mean]
1015945, 16.93
Success         [ratio]
48.38%
Status Codes    [code:count]
0:30973   200:29027
```

這次得到了 Success 為 48.38% 的結果。這代表超過一半以上的要求無法得到回應，延遲時間的平均值也逼近 10 秒。換言之，若不增加資源，這套推論系統只能承受每秒 500 次要求的負載，但要求數提高至 1,000 次就會發生錯誤。

這次的實例是在 Kubernetes 叢集內部執行負載測試，但如果打算在正式系統發佈推論系統，就必須在開發環境或測試環境建立推論系統與用戶端，然後再實施負載測試。正式上線的系統通常會在網路速度遇到瓶頸，所以建議大家以相同規格的網路進行測試，找出造成延遲的原因。

🔲 6.3.5 優點

實施負載測試的優點在於負責維護的人員可預先知道推論系統的負載抗壓性，也能知道延遲時間的長短。若能在發佈之前先知道這些數據，就能在發生故障或性能下滑時，知道是高負載造成的（實際連線數是否高於負載測試設定的連線數）。

🔲 6.3.6 檢討事項

之所以對推論系統進行負載測試，是為了確定系統是否符合服務等級的要求。如果進行負載測試之後，速度與負載抗壓性始終無法滿足需要，那麼就必須根據對商業利潤的影響決定是否發佈該推論系統，或是找出資源的瓶頸，也可以試著重新挑選機器學習模型的演算法或是用於學習的資料。當然也可以增加預算，在推論系統追加伺服器，以及增加 CPU 核心數以及記憶體的容量。就算無法最佳化運作邏輯，只要增加預算，就有可能增加伺服器這類資源。

如果無法改善運作邏輯，也無法追加預算與伺服器資源，可試著調降推論系統的服務等級。如果調降了服務等級或速度，當然有可能讓使用者覺得這套系統不好用，但如果該功能在商務上不是太重要，或許就可試著調降服務等級與速度。

6.4 推論斷路器模式

原本穩定運作的系統會變得不穩定的原因有很多，其中之一就是負載高於預期的情況。當現行的伺服器無法承受如此高負載的作業時，進行水平擴充是有效的解決方法之一，但這個方案需要一些時間才能完成，所以為了爭取時間，可利用斷路器阻斷部分的通訊管道。

6.4.1 用例

● 對推論器的存取激增或銳減的情況。

● 因為存取次數激增或激減，導致推論伺服器或基礎架構無法應付的情況。

● 不需回應所有要求的情況。

6.4.2 想解決的課題

前一節說明了推論器的負載測試，而系統因為突然激增的負載，導致無法針對所有要求進行推論的情況也時而有之。如果能事前知道負載會在何種情況下突然升高的話，就能增加資源，以保系統穩定運作。不過，要求數有時會因為事件或事故而突然大增，這種情況就很難預測。

就基礎架構維護而言，通常會額外準備資源，應付突然增加的要求數，但是為了突然增加的要求數而預先準備了 5 倍或 10 倍的資源，也不是太經濟的做法。

於雲端或容器開發系統已是目前最主流的做法，根據系統的負載水平擴充資源也是常見的做法。但是水平擴充需要一定的時間，一旦遇到負載增加的情況，必須等到幾分鐘之後，才能順利增加資源，不可能亦步亦趨地，即時跟上系統的需求。

因負載增加，導致無法處理所有的要求還算是小問題。但是當負載增加至數倍，或甚至是數十倍的時候，服務就會因為無法應付而當機，無法回應任何要求。這時候，雲端或容器這類環境會重啟伺服器，讓當機的資源還原，但是重新啟動之後，伺服器又會因為相同的負載而當機，如果無法讓負載恢復原本的水準，或是先停止連線，讓伺服器重新啟動，就無法脫離這個無限的惡性循環。

剛剛提過，無法處理所有的要求還算小問題，而斷路器就是能讓我們選擇放棄部分要求的機制。斷路器是在網路系統廣泛使用的機制，可在負載激增時，禁止部分的要求傳至應用程式伺服器，直接由代理伺服器回應錯誤。阻斷部分的要求，可避免服務整個當機，也可以在回應錯誤的時候，完成水平擴充的處理，藉此回應增加的要求，所以算是非常合理，又方便維護系統的機制。

若將推論系統建置為網路系統時，就能在推論器採用相同的機制。

6.4.3 架構

推論斷路器模式屬於在資源增加至足以應付負載之前，避免推論伺服器全部當機的機制（ 圖 6.3 ）。這個模式會透過代理伺服器阻斷高於特定發生頻率的要求，避免過多的要求數量一口氣湧入推論伺服器。如果服務完全當機是「最該避免的情況」，那麼阻斷部分的要求，與回應部分的要求，讓服務得以持續運作或許是「還算可行的選擇」。若是擔心推論伺服器因為過高的負載而不斷地當機與重新啟動的話，那麼就該選擇這個模式，因為這個模式能讓現行的推論伺服器維持正常運作，也能讓伺服器增加至能夠透過水平擴充的方式應付高負載的數量與阻斷部分的要求。

建置推論斷路器模式的重點在於阻斷要求之後的對策，不能因為阻斷要求導致用戶端停止運作，無法進行後續的步驟。重要的是，要建立一套在阻斷之後的工作流程或是附註一些注意事項，例如避免使用者體驗因應用程式停止運作降至「最糟」的方案就是其中一種。

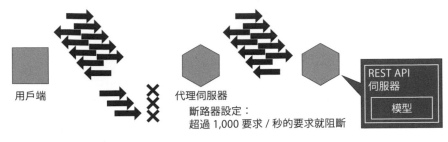

用戶端　　　　　　　　　　　代理伺服器　　　　　　　　REST API
伺服器
　　　　　　　　　　　　　　　斷路器設定：
　　　　　　　　　　　　　　　超過 1,000 要求 / 秒的要求就阻斷　　　　　模型

圖 6.3　推論斷路器模式

🔵 6.4.4 實際建置

前一節的負載測試模式是在 Kubernetes 叢集之內，以 vegeta attack 這套開源碼工具進行負載測試。這次的推論斷路器模式也一樣要在 Kubernetes 叢集之內採用斷路器，也同樣要以 vegeta attack 施加負載。

Kubernetes 有 Istio 這項增益集工具（ 圖 6.4 ）可以使用。Istio 可在 Kubernetes 打造微服務架構，還能讓服務彼此通訊，用於控制網路的代理伺服器就位於其中一個服務。Istio 會以 Istio sidecar 代理伺服器的方式導入 Kubernetes，控制內部與外部的通訊。功能包含流量管理（設定通訊的路由與規則）、安全性策略（認證、加密處理、拒絕通訊）、日誌記錄（追蹤服務與監控）。Istio 的流量管理功能就是所謂的斷路器，會在存取數超過預設值的時候阻斷流量。

● **Istio**

　URL　https://istio.io/latest/

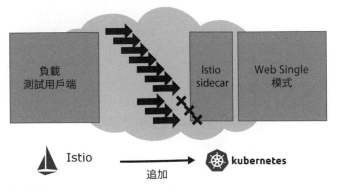

負載
測試用戶端　　　　　Istio
sidecar　　Web Single
模式

Istio　　　　→　　　kubernetes
追加

圖 6.4　利用 Istio 打造的斷路器

Istio 可利用 `istioctl` 這項命令提示字元工具管理。可利用下列的命令將 Istio 導入 Kubernetes 叢集。

〔命令〕

```
$ istioctl install
This will install the Istio default profile with ➡
["Istio core" "Istiod" "Ingress gateways"] components ➡
into the cluster. Proceed? (y/N) y
✓ Istio core installed
✓ Istiod installed
✓ Ingress gateways installed
✓ Installation complete
```

Istio 大概五分鐘就能安裝完畢，也會改變 Kubernetes 叢集的網路設定。如果已是當成正式系統運作的 Kubernetes 叢集，最糟的情況就是外部的存取突然中斷。若要於現行的 Kubernetes 叢集安裝 Istio，建議先測試環境是否相容。

建置推論斷路器模式的時候，會在與負載測試模式同等級的系統安裝斷路器。

完整程式碼放在下列的資源庫。

● **ml-system-in-actions/chapter6_operation_management/circuit_breaker_pattern/**

URL https://github.com/shibuiwilliam/ml-system-in-actions/tree/main/chapter6_operation_management/circuit_breaker_pattern

在安裝了 Istio 的 Kubernetes 部署資源之後，就會在 Pods 追加 envoy 代理伺服器這種 sidecar。追加了 envoy 代理伺服器的 Pods 會透過 envoy 代理伺服器進行 inbound 與 outbound 的資料傳輸。envoy 代理伺服器內建了 DestinationRule 功能。當服務套用了 DestinationRule，就能利用這項功能控制這項服務的通訊，控制的內容包含負載分散、逾時、故障轉移這些部分。在 DestinationRule 設定斷路器，就能於網路執行負載對策。

程式碼 6.3 是在推論 API 的 Manifest 新增 Istio 的 DestinationRule 之後的內容。

```yaml
# 在 Web Single 模式追加 Istio
apiVersion: apps/v1
kind: Deployment
metadata:
  name: iris-svc # 名稱
  namespace: circuit-breaker
  labels:
    app: iris-svc
spec:
  replicas: 3
  selector:
    matchLabels:
      app: iris-svc
  template:
    metadata:
      labels:
        app: iris-svc
        version: svc
      annotations: # 使用 Istio 的設定
        sidecar.istio.io/inject: "true"
        sidecar.istio.io/proxyCPU: "128m"
        sidecar.istio.io/proxyMemory: "128Mi"
        proxy.istio.io/config: "{'concurrency':'4'}"
    spec:
      containers:
        - name: iris-svc
          image: shibui/ml-system-in-actions: ➡
          circuit_breaker_pattern_api_0.0.1
          imagePullPolicy: Always
          ports:
            - containerPort: 8000 # 公開的連接埠
          resources:
            limits:
              cpu: 500m # CPU 的配置
              memory: "300Mi" # 記憶體的配置
            requests:
              cpu: 500m # CPU 的配置
              memory: "300Mi" # 記憶體的配置
```

```
        env:
          - name: MODEL_FILEPATH
            value: "/workdir/iris_svc.onnx"
          - name: WORKERS
            value: "8"

---
apiVersion: v1
kind: Service
metadata:
  name: iris-svc
  namespace: circuit-breaker
  labels:
    app: iris-svc
spec:
  ports:
    - name: rest
      port: 8000 # 公開的連接埠
      protocol: TCP
  selector:
    app: iris-svc

---
apiVersion: networking.istio.io/v1alpha3
kind: DestinationRule
metadata:
  name: iris-svc
  namespace: circuit-breaker
spec:
  host: iris-svc
  trafficPolicy:
    loadBalancer:
      simple: ROUND_ROBIN
    connectionPool:
      tcp:
        # 最大連線數
        maxConnections: 100
      http:
        # 最大要求數
```

```
            http1MaxPendingRequests: 100
            # 連線的最大要求數
            maxRequestsPerConnection: 100
        # 高負載對策
        outlierDetection:
            # 判斷為持續性故障的臨界值
            consecutiveErrors: 100
            # 判斷錯誤的間隔（秒）
            interval: 1s
            # 在發生錯誤時，回應錯誤的最短時間（毫秒）
            baseEjectionTime: 10m
            maxEjectionPercent: 10
    subsets:
    - name: svc
        labels:
            version: svc

---
apiVersion: networking.istio.io/v1alpha3
kind: VirtualService
metadata:
    name: iris-svc
    namespace: circuit-breaker
spec:
    hosts:
        - iris-svc
    http:
        - route:
            - destination:
                host: iris-svc
                subset: svc
            weight: 100
```

負載測試工具的 Manifest 請參考 程式碼 6.4 。除了 Istio 的附註之外，其餘皆
與負載測試模式相同。

程式碼 6.4 `manifests/client.yml`

```yaml
apiVersion: v1
kind: Pod
metadata:
  name: client
  namespace: circuit-breaker
  annotations:
    sidecar.istio.io/inject: "true"
    sidecar.istio.io/proxyCPU: "128m"
    sidecar.istio.io/proxyMemory: "128Mi"
    proxy.istio.io/config: "{'concurrency':'16'}"
spec:
  containers:
    - name: client
      image: shibui/ml-system-in-actions: ➡
      circuit_breaker_pattern_client_0.0.1
      imagePullPolicy: Always
      command:
        - tail
        - -f
        - /dev/null
      resources:
        requests:
          cpu: 1000m
          memory: "1000Mi"
      volumeMounts:
        - name: client
          mountPath: "/opt/vegeta"
          readOnly: true
  volumes:
    - name: client
      configMap:
        name: client

---
apiVersion: v1
kind: ConfigMap
metadata:
  name: client
```

```
    namespace: circuit-breaker
data:
  get-target: "GET http://iris-svc.circuit-breaker. ➡
svc.cluster.local:8000/predict/test"
  post-target: "POST http://iris-svc.circuit-breaker. ➡
  svc.cluster.local:8000/predict \n
  Content-Type: application/json \n
  @/opt/data.json"
```

接著要在這個架構下以每秒 1,000 次的要求進行負載測試。之前以相同負載在負載測試模式下進行負載測試時,約有 50% 的要求無法回應,延遲的平均時間也接近 10 秒,換成推論斷路器模式之後,可發現回應的成功率與延遲平均時間都得到改變。

〔命令〕

```
# 與負載測試用戶端連線
$ kubectl \
    -n circuit-breaker exec \
    -it pod/client bash

# 執行負載測試
$ vegeta attack \
    -duration=10s \
    -rate=1000 \
    -targets=vegeta/post-target | \
  vegeta report \
    -type=text

# 送出的要求的數量
Requests [total, rate, throughput]
10000, 1000.11, 710.57
# 負載測試時間
Duration [total, attack, wait]
10.484s, 9.999s, 485.526ms
# 延遲
Latencies [min, mean, 50, 90, 95, 99, max]
1.63ms, 171.34ms, 71.43ms, 403.98ms, 1.09s, 1.76s, 4.02s
1.76s, 4.02s
```

維持機器學習系統的品質

```
# 輸入 Byte 大小
Bytes In      [total, mean]
750400, 75.04
# 輸出 Byte 大小
Bytes Out     [total, mean]
350000, 35.00
# 成功率（25.5% 的錯誤）
Success       [ratio]
74.50%
# 狀態碼與狀態碼的個數
Status Codes  [code:count]
200:7450  503:2550
# 發生的錯誤
Error Set:
503 Service Unavailable
```

從上述的結果可以發現，約有 25.5% 的要求無法回應。斷路器會在阻斷通訊之後，回應 503 狀態碼，所以可以發現，所有斷線的通訊都是斷路器造成的。

從上述的結果也可以發現延遲時間縮短至 1 秒之內。相較於沒有斷路器的負載測試模式，實用性與延遲時間的確得到改善。

6.4.5 優點

推論斷路器模式的優點在於負載突然飆漲，系統也不至於全面當機。雖然會有部分的要求出現錯誤，但比起整套系統因為故障而當機來得好。

6.4.6 檢討事項

這次是利用 Istio 建置了斷路器，但其實也能利用 NGINX 建置斷路器。如果是難以安裝 Istio 的環境，或者基礎架構不是 Kubernetes 的話，使用 NGINX 建置的斷路器或許比較通用。

利用斷路器阻斷要求的時候，會自動回應 503 狀態碼，但其實可以回應其他內容。比方說，可改採非同步推論模式，將超過預設數量的要求放入佇列，以非同步的方式回應要求。這種方式雖然無法立刻回應推論結果，卻比直接回應錯誤更具商業價值。

此外，也要思考斷路器的臨界值是否妥當。臨界值如果太低，推論系統固然可以穩定運作，但使用者卻會一直看到錯誤，但是臨界值如果太高，推論系統就有可能無法穩定運作。若能在沒有斷路器的情況下事先進行負載測試，掌握推論系統的負載極限之後，再將斷路器的臨界值設定為該極限的 80%，就能更靈活、更有效率地運用資源。

6.5 Shadow A/B 測試模式

更新已經上線的推論器的理由有很多種，其中之一包含推論資料的傾向改變，現行的推論結果已不敷使用。重新學習模型與發佈模型的問題在於不發佈模型，就不知道更新之後的模型是否真能在正式系統發揮效果。此時可採用讓新模型與現行模型同時運作的 A/B 模式比較兩者的效果。

6.5.1 用例

● 想確認新的推論模型是否能以正式的資料推論的情況。

● 想確認新推論器是否能夠承受正式系統的流量。

6.5.2 想解決的課題

不少採用機器學習的推論系統都會以正式的資料實施 A/B 測試，藉此評估模型。開發模型的時候，會利用學習資料與測試資料評估模型，確認模型的效能符合需求再移植到正式系統，但這個模型是否能利用正式系統的資料做出有效的推論，必須在正式系統發佈模型才會知道結果。不過，於正式系統導入模型，或多或少都能創造商業效益。不過，模型的推論結果不一定都是好的，推論速度太慢也會導致使用者離開。此外，推論器若不夠實用，有可能會發生當機或延遲的問題。

在線上實施 A/B 測試之前，若能先驗證新模型與推論器是否能以正式的資料穩定運作，機器學習與系統是否能正式上線的話，應該是比較安全的做法。

Shadow A/B 測試模式會讓正式系統的要求鏡像到新的推論器，打造只進行推論，不將推論結果傳回用戶端的系統。實施 Shadow A/B 測試就能安全地更新機器學習系統。

Shadow A/B 測試會利用正式資料測試多個推論模型或推論器（ 圖 6.5 ），換言之，會同時驅動多個推論器，並在用戶端與推論器之間配置代理伺服器。代理伺服器雖然會對所有推論模型發送要求，但只有現行的模型會對用戶端發送推論結果，新模型的推論結果不會傳送給用戶端。代理伺服器會將兩者的推論結果存入分析專用的 DWH，之後再評估新模型的推論結果與推論速度，判斷新模型是否可移植到正式系統。

假設新推論模型的推論結果、速度、實用性有問題就停用新推論模型。在測量新推論模型的有效性時，必須訂立適當的測量期間，如果是會隨著季節變化的服務，就有必要進行長期的測量，如果是每天使用的服務，應該一週之內就會得到測試結果。此外，也有新推論模型一發佈就知道結果（例如股價這類立刻就能知道結果的情況）的情況。新舊模型是要繼續運作還是要停用，都得根據推論結果與影響判斷。

Shadow A/B 測試模式與後續的線上 A/B 測試的差異在於能在不影響正式系統的情況下測試新推論模型。不過，新模型的推論結果也不會傳回用戶端，所以也無法知道能創造多少商業價值。若確定 Shadow A/B 測試模式下的推論模型能正式運作，建議立刻實施線上 A/B 測試模式，測量能創造多少商業價值。

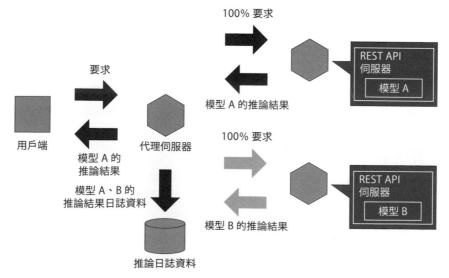

圖 6.5 Shadow A/B 測試模式

6.5.4　實際建置

推論斷路器模式在 Kubernetes 叢集安裝了 Istio 這個網路工具。Istio 除了內建了斷路器功能，還內建了將流量映射到多個端點的功能，所以可利用這項映射流量的功能將要求送至現行的推論器與新推論器。新推論器雖然會在接收到要求之後進行推論，但不會將推論結果回應給用戶，只有現行的推論器才會將推論結果回應至用戶端。

為了介紹 Shadow A/B 測試，這次將兩個模型當成推論器使用。這次的模型是以鳶尾花資料集學習的多元分類器，其中之一是支持向量機模型，另一個是隨機森林模型。而現行的模型則定為支持向量機的推論器，並且為了進行 Shadow A/B 測試，另外追加隨機森林的推論器。

完整程式碼放在下列的資源庫。

● **ml-system-in-actions/chapter6_operation_management/shadow_ab_
pattern/**

　URL　https://github.com/shibuiwilliam/ml-system-in-actions/tree/main/chapter6_
operation_management/shadow_ab_pattern

推論器的 Web API 是 FastAPI，建置的方式則與 Web Single 模式相同，所以本節便不贅述。

為了進行 A/B 測試，這次會使用 Istio 的 VirtualService。VirtualService 可控制傳送給每個端點的流量，所以能一邊將要求傳送給支持向量機推論器的端點，另一邊又將相同的要求傳送給隨機森林推論器的端點，而且不取得回應（　圖 6.6　）。

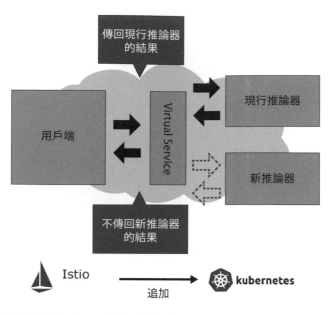

圖 6.6 Shadow A/B 測試的實例

支 持 向 量 機 推 論 器 與 隨 機 森 林 推 論 器 以 及 Shadow A/B 測 試 的 VirtualService 的 Manifest 請參考 **程式碼 6.5** 。

程式碼 6.5 `manifests/deployment.yml`

```
# 省略不需要說明的處理。

# 在 Web Single 模型新增 Istio
# 現行的推論器
apiVersion: apps/v1
kind: Deployment
metadata:
  name: iris-svc
  namespace: shadow-ab
  labels:
    app: iris-svc
spec:
  replicas: 1
  selector:
    matchLabels:
      app: iris
```

```yaml
    template:
      metadata:
        labels:
          app: iris
          version: svc
        # 使用 istio 的設定
        annotations:
          sidecar.istio.io/inject: "true"
          sidecar.istio.io/proxyCPU: "128m"
          sidecar.istio.io/proxyMemory: "128Mi"
          proxy.istio.io/config: "{'concurrency':'4'}"
      spec:
        containers:
          - name: iris-svc
            image: shibui/ml-system-in-actions:➡
            shadow_ab_pattern_api_0.0.1
            imagePullPolicy: Always
            ports:
              - containerPort: 8000 # 公開的連接埠編號
            resources:
              limits:
                cpu: 500m
                memory: "300Mi"
              requests:
                cpu: 500m
                memory: "300Mi"
            env:
              - name: MODEL_FILEPATH
                value: "/workdir/iris_svc.onnx"
              - name: WORKERS
                value: "8"

---
# 新推論器（Shadow）
apiVersion: apps/v1
kind: Deployment
metadata:
  name: iris-rf
  namespace: shadow-ab
  labels:
```

```yaml
      app: iris-rf
spec:
  replicas: 1
  selector:
    matchLabels:
      app: iris
  template:
    metadata:
      labels:
        app: iris
        version: rf
      # 使用 istio 的設定
      annotations:
        sidecar.istio.io/inject: "true"
        sidecar.istio.io/proxyCPU: "128m"
        sidecar.istio.io/proxyMemory: "128Mi"
        proxy.istio.io/config: "{'concurrency':'4'}"
    spec:
      containers:
        - name: iris-rf
          image: shibui/ml-system-in-actions: ➥
          shadow_ab_pattern_api_0.0.1
          imagePullPolicy: Always
          ports:
            - containerPort: 8000 # 公開的連接埠編號
          resources:
            limits:
              cpu: 500m
              memory: "300Mi"
            requests:
              cpu: 500m
              memory: "300Mi"
          env:
            - name: MODEL_FILEPATH
              value: "/workdir/iris_rf.onnx"
            - name: WORKERS
              value: "8"

---
apiVersion: v1
kind: Service
```

```
metadata:
  name: iris
  namespace: shadow-ab
  labels:
    app: iris
spec:
  ports:
    - name: rest
      port: 8000 # 公開的連接埠編號
      protocol: TCP
  selector:
    app: iris

---
apiVersion: networking.istio.io/v1alpha3
kind: DestinationRule
metadata:
  name: iris
  namespace: shadow-ab
spec:
  host: iris
  trafficPolicy:
    loadBalancer:
      simple: ROUND_ROBIN
  subsets:
    - name: svc
      labels:
        version: svc
    - name: rf
      labels:
        version: rf

---
# 使用 VirtualService
apiVersion: networking.istio.io/v1alpha3
kind: VirtualService
metadata:
  name: iris
  namespace: shadow-ab
spec:
  hosts:
```

```
     - iris
  http:
   - route:
        # 將100%的要求傳送給支持向量機推論器
      - destination:
          host: iris
          subset: svc
        weight: 100
    # 將 100% 的要求映射給隨機森林推論器
    mirror:
      host: iris
      subset: rf
    mirror_percent: 100
```

最後的 mirror 的設定值可讓要求的複本傳送至隨機森林推論器。一如上述的 containerPort: 8000 所示，這兩個推論器使用的都是編號 8000 的連接埠，但只有支持向量機推論器會在接收到來自用戶端的要求之後傳回推論結果，隨機森林推論器的回應則會被阻斷。

讓我們試著向連接埠編號 8000 的這個端點傳送要求。回應結果雖然只有支持向量推論器的推論結果，但從日誌資料可以發現，隨機森林推論器也進行了推論。

〔命令〕

```
# 與用戶端連線
$ kubectl -n shadow-ab exec -it pod/client bash

# 為了確認要求沒流向隨機森林推論器，
# 而對 /predict/test 連續發送要求。
# 對所有要求的回應都是相同的內容。
$ curl http://iris.shadow-ab.svc.cluster.local:8000/ ➡
predict/0000
{"prediction":[0.9709,0.0155,0.0134]}
$ curl http://iris.shadow-ab.svc.cluster.local:8000/ ➡
predict/0001
{"prediction":[0.9709,0.0155,0.0134]}
```

```
$ curl http://iris.shadow-ab.svc.cluster.local:8000/ ➡
predict/0002
{"prediction":[0.9709,0.0155,0.0134]}
$ curl http://iris.shadow-ab.svc.cluster.local:8000/ ➡
predict/0003
{"prediction":[0.9709,0.0155,0.0134]}


#  支持向量機推論器的日誌資料
#  [2021-01-02 10:06:10] [INFO] [iris_svc.onnx] ➡
[/predict] [0000] [1.0731 ms] [[0.9709, 0.0155, 0.0134]]
#  [2021-01-02 10:06:13] [INFO] [iris_svc.onnx] ➡
[/predict] [0001] [1.2598 ms] [[0.9709, 0.0155, 0.0134]]
#  [2021-01-02 10:06:15] [INFO] [iris_svc.onnx] ➡
[/predict] [0002] [1.3172 ms] [[0.9709, 0.0155, 0.0134]]
#  [2021-01-02 10:06:18] [INFO] [iris_svc.onnx] ➡
[/predict] [0003] [2.0592 ms] [[0.9709, 0.0155, 0.0134]]

#  隨機森林推論器的日誌資料
#  [2021-01-02 10:06:10] [INFO] [iris_rf.onnx] ➡
[/predict] [0000] [4.4090 ms] [[1.000, 0.0, 0.0]]
#  [2021-01-02 10:06:13] [INFO] [iris_rf.onnx] ➡
[/predict] [0001] [2.9642 ms] [[1.000, 0.0, 0.0]]
#  [2021-01-02 10:06:15] [INFO] [iris_rf.onnx] ➡
[/predict] [0002] [2.0020 ms] [[1.000, 0.0, 0.0]]
#  [2021-01-02 10:06:18] [INFO] [iris_rf.onnx] ➡
[/predict] [0003] [2.1064 ms] [[1.000, 0.0, 0.0]]
```

🔷 6.5.5 優點

Shadow A/B 測試的優點在於不會對正式系統造成影響，新模型與推論器可在與正式系統相當的狀況下進行測試。進行 Shadow A/B 測試可取得模型的推論結果、延遲時間、實用性是否符合正式系統所需的數據。

前面提過，Shadow A/B 測試會以正式的要求測試多個模型與推論器，各模型能否在正式系統派上用場，是否有發佈的價值，必須根據推論器的用途判斷。雖然 Shadow A/B 測試可取得新模型與推論器的日誌資料，但還是得根據機器學習與系統的評估指標判斷新推論器的性能是否優於現行的推論器。

6.6 線上 A/B 測試模式

前面介紹的 Shadow A/B 測試模式會將要求映射至新的推論器,不過新的推論器只會執行推論,推論結果是不會回應給用戶端的。這節介紹的線上 A/B 測試模式則會讓新推論器針對部分的要求回應,藉此得知使用者的反應與效果。

6.6.1 用例

- 想確認新推論模型可利用正式資料推論的情況。
- 想確認新推論模型能承受正式系統的負載。
- 想在線上測量多個推論模型的商業價值。
- 想確認新推論模型的推論結果優於現行推論模型的時候。

6.6.2 想解決的課題

在前一節介紹 Shadow A/B 測試時,確定了新推論可於正式系統運作這件事,而這節介紹的線上 A/B 測試則會讓推論器在部分的正式系統發佈,再根據周邊系統與使用者體驗評估模型的有效性。

6.6.3 架構

線上 A/B 測試模式是利用正式資料測試多個推論模型與推論器的手法(圖 6.7),這個模式會讓多個推論器一起運作,再將過半數的存取量分配給現行推論器,再將其他的存取量緩緩傳至新推論器。存取量的調整會於代理伺服器進行之外,代理伺服器會將要求獨一無二的 ID、輸入資料與推論結果全放入分析專用的 DWH。有些工作流程會在用戶端得到推論結果之後,收集用戶行動日誌資料,再用來比較新舊模型的差異。存取量的分配規則必須根據推論的目的決定。若希望分析終端使用者使用新模型的行為模式,只需要讓同一位使用者的流量流向同一個推論器即可。如果想累積違規行為偵測這類推論結果,則可採取隨機分配存取量或是同時存取新舊模型的策略。

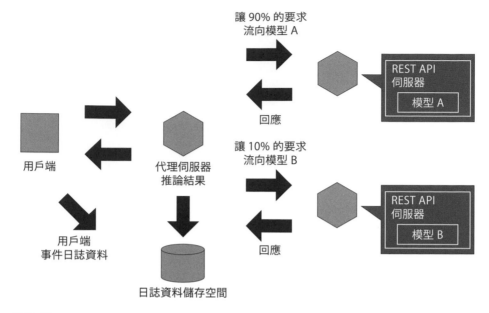

讓 90% 的要求
流向模型 A

REST API
伺服器

模型 A

回應

用戶端

代理伺服器
推論結果

讓 10% 的要求
流向模型 B

REST API
伺服器

模型 B

用戶端
事件日誌資料

回應

日誌資料儲存空間

圖 6.7 線上 A/B 測試模式

假設新推論模型的推論結果、速度、實用性不敷使用，可讓所有存取量流向現行推論器以及停用新推論器。在測量新推論模型的有效性時，必須訂立適當的測量期間，如果是會隨著季節變化的服務，就有必要進行長期的測量，如果是每天使用的服務，應該一週之內就會得到測試結果。此外，也有新推論模型一發佈就知道結果（例如股價這類立刻就能知道結果的情況）的情況。新舊模型是要繼續運作還是要停用，都得根據推論結果與影響判斷。

線上 A/B 測試模式會讓新模型與正式系統連線，再將推論結果傳回用戶端，藉此了解這個模式的商業效益以及對周邊系統的影響。

6.6.4 實際建置

與 Shadow A/B 測試相同的是，線上 A/B 測試也會使用 Istio 的 VirtualService。這項功能不僅可映射流量，還能分割流量，以及指定傳送給每個端點的要求的比例，讓部分的要求流向現行推論器，以及讓部分的要求流向新推論器（ **圖 6.8** ）。

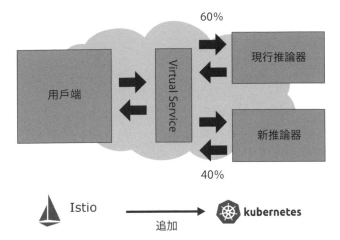

圖 6.8 線上 A/B 測試的實例

與 Shadow A/B 測試相同的是，現行推論器為支持向量機模型，新推論器為隨機森林模型，與 Shadow A/B 測試不同的部分只有 VirtualService 的設定而已。

完整程式碼放在下列的資源庫。

● **ml-system-in-actions/chapter6_operation_management/online_ab_pattern/**

　URL　https://github.com/shibuiwilliam/ml-system-in-actions/tree/main/chapter6_
　　　　operation_management/online_ab_pattern

推論器的 Manifest 請參考 程式碼 6.6 。

程式碼 6.6 manifests/deployment.yml

```
# 省略部分不需要說明的資源。

# 在 Web Single 模式新增 Istio
# 現行的推論器
apiVersion: apps/v1
kind: Deployment
metadata:
  name: iris-svc
  namespace: online-ab
```

```
  labels:
    app: iris-svc
spec:
  replicas: 1
  selector:
    matchLabels:
      app: iris
  template:
    metadata:
      labels:
        app: iris
        version: svc
      # 使用 istio 的設定
      annotations:
        sidecar.istio.io/inject: "true"
        sidecar.istio.io/proxyCPU: "128m"
        sidecar.istio.io/proxyMemory: "128Mi"
        proxy.istio.io/config: "{'concurrency':'4'}"
    spec:
      containers:
        - name: iris-svc
          image: shibui/ml-system-in-actions: ➡
          online_ab_pattern_api_0.0.1
          imagePullPolicy: Always
          ports:
            - containerPort: 8000
          resources:
            limits:
              cpu: 500m
              memory: "300Mi"
            requests:
              cpu: 500m
              memory: "300Mi"
          env:
            - name: MODEL_FILEPATH
              value: "/workdir/iris_svc.onnx"
            - name: WORKERS
              value: "8"

---
```

```yaml
# 新推論器
apiVersion: apps/v1
kind: Deployment
metadata:
  name: iris-rf
  namespace: online-ab
  labels:
    app: iris-rf
spec:
  replicas: 1
  selector:
    matchLabels:
      app: iris
  template:
    metadata:
      labels:
        app: iris
        version: rf
      # 使用 istio 的設定
      annotations:
        sidecar.istio.io/inject: "true"
        sidecar.istio.io/proxyCPU: "128m"
        sidecar.istio.io/proxyMemory: "128Mi"
        proxy.istio.io/config: "{'concurrency':'4'}"
    spec:
      containers:
        - name: iris-rf
          image: shibui/ml-system-in-actions: ➡
          online_ab_pattern_api_0.0.1
          imagePullPolicy: Always
          ports:
            - containerPort: 8000
          resources:
            limits:
              cpu: 500m
              memory: "300Mi"
            requests:
              cpu: 500m
              memory: "300Mi"
          env:
```

```
              - name: MODEL_FILEPATH
                value: "/workdir/iris_rf.onnx"
              - name: WORKERS
                value: "8"

---
apiVersion: v1
kind: Service
metadata:
  name: iris
  namespace: online-ab
  labels:
    app: iris
spec:
  ports:
    - name: rest
      port: 8000
      protocol: TCP
  selector:
    app: iris

---
apiVersion: networking.istio.io/v1alpha3
kind: DestinationRule
metadata:
  name: iris
  namespace: online-ab
spec:
  host: iris
  trafficPolicy:
    loadBalancer:
      simple: ROUND_ROBIN
  subsets:
    - name: svc
      labels:
        version: svc
    - name: rf
      labels:
        version: rf

---
```

```
# 使用 VirtualService
apiVersion: networking.istio.io/v1alpha3
kind: VirtualService
metadata:
  name: iris
  namespace: online-ab
spec:
  hosts:
    - iris
  http:
    - route:
        # 讓 60% 的要求流向支持向量機推論器
      - destination:
          host: iris
          subset: svc
        weight: 60
        # 讓 40% 的要求流向隨機森林推論器
      - destination:
          host: iris
          subset: rf
        weight: 40
```

在 VirtualService 最後的部分設定 60% 的負載（weight）流向支持向量機模型，40%（weight）的負載流向隨機森林模型。如此一來，60% 的要求將流向支持向量機模型，剩餘的 40% 則將流向隨機森林模型。

先確認流量是否真的分割。

〔命令〕

```
# 與用戶端連線
$ kubectl \
    -n online-ab exec \
    -it pod/client bash

# 發送 10 次要求進行測試。
$ target="iris.online-ab.svc.cluster.local"
```

```
$ curl http://${target}:8000/predict/test
{"prediction":[0.9709,0.0155,0.0134],
 "mode":"iris_svc.onnx"}
$ curl http://${target}:8000/predict/test
{"prediction":[0.9709,0.0155,0.0134],
 "mode":"iris_svc.onnx"}
$ curl http://${target}:8000/predict/test
{"prediction":[0.9709,0.0155,0.0134],
 "mode":"iris_svc.onnx"}
$ curl http://${target}:8000/predict/test
{"prediction":[1.0000,0.0,0.0],
 "mode":"iris_rf.onnx"}
$ curl http://${target}:8000/predict/test
{"prediction":[0.9709,0.0155,0.0134],
 "mode":"iris_svc.onnx"}
$ curl http://${target}:8000/predict/test
{"prediction":[1.0000,0.0,0.0],
 "mode":"iris_rf.onnx"}
$ curl http://${target}:8000/predict/test
{"prediction":[1.0000,0.0,0.0],
 "mode":"iris_rf.onnx"}
$ curl http://${target}:8000/predict/test
{"prediction":[1.0000,0.0,0.0],
 "mode":"iris_rf.onnx"}
$ curl http://${target}:8000/predict/test
{"prediction":[0.9709,0.0155,0.0134],
 "mode":"iris_svc.onnx"}
$ curl http://${target}:8000/predict/test
{"prediction":[0.9709,0.0155,0.0134],
 "mode":"iris_svc.onnx"}
```

mode 這個屬於回應的鍵可說明哪個推論器正在回應。仔細一數會發現，iris_svc.onnx（支持向量機）回應了 6 次，iris_rf.onnx（隨機森林）回應了 4 次。

由此可知，流量已根據發送至同一個端點（ URL http://iris.online-ab.svc.cluster.local:8000/predict/test，Kubernetes 的內部 URL）的要求分割了。

6.6.5 優點

實施線上 A/B 測試的優點在於可將新模型移植到正式系統，確認對使用者與商業模式的影響。在離線的環境下，現行模型與新模型的機器學習評估不會有明顯的差異，但是摻雜機率成分的推論結果與延遲時間卻很少會一致，多少還是會有落差。要知道這個落差會對商業效益造成什麼影響，在實際的系統使用新模型是最簡單快速的方法，但不可否認的是，在部分的正式系統發佈新模型，有可能會損及商業效益。如果知道新模型會造成不當影響，則可停用新模型，並且讓系統還原至只有現行模型的狀態。

6.6.6 檢討事項

在實施線上 A/B 測試的時候，應該特別注意新舊模型的流量分配。如果流向新模型的流量過低，就難以正確評估新模型，但如果流量過高，就必須容忍商業效益受損這件事。如果能利用 Istio 的 VirtualService 讓流量在不需停止推論器的情況下流向推論器，就能試著讓流向新模型的流量從 1% 慢慢增加就好。

6.7 參數基礎推論模式

> 機器學習的推論結果不一定可以完全信任。如果知道推論結果有問題，可試著根據規則操作推論結果。這種根據推論結果調整回應或後續步驟的方法稱為參數基礎推論模式。

6.7.1 用例

● 想利用變數控制推論器或推論結果的時候。

● 想利用規則控制推論器的時候。

6.7.2 想解決的課題

機器學習的推論終究是概率的結果，所以不一定是百分之百正確的結論。比方說，分類模型只會算出輸入資料屬於各種分類的機率，但只以機率最高的類別做為判斷基準是有一定的風險的。例如，以鳶尾花資料集進行學習的分類模型算出 [setosa, versicolor, virginica] 的各類別推論機率為 [0.98, 0.01, 0.01] 與 [0.34, 0.33, 0.33] 時，推論結果的用途也會跟著改變。若只回應機率最高的類別，有可能會回應錯誤的結果。若希望取得可靠的推論結果，也就是避免 False Positive（偽陽性）的情況，在前者的 [0.98, 0.01, 0.01] 的情況下，應該回應 setosa 比較安全，但在後者的 [0.34, 0.33, 0.33] 的情況下回應 setosa，就很有可能發生 False Positive 的情況。

若是與分類相關的推論，這類機率偶爾會對商業效益造成影響。若是違規偵測或推薦系統，不採用機率較低的分類結果，只回應不屬於任何類別的策略也是可行之道。具體來說，就是替每個類別設定臨界值，一旦推論結果低於該臨界值，就不將該推論結果回應給用戶端。臨界值可根據學習時的評估結果設定。假設 [setosa, versicolor, virginica] 的正解率分別為 [95%, 85%, 99%] 的話，那麼 setosa、versicolor、virginica 的臨界值即可參考這個正解率，分別設定為 0.95、0.85、0.99，當然也可以參考正解率之外的指標設定臨界值，也可以在實際運作之後調整臨界值。這個策略是否能創造商業效益必須經過驗證，此時就可採用前述的線上 A/B 測試進行驗證。不論如何，根據模型的評估結果以及 A/B 測試結果調整各類別的臨界值，的確可以提升推論的價值。

🔷 6.7.3 架構

機器學習模型的參數在學習模型之後就會固定，很難個別調整。此外，模型的學習結果、商業邏輯與系統規格不一定會一致。比方說，推論器不斷產出異常的推論結果，損及商業效益的時候，就必須重新學習模型、修正資源，不然就是得從正式服務移除推論器。如果需要耗費一段時間才能重新學習完畢，就有必要只讓推論器暫時移除。此外，也會發生只有部分的資料有問題，以其他資料進行推論都很正常的情形。此時可重新學習模型，或是拿掉有問題的資料再進行推論。要在正式服務使用機器學習模型時，精準度較高的模型不一定就能創造理想的商業利益。如果遇到極端的情況（部分的極端資料）或是系統相關的問題，就必須依照規則解決問題。

停止推論、拿掉有問題的資料、試著重啟、逾時處理都是在系統使用推論器所需的邏輯，也才能即時因應上述的問題（ 圖 6.9 ）。以應用程式為例，最好建立一些可利用執行命令指定的參數。若是容器型的系統，則通常會利用環境變數指定參數。不管是哪種情況，也不管機器學習模型的精準度有多高，都很難在遇到極端情況或異常的時候正常推論，此時最好利用規則控制這些可能發生的異常，系統才能穩定運作。此外，不是所有的異常都能透過規則處理，所以建議大家建立 ACTIVATE 這種控制能否使用推論器的變數，以便中斷與推論器的連線。

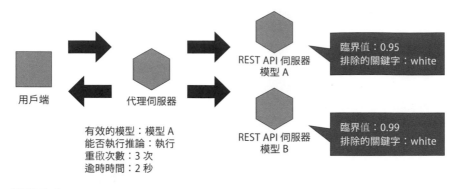

臨界值：0.95
排除的關鍵字：white

臨界值：0.99
排除的關鍵字：white

REST API 伺服器
模型 A

REST API 伺服器
模型 B

用戶端　　　　　　　代理伺服器

有效的模型：模型 A
能否執行推論：執行
重啟次數：3 次
逾時時間：2 秒

圖 6.9 參數基礎推論模式

🔹 6.7.4 實際建置

這次要使用 **Chapter 4** 的微服務並聯模式建置的二元分類推論器（利用鳶尾花資料集學習的推論器）開發參數基礎推論模式。推論模型會讓 setosa、versicolor、virginica 這些推論器於不同的伺服器驅動。代理伺服器會接收來自用戶端的要求，再轉送給每個推論器，還會負責彙整推論結果，再以臨界值篩選這些推論結果。代理伺服器必須具備管理推論器的功能，還必須以臨界值過濾每個推論器，避免向多餘的推論器發送要求。這些功能都可利用環境變數控制（ **圖 6.10** ）。

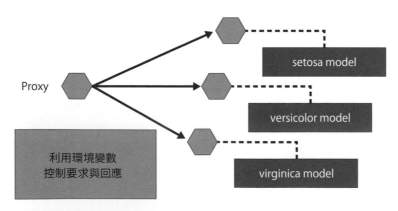

Proxy

setosa model

versicolor model

virginica model

利用環境變數
控制要求與回應

圖 6.10 參數基礎推論模式的實例

這次的實例以代理伺服器的建置為主，推論器的部分已於微服務並聯模式說明過，在此便不予以贅述。

完整程式碼放在下列的資源庫。

- **ml-system-in-actions/chapter6_operation_management/paramater_based_pattern/**

  URL https://github.com/shibuiwilliam/ml-system-in-actions/tree/main/chapter6_operation_management/paramater_based_pattern

代理伺服器的建置內容請參考 程式碼 6.7 。

為了要利用環境變數指定接收要求的推論器與臨界值，要先利用 configuration 取得環境變數。

程式碼 6.7 `src/api_composition_proxy/configurations.py`

```python
# 所有的環境變數
# SERVICE_SETOSA=setosa:8000
# SERVICE_VERSICOLOR=versicolor:8001
# SERVICE_VIRGINICA=virginica:8002
# DEFAULT_THRESHOLD="0.95"
# THRESHOLD_SETOSA="0.90"
# THRESHOLD_VERSICOLOR="0.85"
# THRESHOLD_VIRGINICA="0.95"
# ACTIVATE_SETOSA="1" # "1"= 有效、"0"= 無效
# ACTIVATE_VERSICOLOR="1" # "1"= 有效、"0"= 無效
# ACTIVATE_VIRGINICA="0" # "1"= 有效、"0"= 無效


import os
from logging import getLogger
from typing import Dict

# 為了方便閱讀，省略與修正部分較為冗長的處理。


logger = getLogger(__name__)


class ServiceConfigurations:
    services: Dict[str, str] = {}
    thresholds: Dict[str, float] = {}
    default_threshold: float = float(
        os.getenv(
            "DEFAULT_THRESHOLD",
            0.95,
```

```
            )
        )
    activates: Dict[str, bool] = {}
    for environ in os.environ.keys():
        # 端點
        if environ.startswith("SERVICE_"):
            url = str(os.getenv(environ))
            if not url.startswith("http"):
                url = f"http://{url}"
            env_lower = environ.lower()
            env_lower = env_lower.replace("service_", "")
            services[env_lower] = url
        # 臨界值
        if environ.startswith("THRESHOLD_"):
            threshold_key = environ.lower()
            threshold_key = threshold_key.replace➡
("threshold_", "")
            thresholds[threshold_key] = float(
                os.getenv(environ, 0.95),
            )
        # 有效、無效
        if environ.startswith("ACTIVATE_"):
            activate_key = environ.lower()
            activate_key = activate_key.replace➡
("activate_", "")
            if int(os.getenv(environ)) == 1:
                activates[activate_key] = True
            else:
                activates[activate_key] = False
```

以 SERVICE_ 為字首的環境變數設定了推論器的 URL，以 ACTIVATE_ 為字首
的環境變數設定了推論器的有效（1）、無效（0）。以 THRESHOLD_ 為字首的環
境變數設定了推論器的臨界值，也為了沒有設定 THRESHOLD_ 的情況宣告了
DEFAULT_THRESHOLD 這個設定通用臨界值的環境變數。 程式碼 6.7 設定了
setosa 推論器、versicolor 推論器、virginica 推論器的 URL 與臨界值，但只
有 virginica 推論器是無效的。

代理伺服器是以 FastAPI 建置。一如 程式碼 6.8 所示，代理伺服器的 API 具有
將要求導向推論器的功能。將要求導向各推論器之後，會以臨界值比較有效的

推論器的推論結果，假設推論結果比臨界值大就傳回 1，若是比臨界值小就傳回 0。之所以會對無效的推論器傳送要求，是為了收集所有推論器的推論結果。前述的 Shadow A/B 測試模式也曾提過，即使不回應推論結果，但為了後續的分析以及改善服務，還是需要傳送要求。

程式碼 6.8 `src/api_composition_proxy/routers/routers.py`

```python
import asyncio
import logging
import uuid
from typing import Any, Dict, List

import httpx
from fastapi import APIRouter
from pydantic import BaseModel
from src.api_composition_proxy.configurations import (
    ServiceConfigurations as svc,
)

# 為了方便閱讀，省略部分冗長的處理。


router = APIRouter()


# 所有推論器的健康狀態檢查
@router.get("/health/all")
async def health_all() -> Dict[str, Any]:
    results = {}
    # 以 URL httpx 進行非同步要求
    async with httpx.AsyncClient() as ac:

        async def req(ac, service, url):
            response = await ac.get(f"{url}/health")
            return service, response

        tasks = [req(ac, service, url) for service, url ➡
in svc.services.items()]

        responses = await asyncio.gather(*tasks)

        for service, response in responses:
            if response.status_code == 200:
```

```
                results[service] = "ok"
            else:
                results[service] = "ng"
    return results


# 向所有推論器發出要求
@router.post("/predict")
async def predict(data: Data) -> Dict[str, Any]:
    job_id = str(uuid.uuid4())[:6]
    results = {}
    # 以 URL httpx 進行非同步要求
    async with httpx.AsyncClient() as ac:

        async def req(ac, service, url, job_id, data):
            response = await ac.post(
                f"{url}/predict",
                json={"data": data.data},
                params={"id": job_id},
            )
            return service, response

        tasks = [req(ac, service, url, job_id, data) ➡
for service, url in svc.services.items()]

        responses = await asyncio.gather(*tasks)

        # 彙整推論結果
        for service, response in responses:
            if not svc.activates[service]:
                continue
            proba = response.json()["prediction"][0]
            # 大於臨界值傳回 1，小於臨界值傳回 0
            if proba >= svc.thresholds.get(
                service,
                svc.default_threshold,
            ):
                results[service] = 1
            else:
                results[service] = 0
    return results
```

這次的系統是於 Kubernetes 叢集部署，但沒有使用 Istio。代理伺服器的
Kubernetes Manifest 也如 程式碼 6.9 設定了環境變數。

程式碼 6.9 manifests/proxy.yml

```yaml
apiVersion: apps/v1
kind: Deployment
metadata:
  name: proxy
  namespace: parameter-based
  labels:
    app: proxy
spec:
  replicas: 3
  selector:
    matchLabels:
      app: proxy
  template:
    metadata:
      labels:
        app: proxy
    spec:
      containers:
        - name: proxy
          image: shibui/ml-system-in-actions: ➡
          parameter_based_pattern_proxy_0.0.1
          env:
            - name: APP_NAME
              value: src.api_composition_proxy.app. ➡
proxy:app
            - name: PORT
              value: "9000"
            - name: WORKERS
              value: "8"
            - name: SERVICE_SETOSA
              value: iris-setosa.parameter-based.svc. ➡
cluster.local:8000
            - name: SERVICE_VERSICOLOR
              value: iris-versicolor.parameter-based. ➡
```

```
svc.cluster.local:8001
            - name: SERVICE_VIRGINICA
              value: iris-virginica.parameter-based. ➡
svc.cluster.local:8002
            - name: THRESHOLD_SETOSA
              value: "0.90"
            - name: THRESHOLD_VERSICOLOR
              value: "0.85"
            - name: THRESHOLD_VIRGINICA
              value: "0.95"
            - name: ACTIVATE_SETOSA
              value: "1"
            - name: ACTIVATE_VERSICOLOR
              value: "1"
            - name: ACTIVATE_VIRGINICA
              value: "0"
          ports:
            - containerPort: 9000


---
apiVersion: v1
kind: Service
metadata:
  name: proxy
  namespace: parameter-based
  labels:
    app: proxy
spec:
  ports:
    - name: rest
      port: 9000
      protocol: TCP
  selector:
    app: proxy
```

接著部署推論系統，觀察推論結果。

〔命令〕

```
# 在 Kubernetes 叢集部署 Manifest
$ kubectl apply -f manifests/namespace.yml
# 輸出
namespace/parameter-based created

$ kubectl apply -f manifests
# 輸出
namespace/parameter-based unchanged
deployment.apps/proxy created
service/proxy created
deployment.apps/iris-setosa created
service/iris-setosa created
deployment.apps/iris-versicolor created
service/iris-versicolor created
deployment.apps/iris-virginica created
service/iris-virginica created
```

部署推論系統之後，與用戶端 Pods 連線，再讓 Pods 發送推論要求。

〔命令〕

```
$ kubectl \
    -n parameter-based cxec \
    -it pod/client bash

# 以有可能是 setosa 的資料要求推論
$ curl \
  -X POST \
  -H "Content-Type: application/json" \
  -d '{"data": [[5.1, 3.5, 1.4, 0.2]]}' \
  proxy.parameter-based.svc.cluster.local:9000/predict
# 輸出
{"setosa":1,"versicolor":0}

# 以不會被分類為任何類別的資料要求推論
$ curl \
  -X POST \
```

```
  -H "Content-Type: application/json" \
  -d '{"data": [[50.0, 30.1, 111.4, 110.2]]}' \
  proxy.parameter-based.svc.cluster.local:9000/predict
# 輸出
{"setosa":0,"versicolor":0}
```

從結果可知，只回應了 setosa 與 versicolor 的推論結果。

🔵 6.7.5 優點

參數基礎推論模式的優點在於能利用規則控制推論。利用環境變數這類參數在推論結果或回應增設規則，就能讓機器學習模型依照商業需求運作。根據商業需求學習模型往往得耗費不少學習成本，學習成效也不一定符合需求，但是在可利用規則控制的部分增設規則，的確能讓推論器的品質有一定程度的提升。

🔵 6.7.6 檢討事項

雖然可利用參數控制機器學習模型的推論，但不是所有的推論都可利用參數控制。雖然可對推論結果設定臨界值或有效、無效的旗標，或是利用更多的參數建置複雜的邏輯或規則，但是當參數增加，規則變得複雜，就必須進行各種模式的測試，也就很難保證系統的品質。此外，這些參數或規則都只用於控制機器學習模型的推論，所以當模型更新，這些參數或規則就有可能失效。以鳶尾花資料集的 setosa 二元分類推論模型為例，ROC 曲線的 AUC（曲線下面積）為 0.8 的模型與 0.99 的模型在臨界值的設定，或有效、無效的判斷也會不同。

利用參數設定的邏輯若是改變，也有可能要改寫推論器的程式碼。若從維護的層面來看，建議大家讓參數與規則保持簡單，這種以規則控制的邏輯才能更廣泛地應用。

6.8 條件分歧推論模式

有時只有一個機器學習模型也無法解決課題，比方說，要處理的資料很複雜，或是使用者的傾向很多元，都是其中一種情況。與其建立通用的推論模型，不如替每個資料群組建立適當的模型，再利用規則分配要求，而這種模式就稱為條件分歧推論模式。

6.8.1 用例

- 推論對象有明顯差異的情況。
- 想利用規則設定各個推論模型的用途的情況。

6.8.2 想解決的課題

使用者的狀況（時間、地點、個人情況）通常會影響推論資料的選擇，比方說，要利用機器學習推薦菜色的用例，就不太適合在早上的時段推薦牛排或紅酒，如果是利用相機分類地標，而且使用者人在日本的情況，就不太會以加州的金門大橋做為推論的資料。在不同的情況使用不同的推論資料就是所謂的條件分歧推論模式。

6.8.3 架構

條件分歧推論模式會替各種狀況建立模型，將模型部署成推論器（ **圖 6.11** ）。流往各推論器的存取量由代理伺服器控制。若是於不同的時段運作的推論器，那麼早上的時候，就讓要求流向早上專用的模型，中午就流向中午專用的模型，晚上則流向晚上專用的模型。在這種情況下，開發模型的困難之處在於只要狀況有變，資料的傾向或目標變數就會跟著改變，如果特徵完全不同的情況，就得針對不同的特徵開發模型。這種模式會替不同的狀況建立適當的推論模型，所以比通用的模型更能得到適當的推論。

至於狀況的分類則可根據資料的特徵與目標變數的內容決定，有時候早上與晚上使用同一個推論模型也沒問題。要特別注意的是，若只是憑直覺分類狀況，很有可能會出現系統性的執行錯誤。

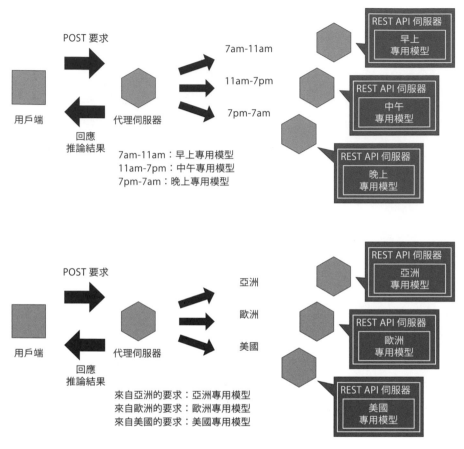

圖 6.11 條件分歧推論模式

6.8.4 實際建置

這次要建置的是根據不同的條件使用影像分類模型的系統，任務則是分類照片裡的拍攝主體，所以要根據這些拍攝主體建立多種分類模型。用於學習的圖片資料為 ImageNet（ URL http://www.imagenet.org/ ）。這個資料集雖然很普及，但是只包含了 1,000 個類別，這數字只佔了全世界物品數量的一部分，所以 ImageNet 無法辨識的東西還非常多。比方說，若要分類眼前的植物，就必須建立植物的分類模型。

這次要建立的系統是利用植物分類模型分類使用者從深山送來的影像分類要求，以及利用 ImageNet 學習的影像分類模型分類深山之外的一般物品。

這次的推論器會在 TensorFlow Serving 驅動。兩個模型都是由 TensorFlow Hub 提供的 MobileNetV2，一個是利用 ImageNet 進行學習，另一個則是利用植物資料（ URL https://github.com/visipedia/inat_comp/tree/master/2017）學習。

● 以 ImageNet 進行學習的 MobileNetV2

URL https://tfhub.dev/google/imagenet/mobilenet_v2_140_224/classification/4

● 以植物資料進行學習的 MobileNetV2

URL https://tfhub.dev/google/aiy/vision/classifier/plants_V1/1

在 TensorFlow Serving 驅動的推論器的前方都設置了代理伺服器。代理伺服器除了會將要求發送給推論器，還會扮演 API 的角色，提供中繼資料與標籤列表。

這次的推論系統是於 Kubernetes 叢集建置，條件分歧則是由 Istio 控制。Istio 的 VirtualService 內建了根據要求的標頭（header）決定要求接收端的功能。假設用戶端傳來的 REST 要求的標頭為 `target: mountain`，就讓要求流向植物分類推論器的代理伺服器，否則就傳送至 ImageNet 推論器的伺服器（ 圖 6.12 ）。

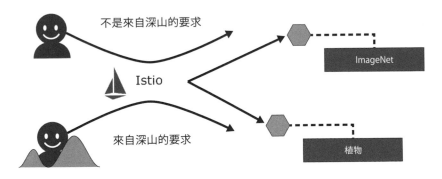

不是來自深山的要求

Istio

ImageNet

來自深山的要求

植物

圖 6.12 條件分歧推論模式的實例

在 TensorFlow Serving 啟動 TensorFlow 模型的方法與同步推論模式的方法一樣，所以本章不再贅述。這次的實例只針對代理伺服器與 Istio 的設定說明。

完整程式碼放在下列的資源庫。

- **ml-system-in-actions/chapter6_operation_management/condition_based_pattern/**

  URL https://github.com/shibuiwilliam/ml-system-in-actions/tree/main/chapter6_operation_management/condition_based_pattern

這次的代理伺服器會利用 FastAPI 建立（ 程式碼 6.10 ）。ImageNet 推論器的代理伺服器與植物分類推論器的代理伺服器都是一樣的程式碼，只以環境變數選擇接收要求的 TensorFlow Serving 與輸出的中繼資料。

程式碼 6.10 `src/api_composition_proxy/routers/routers.py` 與其他檔案

```python
import os
import base64
import io
import json
from typing import Any, Dict, List

import grpc
import httpx
from fastapi import APIRouter
from PIL import Image
from src.api_composition_proxy.backend import (
    request_tfserving,
)
from src.api_composition_proxy.backend.data import Data
from tensorflow_serving.apis import (
    prediction_service_pb2_grpc,
)

# 為了顧及易讀性，將散落在各個檔案的程式碼
# 在此整理成同一個檔案。
# 也省略了與本書說明無關的處理。



router = APIRouter()



# 取得標籤
```

```python
def get_label(
    json_path: str = "./data/image_net_labels.json",
) -> List[str]:
    with open(json_path, "r") as f:
        labels = json.load(f)
    return labels


# GRPC Channel
channel = grpc.insecure_channel(
    os.getenv(
        "GRPC",
        "mobilenet_v2:8500",
    )
)
# GRPC Stub
stub = prediction_service_pb2_grpc.PredictionServiceStub(
    channel,
)

label_path = os.getenv(
    "LABEL_PATH",
    "./data/image_net_labels.json",
)
labels = get_label(json_path=label_path)


# 推論專用端點
@router.post("/predict")
def predict(data: Data) -> Dict[str, Any]:
    image = base64.b64decode(str(data.image_data))
    bytes_io = io.BytesIO(image)
    image_data = Image.open(bytes_io)
    image_data.save(bytes_io, format=image_data.format)
    bytes_io.seek(0)
    # 對 TensorFlow Serving 發出 GRPC 要求
    r = request_tfserving.request_grpc(
        stub=stub,
        image=bytes_io.read(),
```

```
        model_spec_name="mobilenet_v2",
        signature_name="serving_default",
        timeout_second=5,
    )
    return r
```

/label 端點會回應推論器分類的所有標籤，/metadata 端點會提供要求與回應的資料定義與範例。/predict 端點會回應與 POST 要求的圖片對應的推論結果。

流往代理伺服器的存取量是由 Istio 控制。包含 Istio 的 VirtualService 的代理伺服器 Manifest 請參考 程式碼 6.11 。

程式碼 6.11 manifests/proxy_deployment.yml

```yaml
# 與 ImageNet 模型對應的代理伺服器
apiVersion: apps/v1
kind: Deployment
metadata:
  name: mobilenet-v2-proxy
  namespace: condition-based-serving
  labels:
    app: mobilenet-v2-proxy
spec:
  replicas: 3
  selector:
    matchLabels:
      app: proxy
  template:
    metadata:
      labels:
        app: proxy
        version: mobilenet-v2
      annotations:
        sidecar.istio.io/inject: "true"
        sidecar.istio.io/proxyCPU: "128m"
        sidecar.istio.io/proxyMemory: "128Mi"
        proxy.istio.io/config: "{'concurrency':'8'}"
```

維持機器學習系統的品質

```
    spec:
      containers:
      - name: mobilenet-v2-proxy
        image: shibui/ml-system-in-actions: ➥
        condition_based_pattern_proxy_0.0.1
        imagePullPolicy: Always
        env:
          - name: REST
            value: mobilenet-v2. ➥
                  condition-based-serving.svc. ➥
                  cluster.local:8501
          - name: GRPC
            value: mobilenet-v2.
                  condition-based-serving.svc.
                  cluster.local:8500
          - name: MODEL_SPEC_NAME
            value: mobilenet_v2
          - name: SIGNATURE_NAME
            value: serving_default
          - name: LABEL_PATH
            value: ./data/image_net_labels.json
          - name: SAMPLE_IMAGE_PATH
            value: ./data/cat.jpg
          - name: WORKERS
            value: "2"
        ports:
          - containerPort: 8000
        resources:
          limits:
            cpu: 600m
            memory: "300Mi"
          requests:
            cpu: 600m
            memory: "300Mi"


---
# 與植物分類模型對應的代理伺服器
apiVersion: apps/v1
kind: Deployment
metadata:
```

```
      name: plant-proxy
      namespace: condition-based-serving
      labels:
        app: plant-proxy
spec:
  replicas: 3
  selector:
    matchLabels:
      app: proxy
  template:
    metadata:
      labels:
        app: proxy
        version: plant
      annotations:
        sidecar.istio.io/inject: "true"
        sidecar.istio.io/proxyCPU: "128m"
        sidecar.istio.io/proxyMemory: "128Mi"
        proxy.istio.io/config: "{'concurrency':'8'}"
    spec:
      containers:
        - name: plant-proxy
          image: shibui/ml-system-in-actions: ➡
condition_based_pattern_proxy_0.0.1
          imagePullPolicy: Always
          env:
            - name: REST
              value: plant.condition-based-serving.svc. ➡
cluster.local:9501
            - name: GRPC
              value: plant.condition-based-serving.svc. ➡
cluster.local:9500
            - name: MODEL_SPEC_NAME
              value: plant
            - name: SIGNATURE_NAME
              value: serving_default
            - name: LABEL_PATH
              value: ./data/plant_labels.json
            - name: SAMPLE_IMAGE_PATH
              value: ./data/iris.jpg
            - name: WORKERS
```

```
                      value: "2"
                ports:
                  - containerPort: 8000
                resources:
                  limits:
                    cpu: 800m
                    memory: "500Mi"
                  requests:
                    cpu: 800m
                    memory: "500Mi"


---
apiVersion: v1
kind: Service
metadata:
  name: proxy
  namespace: condition-based-serving
  labels:
    app: proxy
spec:
  ports:
    - name: rest
      port: 8000
      protocol: TCP
  selector:
    app: proxy


---
apiVersion: networking.istio.io/v1alpha3
kind: DestinationRule
metadata:
  name: proxy
  namespace: condition-based-serving
spec:
  host: proxy
  trafficPolicy:
    loadBalancer:
      simple: ROUND_ROBIN
  subsets:
    - name: mobilenet-v2
      labels:
```

```
          version: mobilenet-v2
    - name: plant
      labels:
          version: plant


---
apiVersion: networking.istio.io/v1alpha3
kind: VirtualService
metadata:
  name: proxy
  namespace: condition-based-serving
spec:
  hosts:
    - proxy
  http:
    # 判斷 header 是否為 target: mountain
    - match:
        - headers:
            target:
              exact: mountain
      # 是 target: mountain 的話，就讓要求流向植物分類推論器
      route:
        - destination:
            host: proxy
            subset: plant
    # 如果不是 target: mountain，就讓要求流向 ImageNet 推論器
    - route:
        - destination:
            host: proxy
            subset: mobilenet-v2
```

雖然在 ImageNet 推論器的代理伺服器與植物分類推論器的代理伺服器建立
了兩個 deployment，但服務是共享的，只利用 VirtualService 將標頭為
target:mountain 的要求導向植物分類推論器的代理伺服器。

接著試著部署與發出要求。這次要分別發出貓咪圖片（ 圖 6.13 ）與鳶尾花圖片
（ 圖 6.14 ）的要求。

圖 6.13 貓咪圖片

圖 6.14 鳶尾花圖片

〔命令〕

```
# 在 Kubernetes 叢集部署 Manifest
$ kubectl apply -f manifests/namespace.yml
# 輸出
namespace/condition-based-serving created

$ kubectl apply -f manifests
# 輸出
deployment.apps/mobilenet-v2 created
service/mobilenet-v2 created
namespace/condition-based-serving unchanged
deployment.apps/plant created
service/plant created
deployment.apps/mobilenet-v2-proxy created
deployment.apps/plant-proxy created
service/proxy created
destinationrule.networking.istio.io/proxy created
virtualservice.networking.istio.io/proxy created

# 與用戶端連線
$ kubectl \
```

```
      -n condition-based-serving exec \
      -it pod/client bash

# 向 ImageNet 推論器發出貓咪圖片的要求
$ (echo \
    -n '{"image_data": "'; base64 cat.jpg; echo '"}' \
  ) | \
  curl \
    -X POST \
    -H "Content-Type: application/json" \
    -d @- \
    proxy.condition-based-serving.svc.cluster.local: ➡
8000/predict
# 輸出
"Persian cat"

# 向植物分類推論器發出鳶尾花圖片的要求
$ (echo \
    -n '{"image_data": "'; base64 iris.jpg; echo '"}' \
  ) | \
  curl \
    -X POST \
    -H "Content-Type: application/json" \
    -H "target: mountain" \
    -d @- \
    proxy.condition-based-serving.svc.cluster.local: ➡
8000/predict
# 輸出
"Iris versicolor"

# 向植物分類推論器發出貓咪圖片的要求之後，分類為 background
$ (echo \
    -n '{"image_data": "'; base64 cat.jpg; echo '"}' \
  ) | \
  curl \
    -X POST \
    -H "Content-Type: application/json" \
    -H "target: mountain" \
    -d @- \
    proxy.condition-based-serving.svc.cluster.local: ➡
8000/predict
```

```
# 輸出
"background"

# 向 ImageNet 推論器發出鳶尾花圖片的要求
$ (echo \
        -n '{"image_data": "'; base64 iris.jpg; echo '"}' \
    ) | \
    curl \
        -X POST \
        -H "Content-Type: application/json" \
        -d @- \
        proxy.condition-based-serving.svc.cluster. ➡
local:8000/predict
# 輸出
"bee"
```

🔷 6.8.5 優點

想必大家已經了解，上述的程式碼是利用標頭讓流向同一個端點的要求流往不同的推論器。根據要求的條件選用不同的推論器，就能提供更細膩的推論結果。

這次只利用 ImageNet 資料與植物資料進行不同的處理，但其實也能讓不同性能的推論器進行不同的處理。比方說，MobileNetV2 的延遲時間較短，但分類的精準度較低，而 InceptionV3 或 ResNet 的延遲時間較長，分類精準度卻較高，所以就算是分類相同標籤的模型，也可以同時配置 MobileNetV2 推論器與 InceptionV3 推論器，再依照需要的精準度決定要求的流向。

🔷 6.8.6 檢討事項

模型的數量越多，模型的評估、改善以及推論器的維護都會變得更麻煩，所以必須根據性價比確定課題是否真的需要利用條件分歧推論模式解決，或是反問自己，該課題是否真的能透過機器學習解決。

6.9 反面模式 ── 純離線模式 ──

本書已經說明了在正式系統發佈機器學習模型，以及進行評估的重要性。最後要介紹不在正式系統發佈機器學習模型的反面模式。

◆ 6.9.1 狀況

只利用離線的測試資料評估機器學習模型的狀態。

◆ 6.9.2 具體問題

機器學習模型必須移植到正式系統才能創造商業利益，對事業或效率做出貢獻。模型是否實用，全由對事業或效率做出多少貢獻，無法只憑測試資料決定。測試資料只是判斷模型能否發佈的指標之一，卻不是評估商業效益的指標，所以，就算測試結果為 99.99% 的正解率，只要無法在使用實際資料的情況下發揮效果（甚至是造成不當影響），這模型都是多餘的（ 圖 6.15 ）。發佈為推論器的模型必須在使用的時候驗證效果。假設模型持續讓商業利益受損，就必須停止對模型發出要求，回到沒有模型的狀態（採用參數基礎推論模式就能快速還原至沒有模型的狀態）。

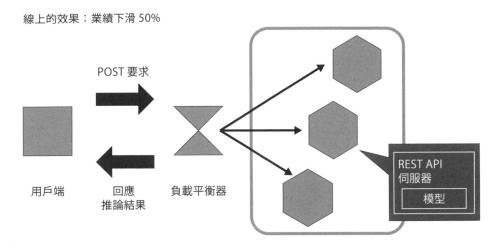

圖 6.15 反面模式（純離線模式）的架構

6.9.3 優點

● 百害無一利

6.9.4 課題

● 無法以常見的指標評估推論器。

6.9.5 規避方法

首先要決定量化評估模型效果的方法，之後要在發佈前後（或是 A/B 測試的 A 群與 B 群）分割流往推論器的流量，收集評估所需的日誌資料。讓推論器運作一段時間之後，驗證推論器的效果，再判斷是否讓推論器繼續運作。

End-to-End 的 MLOps 系統設計

Chapter 7 是本書最後一章。到目前為止介紹了機器學習、基礎架構、維護這些與 MLOps 有關的技術，導致本書的內容遠比當初設想得更加冗長，也非常感謝各位讀到最後。

最後的 Chapter 7 算是集大成的一章，要帶著大家利用機器學習的各種元件打造一套系統。從 Chapter 1 ～ Chapter 6 介紹了解決課題的方法，以及建立機器學習元件的方法。每個元件都只能提供一部分的功能，無法解決完整的課題。將各個階段的元件串在一起，就能打造系統與機器學習的回饋循環，進而解決更困難的課題。

本章要先定義準備機器學習解決的課題，再將每個機器學習的元件串成一套大型系統。

7.1 課題與手法

不一定所有的課題都能利用機器學習解決，而且有些情況也不適合使用機器學習。選出適用機器學習的課題與選擇適當的手法，是啟動機器學習專案時最重要的決策。

🔲 7.1.1 決定可利用機器學習解決的課題

要活用機器學習，就必須先決定要解決的課題，但在決定要解決的課題之前，恐怕得先從眼前的課題找出必須透過機器學習解決的課題。一如前述，要活用機器學習必須準備適當的資料、系統與成本。假設機器學習系統正式上線後發現成本高於效果，就必須試著利用其他的方式解決課題。如果資料多到人類無法處理或是很危險的作業，利用機器學習（或系統）進行處理，當然有其價值可言，但還是得評估採用機器學習得到的利潤或降低成本的效果，是否高於總成本（包含維護費用與人事費用）。此外，也要判斷該課題是否應該透過機器學習解決。比方說，就算是忙得沒時間與小孩聊天的上班族，也不太適合利用機器學習打造 ChatBot，讓 ChatBot 代替自己與小孩聊天對吧？或許機器學習真能代替家長，有時也可利用機器學習的技術教育小孩，但有些行為就是得當事人自己完成才有意義。

🔲 7.1.2 檢討是否能利用機器學習解決

選定課題之後，接著要思考能否利用機器學習解決。要利用機器學習解決的第一步是收集大量的資料。如果是全新的事業，常常都不會有相關的資料可用，這時候應該先啟動事業，而不是想著要利用機器學習解決問題。以新商品的推薦系統為例，沒有商品相關資料，就無法建立推薦系統的機器學習模型（冷啟動問題），這點想必大家也都知道才對。就算已經有資料，也必須先將資料整理成可用的格式。資料科學家或機器學習工程師因安全問題而無法存取的資料是無法於機器學習應用的。此外，當資料散落在不同的資料來源時，就必須先整理資料之間的關係，之後還要判斷是否要準備解決課題所需的資料。

📦 7.1.3 以數值評估機器學習解決課題的適用度

如果已經選定了課題，資料也整理成可用的格式，那麼機器學習就是解決課題的手法之一。要證明機器學習比其他手法更有效，就必須以數值評估機器學習解決課題的適用度。以生產線的劣質品偵測處理為例，可利用 Accuracy、Precision、Recall 這三項數值評估，如果是商店的需求預測處理，則可使用 MAE（平均絕對誤差）或是 RMSE（均方根誤差）評估，電子商務網站的推薦系統則可使用 PR 曲線或 ROC 曲線評估。這些都是會於資料科學或機器學習出現的評估指標。如果要在商業的世界使用，這些指標就必須另行解讀成商業指標。

以利用機器學習檢測劣質品為例（ 圖 7.1 ），**人工檢測的費用**必須**高於開發與維護機器學習的費用**。此外，還要利用機器學習的 Precision 與 Recall 評估人工誤判的風險。如果想生產高品質的產品，卻很常挑不出劣質品的話，就有可能得抱著寧殺錯，不放過的態度，才能挑出所有劣質品。此時可利用「因劣質品造成的營業損失＞不小心報廢正常品的成本」的指標進行評估。反之，若不想錯把正常品當成劣質品，就必須由人工再次檢視挑出來的劣質品。此時的指標就會是「因劣質品造成的營業損失＞正常品被當成劣質品挑掉的成本＞重新檢視的人事費用＋正常品被誤判為劣質品的成本」。不同的事業需要不同的評估方法，但是都需要根據機器學習的指標判讀商業價值，再進一步進行評估。

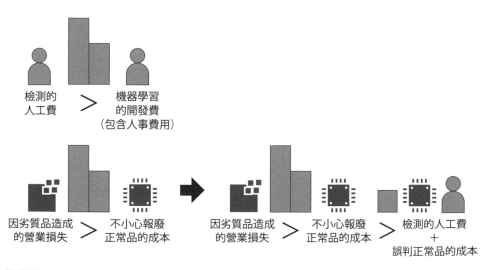

圖 7.1 檢測劣質品的機器學習系統

⬢ 7.1.4 機器學習系統的要件定義

選出評估方法之後，就能進入開發機器學習的階段。機器學習模型的開發以及移植到系統的方法，還有事後的維護方法，可使用本書之前介紹的方法。一開始讓我們先從將機器學習移植到系統，讓機器學習在系統運作的方法。或許大家會覺得進入這個階段之後，總算能開發模型了，但其實還為時過早，因為開發無法移植（穩定性、速度、執行環境不符合需求）到系統的模型，也只是浪費時間而已，所以要先釐清模型會移植到哪種系統。

比方說，若要與網路系統或智慧型手機應用程式搭配，與使用者的互動性、延遲時間、呈現方式、使用體驗（UI/UX）就會是必須解決的課題。如果是要求速度的系統，就不能使用太過複雜的深度學習模型（即使模型的性能較強）。

如果要於批次系統使用，就必須在預定的批次處理時間之內推論所有該處理的資料，並且儲存推論結果。此時有可能會為了在時間限制之內完成而水平擴充計算資源，也有可能因此增加額外的成本，這時候就必須根據成效檢討成本。此外，也要擬定因應錯誤的系統還原方法或是重試方法。能穩定運作，又能高速推論的低成本模型（而且能隨時重試），往往比正解決較高、但架構很複雜的機器學習模型來得更加實用。

⬢ 7.1.5 開發機器學習模型

了解機器學習系統的要件之後，總算可以開始開發機器學習模型了。開發模型時，必須不斷地嘗試，以便滿足所有要件（除了機器學習的評估指標，還得滿足速度、穩定性與成本的要求）。記錄試用過的模型、參數與評估結果，再於有限的時間與預算之內開發最佳的模型。有時候發佈的模型只符合「差強人意」的標準，此時就必須先看看效果，再判斷要不要繼續使用這個模型。機器學習的精準度不可能達到 100%，所以總是會需要一定程度的妥協，至於該妥協到什麼程度，全看事業的規模與系統的重要性，但比起耗費數個月開發模型，大部分的情況都會選擇進行影響範圍不大的實驗性發佈，確認模型的實用性。時間與預算都不是無限的，所以必須判斷該在何時發佈模型，或是停止開發模型。

🔷 7.1.6 評估模型與驗證效果

模型發佈之後，接著就是評估模型與驗證效果（ 圖 7.2 ），也就是模型是否能根據輸入資料產出預設的推論結果與商業效益。雖然推論終究是推論，免不了出現一些誤差，但必須評估該誤差是否仍在容許範圍。如果是為了使用者量身打造的專案，有可能會對與使用者有關的指標（例如點擊率或停留時間）造成影響，甚至會因此接到客訴。如果是公司內部系統，則可試著收集使用者的意見。機器學習正式上線之後，最糟的情況就是無法驗證效果（或是不驗證效果）的狀態。要驗證與改善（或停止）機器學習系統的實用性，不能在模型發佈之後就放置不管，必須進一步驗證效果。

該在何時發佈？

「打造了精準度 99.99% 的模型」
「連 0.01% 的誤差也不能放過」
… 幾天後 …
「打造了精準度 99.992% 的模型」
「連 0.008% 的誤差也不能放過」

「打造了精準度 99.95% 的模型」
「先試著發佈為正式系統，觀察後續的發展」
… 幾天後 …
「累積不少正式系統所需的資料了。不過有 1% 的誤差。試著分析造成誤差的原因」

圖 7.2 正式採用與評估的模型

這次重新說明了在商業模式採用機器學習的步驟。雖然 **Chapter 1** 也說明了類似的內容，但是讀到最後的讀者，對這段內容的理解與想法一定已經有所不同才對。

接下來要整合機器學習的元件，打造一個完整的工作流程。從下一節開始，要以需求預測系統以及內容上傳服務為例，分別說明這兩者的機器學習系統的架構。

7.2 需求預測系統的範例

不管是日常生活還是工作，或多或少都會遇到需要根據資料預測未來的情況，而在商業的世界裡，預測商品與服務的需求就稱為需求預測，通常會利用過去的業績、來店人數這類資料預測日後的業績或是來店人數。

◉ 7.2.1 狀況與要件

假設要為屬於服務業的店家打造一套預測一週內需求的系統。如果這間店在全國有數百間店，每間門市都提供相同的服務，每間門市的服務需要三名店員常駐才得以提供。來店人數會隨著季節、時段與星期一～日而變動。近年來景氣下滑，所以希望調整店員的輪班時間，藉此調降人事費用。由於店員必須提供服務，所以必須預測各門市的來店人數，算出最低需求的店員人數（ 圖 7.3 ）。

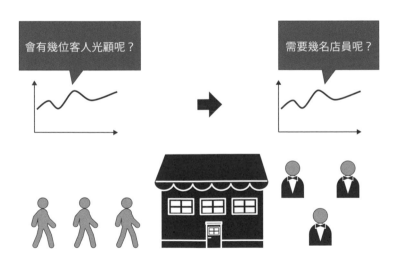

圖 7.3　需求預測系統

一開始先規劃工作流程（ 圖 7.4 ）。先預測一週之內的需求，排出店員的班表。不管是店員還是兼職人員，都沒辦法突然調班，所以得計算推論結果若實為班表所需的時間。假設必須在上班日的前四天確定店員與兼職人員的班表，那麼需求預測處理就必須在上班日的四天之前完成。在上班日的六天之前開始推論，並在隔天（上班日的五天之前）完成推論的行程表應該沒有問題。由於還留了一天的時間，所以就算推論失敗，也還有時間重新推論。假設班表會在門市營業時間進行，所以可在每週的星期四調整下週一之後的班表。

這套系統的推論器應該非批次推論系統莫屬。可根據幾年前到最近的資料預測所有門市的需求。開始推論的時間可根據資料的更新頻率與資料量決定，但一定得在星期四收到需求預測資料。為了保險起見會執行兩次批次推論處理，也需要時間確認推論結果。假設每次的批次處理需要 12 個小時，每次確認需要 2 個小時，那麼就得在星期二的時候啟動批次推論處理，並在隔天的星期三確認第一次的批次推論處理是否成功，以及推論結果的品質，如果有問題的話，就在星期三再次執行，才能在星期四調整班表。

推論對象的時間軸需要根據條件設定。假設店員的排班是以「天」為單位安排，那麼只需要預測單日的來店人數。如果是以時段為單位（例如上午、下午、晚上）排班，就必須預測各時段的需求。

推論結果的品質可根據推論期間的來店人數評估。假設店員比來店人數多很多，可避免客人等待，但是人事費用卻很高，反之，店員太少時可降低人事費用的成本，卻會讓顧客空等，導致服務品質下滑，甚至有可能會因此趕走回頭客，業績也跟著下滑。假設推論結果與實際情況背離，可試著利用其他模型推論，或是與人類的經驗法則比較，一步步改善工作流程。假設選擇與其他模型進行比較，必須先選定要比較的門市，再將系統調整至可讓多個模型進行推論的架構。

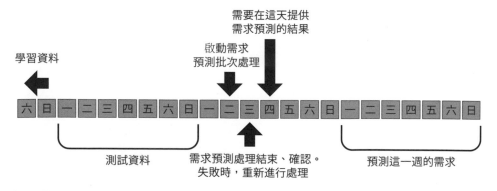

圖 7.4 需求預測處理的行程表

◉ 7.2.2 建立系統

前面已經定義了需求預測系統的目的、要件與評估方法。實際的服務狀況或業務狀況的條件都不同，但這次就以個案研究的方式整理條件。

- 必須在星期四提供各門市需求預測結果，調整下週的班表。
- 以批次推論系統進行推論。
- 批次推論處理會於星期二開始，並在星期三確認推論結果。有必要的話，再執行批次推論處理。
- 以實際的來店人數評估推論結果。
- 與其他的模型或人類的經驗比較推論結果，藉此改善工作流程。
- 選擇多間門市，以便以多個模型的推論結果進行比較。

接著要在上述的條件之下開發模型。由於是來店人數的需求預測，所以各門市來店人數的時序資料就會是學習資料。假設各門市的來店人數資料是兩天前的資料，而且會放在 DWH 提供推論處理使用。換言之，星期二使用的資料是直到兩天之前（星期天）的來店人數。模型的測試資料則為近一週以來的來店人數。換言之，上週星期一到本週星期日的來店人數為測試資料，學習資料則是更前一週，到星期日為止的資料。

在此有兩件注意事項。

1. 模型是否每週都要重新學習？還是學習一次之後就繼續沿用。
2. 若是每週都要重新學習，是否要變更超參數或演算法？

假設是 1. 的每週都要重新學習模型，就必須配合「星期二開始批次推論處理，星期四發佈需求預測結果」的行程完成學習。如果是能穩定學習的模型或許可跟上行程，但如果無法穩定學習，就應該一邊評估模型，一邊改善模型，而不是一直學習。

假設選擇的是 1. 每週學習，就有必要進行 2. 的調整超參數與演算法。可在一週之內試用新的超參數或演算法，但將超參數與演算法導入批次推論系統需要一定的時間。從耗時一週這點來看，比較建議大家利用推論結果評估模型，一點一滴改造模型。

如此一來，學習流程就完成了。接下來讓我們思考學習、推論、評估、維護所需的元件（ 圖 7.5 ）。

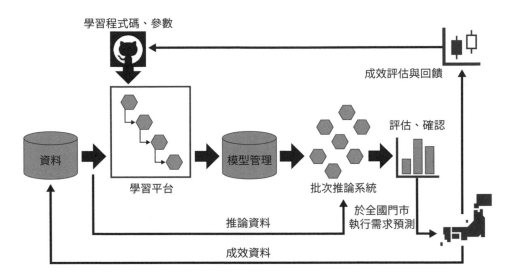

圖 7.5 需求預測系統的全貌

學習資料是幾百間門市累積了數年的資料（具有時間順序），所以是檔案容量非常大的資料。這次要開發管線學習架構，一邊調整參數與資料，再一邊開發模型。為了可在發佈模型之後改善模型，會利用資源庫管理學習程式碼與評估結果，建立一套能根據計畫學習的系統。

推論處理採用的是批次推論。會依照執行推論的時間水平縮放計算資源的規模。這次會利用雲端環境或 Kubernetes 叢集視情況配置需要的資源。

評估推論結果的步驟會先從 DWH 取得兩天前的來店人數,再以比較推論結果的 BI 工具進行可視化。測量各門市、時段、日期的實測結果與推論結果之間的乖離程度之後,若是行有餘力,也可以比較來店人數的增減程度。若是以多個模型進行 A/B 測試,就有必要讓每個模型的比較結果可視化(圖 7.6)。

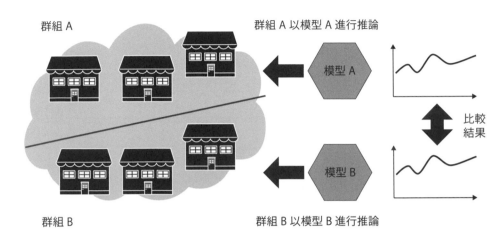

群組 A

群組 A 以模型 A 進行推論

模型 A

群組 B

群組 B 以模型 B 進行推論

模型 B

比較
結果

圖 7.6 以多個模型進行 A/B 測試的情況

維護作業包含執行、確認、重試批次推論處理,以及定期將推論結果傳送給門市。確認作業需要人力進行,所以最好將推論結果製作成表格或圖表,才方便全面檢視。此外,也可進行一些例行公事之外的作業,例如打造部署多個模型的機制,或是選擇將模型的推論結果傳送至哪個門市,藉此改善與比較模型。

7.3 內容上傳服務的範例

接著思考網路服務的情況。內容上傳服務的種類非常多，例如社群網站或是電子公佈欄都是其中一種，而這類服務為了確保安全性，都必須偵測不符合規定的內容或行為，所以接下來要思考如何利用機器學習打造安全的內容上傳服務。

7.3.1 狀況與要件

這次要思考的是網路或智慧型手機的內容上傳服務。有許多服務都可讓使用者上傳與公開內容，如果是日記這類內容，可於各種社群網站上傳，如果是影片的話，可於 YouTube 或 TikTok 上傳，如果是照片或圖片，則可於 Instagram 或 pixiv 上傳，文章或資訊則可在 note 或 Medium 上傳。

為了方便說明，這次要以上傳動物照片與相關說明的內容上傳服務為例。這項服務可上傳貓咪、狗狗、貓熊、鳥、海洋生物這類自己的寵物或是在動物園、大自然拍到的照片，還能輸入標題與圖片的說明。只要是人類以外的動物，都可以將照片上傳至這個服務。這項服務的目的是提供喜歡動物的使用者欣賞動物的可愛模樣或是令人驚喜的行為，所以禁止上傳動物的屍體以及噁心的模樣，當然也不能上傳非動物或人類的照片。

內容上傳服務大致上會有兩種畫面，一種是上傳內容的畫面，一種是瀏覽已上傳內容的畫面，這類服務的網站通常會讓已上傳的內容依照時間順序，由上而下顯示，也就是類似 Facebook 或 Twitter 的介面，所以使用者可由上而下瀏覽最新的內容（ 圖 7.7 ）。

書側標籤：1 2 3 4 5 6 7 End-to-End 的 MLOps 系統設計

內容上傳畫面　　　　　　　　　　　　　搜尋‧瀏覽畫面

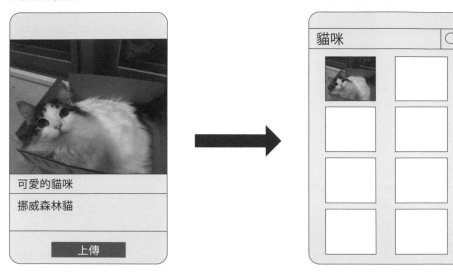

圖7.7 內容上傳服務的畫面

為了方便搜尋，這類服務都有在內容加上拍攝主體標籤的功能。以小貓咪為例，可加上「貓咪」、「小貓咪」這類標籤，讓愛貓人士能快速分享這些照片。

以上就是內容上傳服務的運作機制與相關功能，其中有不少可以應用機器學習的場景。以禁止上傳動物之外的拍攝主體、動物屍體或是動物噁心的模樣這類情況來看，就可利用機器學習偵測與排除這些不可以上傳的內容。如果是從上而下流動的 GUI，可利用機器學習打造推薦系統或是排行榜系統，讓使用者比較感興趣的內容排在最上面，就算是在內容加上標籤的功能，也可以打造一個能自動偵測拍攝主體再推薦適當標籤的功能。當服務越普及，上傳的內容越多，就有必要利用機器學習打造自動化系統。由此可知，內容上傳服務雖然是常見的服務，卻也是可應用機器學習的系統。

這次要利用機器學習開發偵測禁止內容的功能（ **圖7.8** ）。由於這項服務只接受活體動物的內容，所以其他內容都在被禁止的範圍之內。

第一步要思考的是偵測內容的時間點與流程。可利用機器學習監控內容的時間點非常多。

1. 最早的時間點就是使用者打算上傳內容、選擇照片時。此時應該是使用者點選上傳按鈕之前，監控就已經啟動，並且提醒使用者「這張照片不能上傳」的使用者介面。不過這種介面會讓使用者不想上傳內容，而且使用者有可能只是選錯照片，也有可能是機器學習的監控有問題，所以不算是太友善的使用者介面。讓我們再看看其他的選擇。

2. 其次是在使用者按下「上傳」按鈕時啟動監控。使用者點選「上傳」按鈕之後，資料會傳送至推論系統，並且進行推論。如果是動物的內容就顯示「上傳成功」，如果是禁止上傳的內容就顯示「無法上傳這項內容」。看起來這似乎是個不錯的監控時間點，但是資料得先送到推論系統，完成推論之後，再將推論結果傳給使用者。在這一來一往的時間裡，使用者什麼都不能做，一旦讓使用者等上數秒，使用者很可能會乾脆放棄上傳。

3. 也可以在上傳之後進行非同步監控。使用者點選「上傳」按鈕之後，先在畫面顯示「內容上傳完畢，待會即可瀏覽結果，請稍候」，再讓推論器監控內容。如果是沒問題的內容就於內容瀏覽網站公佈內容，如果是有問題的內容，就以推播通知的方式，顯示「無法上傳這項內容」的訊息。這種方法雖然不會禁止使用者切換畫面，使用者卻得花點時間才知道內容是否上傳成功。

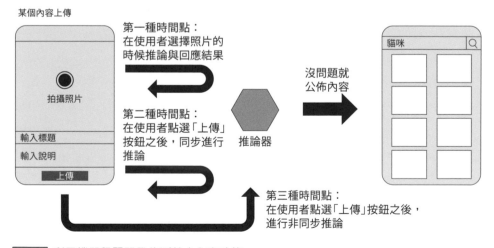

圖 7.8 利用機器學習開發偵測禁止內容功能

必須先比較優缺點再決定該於哪個時間點監控內容以及內容是否上傳成功。假設這次選擇的是第三種時間點，也就是以允許使用者繼續切換畫面的方式開發偵測禁止內容系統。第三種時間點會在使用者上傳內容之後，利用機器學習審查內容，再讓那些非禁止內容之外的內容上傳至內容瀏覽網站。雖然使用者知道上傳內容之後，需要等一段時間才能看到上傳結果，但絕對不會希望等上一天才看到，所以這次要將服務等級設定為上傳內容後的一個小時之內發送上傳結果通知。如果出現超過一個小時才能處理完畢的內容，就將該內容視為系統性障礙。

接著要釐清推論系統的條件。內容瀏覽網站收到的照片數量與頻率，會隨著時段與日期而不同，假日的話，從早到晚都會收到許多照片，平日的話，則以下午到晚上的時段為顛峰期。此外，不管是假日還是平日，深夜到早上這段時間的上傳數量是最少的，但不會是零。如果碰巧當天有動物相關的電視節目，上傳數量會在電視節目播放完畢之後增加。若以幾個月為單位，長期觀察內容上傳數量的話，會發現內容上傳數量正緩步增加中（ 圖 7.9 ）。

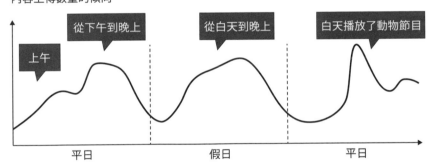

內容上傳數量的傾向

上午　從下午到晚上　從白天到晚上　白天播放了動物節目

平日　　　　假日　　　　平日

圖 7.9 內容上傳數量

由於上傳數量會因日期、時段或是事件而改變，所以有必要在上傳數量最多的時候，將足夠的計算資源分配給推論器。一旦計算資源不足，就有可能無法滿足上述的服務等級，進而造成系統出錯，也有必要打造隨著上傳數量水平擴充或縮減資源的機制。

禁止上傳的內容除了非動物的內容（不過，人類也不算是動物）之外，就算是動物，也不能是屍體或是噁心的內容。就字面上來看，這種審查機制或許很簡單，但其中的機制卻如千絲萬縷般複雜。比方說，在某張有很多貓咪的照片之中，出現了飼主的臉，而且這張臉佔的面積很小，這時候到底要不要禁止這張照片上傳。此外，沉睡中的動物算不算屍體？又該如何判斷？動物的口腔內部算不算噁心的照片？其實有許多內容連人類也不知道該怎麼判定，換言之，要正確審查所有照片是不可能的。為了釐清課題，第一步要從偵測人臉與禁止上傳內容的部分開始。

推論器的效能該如何評估？由於需要在一個小時之內將推論結果傳送給使用者，所以能在一個小時之內推論多少內容可說是評估推論器的指標之一。此外，也得評估機器學習的推論精準度，換言之，就是在公開的內容之中，拍到人臉（沒能正確篩選掉的內容）的比例有多高，可作為評估推論精準度的指標。此外，在禁止公佈的內容之中，沒拍到人臉（不小心誤判為不可公佈的內容）的比例有多高，也是另一種評估推論精準度的指標。

一般來說，上述的兩種指標之間存在著互相排擠的關係（ 圖 7.10 ）。若以前者為主（避免漏掉該篩選的內容），被禁止上傳內容的使用者就會增加，若以後者為主（禁止誤判），內容上傳服務的秩序就會大亂，會出現許多與動物無關的內容，而且也得思考測量推論精準度的方法。不管是以前者還是後者為主，只要不知道拍到人臉的內容到底有多少，就無法計算前者與後者的比率。當然可安排人類複檢，但如果要這麼做，還不如一開始就由人類負責審查。當上傳的內容數量不多時，或許還可由人類負責審查，但是當內容的數量變多，就不可能全部審查一遍，所以必須根據服務狀況與人力決定可行的審查方式。這次採取的折衷方案是以在禁止上傳的內容之中，沒拍到人臉（不小心誤判）的內容有多少比例為指標。所有禁止上傳的內容都會由工作人員複檢與評估。之所以會如此決定，是因為禁止上傳的所有內容，數量應該還在能以人力複檢的範圍內。

$$\text{precision} = \boxed{\begin{array}{c}\text{判定為違規的}\\\text{違規內容}\end{array}} \div \boxed{\begin{array}{c}\text{判斷為違規的}\\\text{違規內容}\end{array}\begin{array}{c}\text{判定為違規的}\\\text{正常內容}\end{array}}$$

違規內容	正常內容
判定為正常的 違規內容	判斷為正常的 正常內容
判定為違規的 違規內容	判斷為違規的 正常內容

被誤判為違規
的正常內容

沒能篩選出來
的違規內容

$$\text{recall} = \boxed{\begin{array}{c}\text{判定為違規的}\\\text{違規內容}\end{array}} \div \boxed{\begin{array}{c}\text{判定為正常的}\\\text{違規內容}\end{array}\atop\begin{array}{c}\text{判定為違規的}\\\text{違規內容}\end{array}}$$

圖 7.10　兩者之間的互斥關係

7.3.2 模型與系統

偵測人臉的處理似乎可利用影像分類或物體偵測的模型實現（ 圖 7.11 ）。一般來說，物體偵測模型的計算量比影像分類模型更多，計算速度也更慢，但比較符合本次的目的。就學習模型而言，影像分類模型比物體偵測模型更快學習完畢，而且就準備資料的部分來看，影像分類模型只需要人臉照片即可，但物體偵測模型卻需要能指定臉部的位置。到底該選擇影像分類模型還是物體偵測模型，端看內容監控系統的發佈時程，如果需要早一點發佈，可選擇影像分類模型，如果可晚一點發佈，則可多花點心思，打造稍微複雜的物體偵測模型。這次要先使用影像分類模型，並在服務有問題的時候，追加物體偵測模型。

影像分類的
學習資料與標記

物體偵測的
學習資料與標記

違規內容

正常內容

違規的位置

圖 7.11　影像分類模型與物體偵測模型在學習資料上的差異

接著是挑選要學習的模型。影像分類模型的種類很多，而這次需要在使用者上傳內容之後的一個小時之內傳回推論結果，所以必須在學習模型之前，先根據推論時的負載抗壓性以及擴充性篩選模型。這次也假設有可能會發生高於最大上傳數量兩倍的上傳量，所以要以如此高的負載連續兩小時，向推論器發送要求，驗證推論器能否在一個小時之內推論所有的要求。假設要 10% 以上的要求留在佇列超過一個小時，就將該模型歸類為不夠實用。

此外，也要考慮成本的問題。如果能無限地水平擴充資源，當然能在一個小時之內處理所有的要求，但不可能無限增加預算，最多以一天五千日元（每月十五萬日元）為上限，如此一來，能使用的計算資源就會受限。由於不能使用 GPU，所以必須以 CPU 有效地運用資源。換言之，在選擇影像分類模型時，必須根據有限的計算資源篩選出能承受上述負載的模型。

選出可用的模型，以及開發模型之後，要進行發佈評估。此時必須根據推論效能評估指標評估模型。這次的測試資料是最近一週之內的上傳內容（事前要以人力分類一週份的內容）。主要會利用測試資料進行下列的評估。

1. 正確分類可上傳與不可上傳的內容（Accuracy）。
2. 在所有違規內容之中，正確判斷為違規內容的比例（Recall）。
3. 在判斷為違規的內容之中，實際為違規內容的比例（Precision）。
4. 判斷為違規的內容數量是否可由工作人員在一週之內人工複檢完畢。

1、2、3 是機器學習分類問題常見的指標，而 4 則是本課題特有的指標。為了讓工作人員得以複檢由機器學習判斷為違規的內容，違規內容的數量就不能超過人力所及的範圍。這種做法雖然有好有壞，但既然要複檢，就必須避免發生無法複檢的狀態。人力複檢的範圍是由人力與作業時間決定，但人力與時間也不可能無限增加，所以必須先決定臨界值，限制違規內容的數量。

7.3.3 活用機器學習

當模型確定可以發佈，就能正式移植至正式系統（ 圖 7.12 ）。不過，就算是經過重重關卡考驗才得以發佈的模型，也不一定能在移植至正式系統之後，發揮原有的效能，有時還是得更換模型，所以推論最好以 Model loader 模式（**3.5節**）發佈，如此一來，才能在需要重新學習模型時，更換成適當的模型。

為了能夠進行非同步推論，所以這次要將推論系統打造成非同步推論模式（**4.4節**）。當然也可以採用微服務並聯模式（**4.8 節**），在用戶端與推論器之間建立代理伺服器，並且利用多個模型進行推論。為了維持模型的推論精準度，也為了評估推論精準度，會採用推論日誌模式（**5.2 節**）與推論監控模式（**5.3 節**）。

判斷為違規的內容會由人工複檢。人工複檢的結果會在日後作為訓練資料使用，藉此補強模型的弱點。要以新增的資料重新學習模型時，會採用 Shadow A/B 測試模式（**6.5 節**）與線上 A/B 測試模式（**6.6 節**）進行評估。假設要使用新的演算法開發模型，則會採用微服務並聯模式，利用多個模型推論，再彙整所有的推論結果。

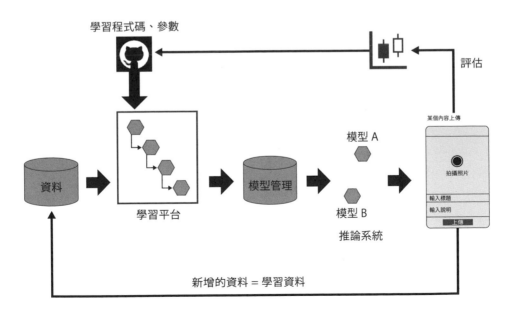

圖 7.12 違規內容偵測系統的全貌

7.3.4 MLOps

在利用影像分類模型打造的違規內容偵測系統上線兩個多月之後,發現違規內容的數量雖然減少了,卻也發生了下列這些新課題。

1. 發生了抱怨系統誤將正常內容判斷為違規內容的客訴。
2. 人臉佔比很小的照片常被當成正常內容。
3. 使用者希望有人臉的照片也能上傳。

造成 1 的原因有很多,例如工作人員不足,所以人工複檢時,無法從被判斷為違規的內容之中挑出正常的內容。實際調查之後發現,每逢深夜或是連續假期的時候,工作人員的複檢速度就會變慢,導致無法挑出正常內容的頻率變高,而且也會因為速度變慢害使用者空等。若要解決這個問題可試著增加工作人員的數量。此外,如果還是讓使用者空等,則可向使用者發送「讓您久等了,真是萬分抱歉」的訊息,也可以改善機器學習的模型,減少接到客訴的次數。

2 的問題則是源自影像分類模型。影像分類模型的功能在於分類影像,所以有可能無法辨識面積較小的拍攝主體。若採用物體偵測模型或許就能解決這個問題。此時需要判斷能否透過 **7.3.2 節**的步驟挑選模型、學習與評估模型,以及使用物體偵測模型。假設可以採用物體偵測模型,則可利用 Shadow A/B 測試模式(**6.5 節**)或線上 A/B 測試模式(**6.6 節**)與現行的模型進行比較。也必須觀察完成評估之後的系統。

如果物體偵測模型的成效比影像分類模型還好,可保留物體偵測模型以及刪除影像分類模型。如果影像分類模型與物體偵測模型所能偵測的內容不同,可互相截長補短的話,則可採用微服務並聯模式(**4.8 節**),讓這兩個模型同時運作。假設要在影像分類處理之後,利用物體偵測處理進行複檢,則可採用微服務串聯模式(**4.7 節**)或時間差推論模式(**4.9 節**)。

3 的問題可說是源自使用者心態的問題，應該會有不少使用者覺得，即使拍到自己的臉，也是因為照片裡的動物很可愛才會想上傳，所以這時候可能修改服務的方針，允許拍到人臉的照片上傳，這時候就不需要之前建立的違規內容偵測系統。假設為了保護個人資訊而禁止人臉公開的話，可試著打造自動在人臉加上馬賽克的功能，也就是能利用物體偵測處理或人臉辨識處理精準判斷人臉的位置之後，再自動於該處加上馬賽克的流程。

若要採用這種人臉馬賽克功能，就必須從解決課題所需的 UI/UX 開始規劃，規劃步驟與本章的說明一致，就是將功能的價值、開發與維護的成本，UI 的變化與商業利益放上天秤衡量，明確地定義評估的指標，最後發佈經過多次可用性測試建置機器學習的產品，以及改善產品的性能（ 圖 7.13 ）。

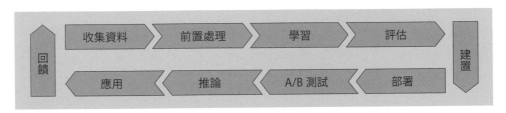

圖 7.13 改善模型的工作流程

所謂的 MLOps 就是為了能在正式系統應用機器學習的開發與維護的方法，是一種為了成功採用機器學習產品的組織或商業模式的設計圖。利用機器學習建置模型，再讓模型當成 API 運作之後，一切才正要開始。模型發佈之後，必須打造一個能解決遇到的課題與客訴，持續讓使用者感到滿意的回饋循環。為此，就必須不斷地問自己「Why ？」，反問自己為什麼要開發這個產品或商業模式，也需要反問自己「有必要利用軟體與機器學習打造這些功能嗎？」，大部分的產品與商業模式都不會是曇花一現，只要不刪除，就能持續使用，也必須不斷地維護、改善，才能讓業績不斷成長。如果這些產品與商業模式都採用了機器學習，就必須根據應用機器學習的方式、狀況提升機器學習的精準度，讓機器學習更臻完善。MLOps 可說是利用機器學習達成商業目標的練習。

7.4　總結

簡單總結本章的內容。

本章以需求預測批次推論系統與內容上傳服務為例,說明了建置與維護機器學習系統的方法。不管是需求預測系統還是內容上傳服務,都會遇到比本書介紹更多的課題,而且機器學習的用途與使用方式也會隨著不同的場景或目的而天差地別。雖然筆者還想繼續討論很多課題與方案,但受限於本書篇幅限制,不得不就此停筆。

結語

PREFACE

非常感謝大家購買本書。

一如「前言」所述，這是一本根據筆者本身將機器學習移植到正式系統的經驗所撰寫的書籍，所以筆者不知道的技術、商業模式、系統、維護方式都未能介紹，也可能介紹了一些已經隨著時代被淘汰的技術，也有可能在要件定義、實際建置的部分與各位的意見不同，所以若對本書有任何感想，或是有任何建議或需要修正的部分，歡迎大家隨時聯絡作者。

我記得自己是在 2015 年，還在某間公司服務時說出「想要打造機器學習系統」這句話，當時正是資料科學與機器學習的熱潮正準備席捲全日本的時代，卻沒有人知道「要活用機器學習，就必須連同後續的維護一併進行」這件事。即使到了現在，負責開發機器學習模型的資料科學家、機器學習工程師與負責開發系統或產品的軟體工程師也還不夠了解彼此。不過，許多企業除了研究資料科學與機器學習，還試著於正式系統採用機器學習，並且讓更多企業知道採用機器學習的辛苦與效果。

機器學習並非**藥到病除的萬靈丹**，也如本書再三強調的，是非常難以使用的技術，但是機器學習能夠根據大量資料進行人類無法企及的推論，我也深信這樣的機器學習具有無止盡的潛力。在複雜的商業行為、社會與自然科學的世界裡，根據大量資料進行推論的情況想必會越來越多，屆時，本書若能多少幫上一點忙（或是幫倒忙）的話，那將是筆者的榮幸。

真的非常感謝各位閱讀本書！

澁井 雄介

INDEX

P/Q/R

S/T/U

8 劃

9 劃

10 劃

11 劃

14 劃

15 劃

PROFILE 作者簡介

澁井 雄介（しぶい・ゆうすけ）

目前任職於株式會社 Tier IV。

MLOps 工程師、基礎架構工程師、AR 工程師、擁有兩隻貓咪的飼主。家裡有四張貓咪專用的吊床。本業是以 Kubernetes 開發自動駕駛的 MLOps 架構，興趣則是將 AR 與 Edge AI 組在一起玩。過去曾在系統整合、外資軟體創投公司、新創企業主持專案，擔任大規模系統維護小組負責人。在前一份工作 mercari 撰寫與公開將機器學習移植至系統的設計模式。

- GitHub「Machine learning system design pattern」
  URL https://github.com/mercari/ml-system-design-pattern

- 作者的 GitHub 帳號
  URL https://github.com/shibuiwilliam

Staff

裝訂文字設計	大下 賢一郎
封面插圖	iStock / bestbrk
DTP	株式会社シンクス
校對合作	佐藤 弘文
驗證合作	村上 俊一
特別感謝	上野 英和
（按 50 音順序）	木村 俊也
	関谷 英爾

AI 開發的機器學習系統設計模式

作　　者：澁井雄介
封面插圖：iStock / bestbrk
譯　　者：許郁文
企劃編輯：莊吳行世
文字編輯：王雅雯
設計裝幀：張寶莉
發 行 人：廖文良

發 行 所：碁峰資訊股份有限公司
地　　址：台北市南港區三重路 66 號 7 樓之 6
電　　話：(02)2788-2408
傳　　真：(02)8192-4433
網　　站：www.gotop.com.tw
書　　號：ACD022100
版　　次：2022 年 07 月初版
建議售價：NT$620

國家圖書館出版品預行編目資料

AI 開發的機器學習系統設計模式 / 澁井雄介原著；許郁文譯. --
　初版. -- 臺北市：碁峰資訊, 2022.07
　　面；　公分
　　ISBN 978-626-324-203-6(平裝)
　1.CST：機器學習　2.CST：人工智慧　3.CST：電腦程式設計
312.831　　　　　　　　　　　　　　　　111007216

讀者服務

● 感謝您購買碁峰圖書，如果您
對本書的內容或表達上有不清
楚的地方或其他建議，請至碁
峰網站：「聯絡我們」\「圖書問
題」留下您所購買之書籍及問
題。(請註明購買書籍之書號及
書名，以及問題頁數，以便能
儘快為您處理)
http://www.gotop.com.tw

● 售後服務僅限書籍本身內容，
若是軟、硬體問題，請您直接
與軟體廠商聯絡。

● 若於購買書籍後發現有破損、
缺頁、裝訂錯誤之問題，請直
接將書寄回更換，並註明您的
姓名、連絡電話及地址，將有
專人與您連絡補寄商品。